# 河南省
## 农业资源与环境研究

◎ 张怀志 李全新 著

中国农业科学技术出版社

**图书在版编目（CIP）数据**

河南省农业资源与环境研究／张怀志，李全新著. —北京：中国农业科学技术出版社，2018. 12

ISBN 978-7-5116-3958-5

Ⅰ. ①河… Ⅱ. ①张… ②李… Ⅲ. ①农业资源–研究–河南②农业环境–研究–河南 Ⅳ. ①F327. 61②X322. 261

中国版本图书馆 CIP 数据核字（2018）第 288867 号

| | |
|---|---|
| 责任编辑 | 王更新 |
| 责任校对 | 贾海霞 |

| | |
|---|---|
| 出 版 者 | 中国农业科学技术出版社 |
| | 北京市中关村南大街 12 号　邮编：100081 |
| 电　　话 | （010）82106639（编辑室）　　（010）82109702（发行部） |
| | （010）82109709（读者服务部） |
| 传　　真 | （010）82106639 |
| 网　　址 | http：//www. castp. cn |
| 经 销 者 | 各地新华书店 |
| 印 刷 者 | 北京建宏印刷有限公司 |
| 开　　本 | 710mm×1 000mm　1/16 |
| 印　　张 | 12. 75 |
| 字　　数 | 236 千字 |
| 版　　次 | 2018 年 12 月第 1 版　2018 年 12 月第 1 次印刷 |
| 定　　价 | 88. 00 元 |

建设生态文明是中华民族永续发展的千年大计。必须树立和践行绿水青山就是金山银山的理念，坚持节约资源和保护环境的基本国策，像对待生命一样对待生态环境，统筹山水林田湖草系统治理，实行最严格的生态环境保护制度，形成绿色发展方式和生活方式，坚定走生产发展、生活富裕、生态良好的文明发展道路，建设美丽中国，为人民创造良好生产生活环境，为全球生态安全作出贡献。

——习近平在中国共产党第十九次全国代表大会上的讲话
2017 年 10 月 18 日

# 序 言

科技部 2015 年批复了建设全国第一批现代农业科技示范区名单（国科发农〔2015〕256 号），其中就有河南中原现代农业科技示范区，该示范区基本覆盖了河南省农业科技资源比较集中、产业化优势明显区域，包含了郑州市、开封市（兰考县）、安阳市、濮阳市、焦作市、鹤壁市、新乡市、许昌市、漯河市、驻马店市在内的 10 个国家农业科技园区。

为贯彻落实科技部的重大部署，按照中共河南省委、省政府的具体要求，河南省科学技术厅委托中国农业科学院农业资源与农业区划研究所牵头，成立了由农业农村部农村经济研究中心、中国农业科学院农田灌溉研究所等多个单位专家组成的专家组，合作开展《河南省中原现代农业科技示范区规划》编制工作。

专家组先后 4 次召开会议研讨规划编制，专家一致认为，河南省作为我国第一农业大省、畜禽养殖大省和人口大省，编制《河南省中原现代农业科技示范区规划》要围绕新时代中国特色社会主义所面临的人民日益增长的美好生活需要和不平衡不充分的发展之间的矛盾，要用国际视野，起点要高，要有前瞻性、引导性和可操作性，其现代农业科技水平应该代表全国现代农业科技水平；要把河南中原现代农业科技示范区建成全国农业绿色发展的样板区、乡村振兴的先行先试区、农业供给侧改革示范区、精准扶贫的引领区、留住乡愁的美丽乡村。为此，专家组在规划编制过程中，开展了相关专题理论研究和实地调研。经过讨论，共设置了水资源利用、土壤资源利用与保护、农业生态环境保护、区域产业发展、粮食产业发展与政策、创新人才培育等相关专题。为了更好地定位中原现代农业科技示范区，各专题的研究范围拓展到全省乃至更大区域。本书就是在"国家中原现代农业科技示范区农业生态环境保护研究"专题研究成果上凝练而成的，是《河南省中原现代农业科技示范区规划》编制研究成果的一部分。

全书共 10 章。第一章主要介绍了环境及农业环境概念，说明农业环境和农村环境的不同，分析比较了欧盟、美国以及我国农业生态环境评价理论、方法等领域取得的进展、指出我国农业生态环境评价研究尚需完善之处，进一步说明了本书的研究意义和目标；第二章介绍了构建适合河南省乃至全国范围应用的农业环境评价指标体系的理论基础、指标选择原则、指标及其对农业资源环境的影响、评价模型等内容；第三章分析了河南省农业自然资源情况，包括耕地资源、水资源、农业气候资源、生物资源等；第四章以省辖市为评价单元，分析了河南省各市有机肥源（畜禽粪便和秸秆）、化肥源以及其它源的氮（N）、磷（$P_2O_2$）和钾（$K_2O$）养分投入量以及农田养分盈余情况；第五章继续以省辖市为单元，分析了河南省各市的农药、地膜、农业机械以及农田灌溉面积情况；第六章仍然以省辖市为单元，分析了河南省各市的作物秸秆、养殖废弃物以及"三品一标"产品数量情况；第七章还是以省辖市为单元，分析了河南省各市耕地质量变化及其重金属污染情况、水资源承载力及农业用水水质情况、生态环境、工业"三废"对农业的污染情况等，并完成了河南省农业生态环境的整体评价；第八章简单描述了我国农业环境保护法律法规政策的演变过程以及河南省目前采用的农业环境保护法规政策，以期从法律法规政策层面开展农业资源与生态环境保护工作；第九章结合河南省的农业环境面临的共性问题，给出了科学合理施肥、科学合理施用农药、秸秆综合利用、养殖废弃物综合利用、农膜回收利用、水资源高效利用、发展有机农业等农业资源合理利用和生态环境保护技术；第十章针对河南省乃至全国农业环境保护存在的薄弱环节，分别阐述了专家组提出的一些建议。

由于本书涉及学科多、知识面较广、综合性较强，并受到资料的局限，加上作者学识与水平有限，不妥之处在所难免，谨请读者批评指正。

二〇一八年八月

# 目　　录

# 1 绪 论

农业生产在满足人类对粮食、纤维物质和精神等各方面需要的同时，对周围的生态资源环境产生一定影响；同样地，周围生态资源环境以及经济条件、科学技术水平、农业政策等也影响农业生产。Karl 和 Chen 等认为农业除了具有生产粮食、纤维等功能外，还具有影响农业景观与休闲、生物多样性、气候变化、水环境质量、土壤质量等多种功能。Robert 等建议研究农业生产和生态系统之间的相互作用关系。自 20 世纪 60 年代，世界范围内受农药、化肥等化学投入品大量应用、人口增加、耕地与水资源利用变化等因素影响，农业生产所导致的养分及农药流失、温室气体排放、生物多样性损失、土壤质量退化及水资源污染等环境影响越来越受到公众关注。

## 1.1 农业环境概念

环境是一个相对于某个主体而言的客体，它与主体相互依存，它的内容随着主体的不同而不同，主体以外的一切客观事物的总和称之为环境。从某种意义上说，随着主体的不同，环境的各个组成因素和成分可以互为环境。《中华人民共和国环境保护法》所称环境，是指影响人类生存和发展的各种天然的和经过人工改造的自然因素的总体，包括大气、水、海洋、土地、矿藏、森林、草原、湿地、野生生物、自然遗迹、人文遗迹、自然保护区、风景名胜区、城市和乡村等。这里的环境保护对象有 3 个特点：一是主体是人类；二是既包括天然的自然环境，也包括人工改造后的自然环境；三是不包含社会元素。

农业环境就是围绕着农业生产的周围一切。韩德培等将农业环境定义为"影响农业生存和发展的各种天然的和经过人工改造的自然因素的总体，包括农业用地、农业用水、大气和生物等；是农业生产和农业可持续发展的基本物质条件，其质量的好坏，直接影响到农业生产力的水平和农业产品的质量和产量。"梅旭荣等将农业环境定义为"影响农业生产活动和受农业生产活动影响的大气、土壤、水分、生物等环境要素的数量、质量及其时空耦合状况。"《江苏省农业生态环境保护条例》所称的农业生态环境，是指农业生物赖以生存和繁衍的各种天然的和经过人工改造的环境因素的总体，包括土壤、水、大气和生物等。前款所称农业生物，是指作物、果树，蔬菜、栽培的中草药和树木花草、蚕桑、家畜、家禽、养殖鱼类等。湖南省、江西省、甘肃省《农业生态环境保护条例》对农业生态环境的定义基本相同。可见，虽然有的称为农业环境，有的称为农业生态环境，名称各异，但包含的环境因素却是基本相同的。应该指出的是，上述定义都忽略了"人"这一关键因素在农业环境中的作用。

农村环境与农业环境没有一个绝对的界线，存在着很大程度的交叉，在很多情况下是紧密联系的，并在概念上相互替代。但概括地说，农业环境更侧重于人类的生产环境，而农村环境更侧重于人类的生活环境。广义的农业环境不仅包括通常意义上的种植业环境，还涉及林、牧、副、渔等多个领域，范围较为广泛，而人类是农业生产中最活跃、最积极的因素，与农业环境密不可分。在农业环境领域，人们更关注生态环境的恶化、不合理生产方式对农业的可持续发展带来的影响，如面源污染、水土流失、自然资源锐减等。本书研究内容基本不涉及农村环境。

## 1.2 当前农业生态环境出现的主要问题

环境问题是指由于自然界或者人类活动，使环境质量下降或者生态破坏，对人类社会的经济发展、身体健康以致生命安全及其他生物产生有害影响的现象。其中，自然界活动引起的环境问题如地震、火山爆发、海啸、泥石流、洪水泛滥、干旱、沙尘暴、雷电等自然灾害，称原生或者第一类环境问题。由人类活动引起的环境问题称为次生或者第二类环境问题。

河南省乃至全国范围农业环境面临主要问题是：①农业资源过度开发利用。②环境污染加剧，农业面源污染问题突出。如化肥、农药等投入品不合理施用，畜禽粪便随意处置，秸秆田间焚烧等，农膜回收利用率不高。③生态严重破坏。耕地质量退化问题突出，化肥、农药不合理施用导致土壤次生盐渍化、板结、养分失衡、土壤酸化等次生障碍问题突出，水资源利用率仍然不高；农业湿地被破坏、被开发利用问题仍然存在，水生生物多样性受到破坏，生态系统稳定性及质量下降。

## 1.2.1 农业资源过度开发利用

人多地少水缺是我国基本国情。世界人均耕地面积 $0.37hm^2$，我国人均仅 $0.1hm^2$，世界人均草地面积平均为 $0.76hm^2$，我国为 $0.35hm^2$；全国新增建设用地占用耕地年均约 32 万 $hm^2$，守住 1.2 亿 $hm^2$ 耕地红线的压力越来越大，被占用耕地的土壤耕作层资源浪费严重，占补平衡补充耕地质量不高，而我国可供开垦利用的后备耕地资源有限。从水资源看，中国水资源总量为 28 124 亿 $m^3$，少于巴西、苏联、加拿大、美国和印度尼西亚，居世界第六位，但人均水量只有 2 488$m^3$，只等于世界平均水平的 1/4，只是美国的 1/5，俄罗斯的 1/7，加拿大的 1/50，居世界第 121 位，属于世界上 13 个贫水国之一；按耕地面积 1.33 亿 $hm^2$ 计算，单位耕地面积水资源量为 21 000$m^3$/$hm^2$，约为世界的 60%，更有甚者，我国水资源分布极不均匀，东部多，西部少，南北差异大，长江流域及其以南地区国土面积占全国的36.5%，其水资源量占全国的 81%，淮河流域及其以北地区的国土面积占全国的 63.5%，其水资源量仅占全国水资源量的 19%；农田灌溉水有效利用系数比发达国家平均水平低 0.2，华北地下水超采严重。

河南省土地资源丰富，但可供开发的后备土地资源少，全省耕地所占比重较大，集中分布在黄淮海平原、南阳盆地及豫西黄土丘陵区，其中约75%的耕地集中于平原地区，适于多种作物生长，但全省人均耕地面积低于全国平均水平，且开发程度较高，可供开发的后备耕地资源严重不足，且这些可供开垦的后备耕地要么分布在生态条件脆弱区，要么分布在自然条件恶劣的区域，而且成本巨大，土地人口承载压力较大。全省水资源时空分布不均，地表径流年际、年内变化大，且人均水资源占有量低，人均水资源占有量仅相当于全国的 1/5，多数地方地下水供水水源地处于满负荷或超采状态。

## 1.2.2 环境污染加剧

影响包括河南省在内的我国农业环境的主要因素有以下两方面。

### 1.2.2.1 农业面源污染严重

我国用占世界 7% 的耕地面积养活占世界 22% 的人口，化肥、农药和地膜起着不可磨灭的作用，但是也应该看到，我国人多地少，农户经营规模小、农户知识水平较低，导致农户在生产过程中盲目施用化学肥料和农药，尤其是在菜果花等高经济价值作物上。数据表明，我国单位耕地面积化肥用量为世界平均水平的 1.3 倍；设施蔬菜公顷均化肥养分用量是全国农作物公顷均化肥养分用量 （328.5kg/hm²） 的 4.1 倍，N、$P_2O_2$ 和 $K_2O$ 施用总量分别为 850.5kg/hm²、726.0kg/hm² 和 793.5kg/hm²。过量、不均衡施肥给环境带来严重污染，表现在：一是化肥中的氮元素等进入大气后，增加了"温室气体"，导致气候变化；二是残留在土壤中的化肥被暴雨冲刷后汇入水体，加剧了水体的"富营养化"；三是危害人体健康，使用化肥的地区的井水或河水中氮化合物含量会增加，甚至超过饮用水标准。施用化肥过多的土壤会使蔬菜和牧草等作物中硝酸盐含量增加。食品和饲料中亚硝酸盐含量过高，引起小儿和牲畜中毒事故。

我国农药使用品种多、用量大，其中 70%~80% 的农药直接渗透到环境中，对土壤、地表水、地下水和农产品造成污染，并进一步进入生物链，对所有环境生物和人类健康都具有严重的、长期的和潜在的危害性。

我国是世界第一养殖大国，猪、奶牛、肉牛、绵羊、肉鸡、蛋鸡为主要种类；畜禽粪便年产生量 27 亿 t；造成地表水和地下水污染加剧，河流有机污染，湖泊富营养化，水产业受到污染影响很大。畜禽养殖业排放的污染物是农业污染物中的主要污染源。

### 1.2.2.2 工业"三废"对农业污染

2015 年全国工业废水中化学需氧量 （COD）、氨氮、总氮、总磷的排放量分别为 2 223.50 万/t、229.91 万/t、461.33 万/t 和 54.68 万 t，河南省工业废水中化学需氧量 （COD）、氨氮、总氮、总磷的排放量分别为 128.72 万/t、13.43 万/t、42.66 万/t 和 5.05 万 t，分别占全国的 5.79%、5.84%、9.25% 和 9.24%。2015 年全国工业废气中的二氧化硫、氮氧化物和烟 （粉） 尘的排放量分别为 1 859.12 万/t、1 851.02 万/t 和 1 538.01 万 t，河南省工业废气中的二氧化硫、氮氧化物和烟 （粉） 尘的排放量分别为 114.43 万/t、126.24 万/t 和 84.61 万 t，分别占全国的 6.16%、6.82% 和 5.50%。全国生活垃圾清运量 19 141.9 万 t，无害化处理率为 94.1%；河南省生活垃圾清运量 891.8 万 t，无害化处理率为 96.0%。全国一般工业固体废物产生量为 327 079 万 t，倾倒丢弃量 56 万 t；河南省一般工业固体废物产生量 14 722 万 t，倾倒丢弃量为 0。

## 1.2.3 生态严重破坏

全国水土流失面积达 295 万 km²，年均土壤侵蚀量 45 亿 t，沙化土地 173 万 km²，石漠化面积 12 万 km²，全国湿地面积近年来每年减少约 34 万 hm²，900 多种脊椎动物、3 700 多种高等植物生存受到威胁，全国草原生态总体恶化局面尚未根本扭转，中度和重度退化草原面积仍占 1/3 以上。河南省和全国各地一样，1958—1960 年的"大跃进"时期，由于不顾环境条件发展工业，加上防治措施没有跟上，一些城镇环境受到污染，自然资源特别是森林资源遭到了比较严重的破坏。目前土地沙化已经基本得到控制，沙化面积呈现逐年减少的趋势，但局部地区人为植被破坏导致土地沙化和固定沙丘流动的问题还时有发生，土地沙化面积为 65 km²，主要有流动沙丘、半固定沙丘和沙改田 3 种类型；轻度风蚀、水蚀交错类型区面积约 6 007 km²，占全省面积的 3.6%；森林覆盖率虽然有所增加，但野生动物资源总量不足，过度消耗的形势十分严重，栖息地快速消失。

# 1.3 农业环境影响评价方法研究

为保护农业环境，世界贸易组织《农产品协议》同意成员国进行农业环境政策支持。欧共体 1973 年部长会议通过了第一个环境行动方案，截至 2010 年共通过了 6 个环境行动方案，第三个行动方案持续到 1986 年，此方案提出农业应和其他经济部门一视同仁，避免环境恶化，农业应该开展环境影响评价，建议采取措施促进环境友好型农业管理等。欧盟 1985 年实行的农业结构条例将环境融入公共农业政策（Common Agriculture Policy，CAP）中，1987 年 CAP 开始提供农业环境保护政策支持，补贴金额逐年增加，从 1993 年的不足 1 亿欧元到 2003 年超过 20 余亿欧元，2007—2013 年欧盟农业环境支持资金达到 349 亿欧元。美国 2014 年的 Farm Bill 计划在 10 年时间内农业环境保护投入 560 亿美元，约占法案总预算的 6%；澳大利亚 2007 年计划 6 年内投入 21.97 亿澳元。芬兰 2007—2013 年有 92% 的耕地面积受到农业环境补贴，补贴金额为 93 欧元/hm²。为评价农业环境支持政策实施对农业环境的影响，世界发达国家在 20 世纪 80 年代末期开始农业环境变化评价技术方法的研究，为农业环境支持决策提供服务。我国也十分重视农业环境的保护工作，历次制（修）订的《中华人民共和国环境保护法》《中华人民共和国农业法》《中华人民共和国水污染防治法》等法律法规专设农业环境保护条款，新修订的《农业技术推广法》也将农业环境保护技术列入农业技术推广。据不完全统计，我国有 15 个省区制定了农业生态环境保护条例（办法），我国研究人员在农田氮磷流失、土壤重金属污染与治理、持久性有机污染与治理、畜禽粪便污染治理、温室气体排放、农业规划环评等领域开展了很多研究，也给出了多种农业生态环境指标组成。

### 1.3.1 欧盟农业环境评价研究进展

农业环境指数（Agri-Environmental Indicators，AEI）是国外重要的农业环境评价方法，研究起源于 20 世纪 80 年代末期，90 年代中后期到 21 世纪前几年基本完善。截至目前，AEI 主要有两个版本，一是经济合作与发展组织（Organization for Economic Co-operation and Development，OECD），二是欧盟十五国应用的版本。各种版本的发展历程及内涵如下。

OECD 为实现经济社会可持续发展的目标，在 1989 年召开的理事会部长级会议上确定构建有效融合环境、经济等因素于一体的决策体系，1989 年巴黎 G7 峰会、1990 年的休斯敦 G7 峰会都强化了这一政策；1991 年 OECD 理事会明确强调构建环境指标、包括农业环境指标；1996 年 OECD 完成 AEI 体系构建。OECD 认为 AEI 是为环境政策制定者、公众提供农业环境现状及变化信息，帮助政策制定者理解农业生产、农业政策对环境影响的原因及其效果，监测和评价农业政策对农业可持续发展的有效性工具。

欧盟十五国虽然是 OECD 的主要成员国，但还是于 1998 年 7 月在加地夫和 12 月在维也纳召开的欧盟理事会会议上强调了构建环境指标以衡量包括农业部门在内的不同经济部门发展对环境的影响、1999 年欧盟理事会在赫尔辛基召开的会议上决定构建农业环境指标。2001 年欧盟理事会在哥德堡召开的会议上指出要继续努力完善 AEI 并定义相配套的统计需求。Commission Communication（2000）20 给出了 35 个农业环境指标，Commission Communication（2001）114 确定了 AEI 体系中各指标的定义的数据来源。2005 年形成最终的 AEI 体系，其赋予 AEI 的内涵是用来分析农业与环境两者之间关系，并确定这种关系的变化趋势。

两种 AEI 版本对 AEI 内涵描述并不一样，但是其用来评价农业、环境、经济、政策等多因素之间相互关系，衡量经济与农业环境保护协调发展程度的工具这一核心本质是相同的。

#### 1.3.1.1 农业环境指标选取标准及理论

涉及农业环境的因子有很多，但究竟哪些因子可以作为 AEI 的指标呢？OECD 和欧盟理事会分别给出了 AEI 指标的选择标准及其 AEI 的理论模型。OECD 提出的 AEI 指标选择标准是：①与农业环境保护政策相关；②合理性、可靠性；③可量化性、数据资料收集费用花费不高、无论是过去或是现在的数据都可以利用；④可用性，AEI 的指标可适于多个层次，如单项工程、农场、区域乃至国家范围。其应用的理论基础是驱动力—状态—响应分析模型（DSR，Driving force-State-Response analysis）（图1-1），共选择了39个指标，组建了AEI体系。DSR模型是对压力—状态—响应分析模型（PSR，Pressure-State-Response analysis）的修订。

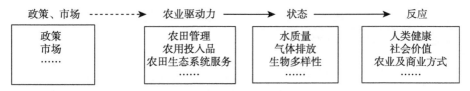

图1-1 DSR分析框架

欧盟理事会专门成立了由欧盟农业和农村发展指导委员会、欧盟环境保护部等部门联合成立的IRENA（Indicator Reporting on the Integration of Environmental Concerns into Agriculture Policy），负责构建AEI。IRENA的AEI指标选择标准是：①能够考核和评价农业环境政策、项目，并提供乡村发展连续信息；②找出与农业相关的环境主题；③帮助涉及农业环境主题的项目；④有助于展示农业实践与环境之间关系。IRENA应用的理论基础是驱动力—压力—状态—影响—响应分析模型（DPSIR，Driving forces-Pressure-State-Impact-Response analysis）（图1-2），共选择了35个指标，组建了AEI体系。DPSIR模型是对DSR分析模型的修订。

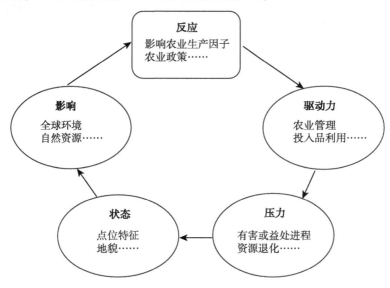

图1-2 DPSIR分析框架

### 1.3.1.2 AEI 组成

由于 AEI 指标选择标准及其理论基础的差异，两个版本的 AEI 的指标组成有一定差异（表 1-1）。

**表 1-1 国外几种农业环境指标体系构成**

| 国家或地区 | 准则层（要素层） | 指标层 |
|---|---|---|
| OECD (2001)[10]、FAO | 农业经济、社会及环境背景 | 1 背景信息（农业 GDP、农业产出、农场用工、农场主年龄、农场主教育水平、农场数量、农业支持、土地利用情况）；2 农场经济（农场主收入、农业环境保护费用） |
| | 农业管理和环境 | 3 农场管理（有机种植、环境管理规划、养分管理、害虫管理、土壤管理、灌溉及水资源管理） |
| | 农业投入和自然资源 | 4 氮利用（氮平衡、氮利用效率）；5 农药利用（农药利用、农药风险）；6 水利用（水分利用强度、水分利用效率、水分胁迫） |
| | 农业对环境影响 | 7 土壤质量（水蚀风险、风蚀风险）；8 水质量（水质量风险指数、水质量现状指数）；9 土壤保护（土壤持水力、土壤沉积量）；10 温室气体排放（农业温室气体排放总量）；11 生物多样性（基因多样性、物种多样性）；12 野生动物栖息地（集约化农场农业栖息地、半自然农业栖息地、自然栖息地、栖息发源地）；13 景观（景观结构、景观管理、景观消费和收益） |
| 欧盟—15 国家 (2006)[23] | 农业环境政策的反应 | 1 受农业环境支持的面积；2 区域良好农业生产水平；3 区域环境目标水平；4 自然保护面积；5.1 有机产品价格即市场份额，5.2 有机农场主收入；6 农场主教育水平；7 有机种植面积 |
| | 农业环境变化驱动因子 | 8 矿质肥料用量；9 农药用量；10 水资源利用强度；11 能源用量；12 土地利用变化；13 种植业/畜牧模式；14.1 农场管理措施—耕作，14.2 农场管理措施—土壤覆盖，14.3 农场管理措施—有机肥；15 强化/粗放；16 专业化/多元化；17 边缘化 |
| | 农业环境面临压力 | 18 表观氮平衡；18-sub 氨排放量；19 甲烷与氮氧化物排放量；20 农药污染土壤；21 污水污泥用量；22 水用量；23 土壤侵蚀；24 土地覆盖变化；25 遗传多样性；26 高自然价值农田；27 可再生能源产量 |
| | 农业环境现状 | 28 农田鸟类数量；29 土壤质量；30.1 水中硝酸盐含量，30.2 水中农药含量；31 地下水水位；32 景观状态 |
| | 农业环境受到影响 | 33 对栖息地和生物多样性影响；34.1 GMG 排放中农业所占比例，34.2 硝酸盐污染中农业所占比例，34.3 水应用中农业所占比例；35 对景观多样性的影响 |

注：根据参考文献 2、5、17 整理而成

OECD 根据确定的指标选择标准及 DSR 模型，从经济、社会和环境背景下的农业，农业田间管理与农业环境，农业投入品用量与自然资源，农业环境影响等角度构建了含 39 个指标的综合体系。因为某一准则层可能含有驱动力、压力、状态等指标层，因此指标并没有按照指标所应用模型的逻辑关系列出；应该指出的是，有的指标直接来源于政策制定者认为重要的调查数据或者统计数据，有些指标需经过模型计算才能获得，如氮平衡、温室气体排放量等。

IRENA 组织根据确定的指标选择标准及 DPSIR 模型，选择了水资源利用及环境质量、土地利用及土壤、生物多样性及地形地貌、气候变化及空气质量等环境要素，按照 DPSIR 模型的逻辑关系，提出了有 35 项定量化指标构成的农业环境指标体系（表 1-1），其中二级指标为量化指标。欧盟环境保护部以此为基础，监测检验环境与农业政策一体化成果，并于 2005 年、2006 年出版了农业环境政策应用成果报告。IRENA 体系中的指标即可单独使用也可组合使用，Monica 基于指标体系中的农田氮素盈余平衡研究了意大利 Po River Plain 农田氮管理技术对环境影响。

### 1.3.1.3 农业环境评价模型

各个版本的 AEI 评价模型体现在两个方面，一个方面是对每一项农业环境指标的计算，每个农业环境指标都有各自的计算模型；另一个方面是对不同区域尺度的农业环境评价模型。

在单个指标模型评价方面，有些是可以直接使用的原始数据，而另外一些需建立模型对原始数据进行处理，如关于农田氮养分盈余就采用方程（1-1），以保证对不同国家、区域的农业环境状况进行比较。

$$N_{bal} = N_{che} + N_{sew} + N_{air} + N_{bio} + N_{seed} + N_{man} - N_{emi} - N_{crop} - N_{for} \qquad (1-1)$$

方程（1-1）中，$N_{bal}$、$N_{che}$、$N_{sew}$、$N_{air}$、$N_{bio}$、$N_{seed}$、$N_{man}$、$N_{emi}$、$N_{crop}$、$N_{for}$ 分别为氮盈余量、化肥氮投入量、固体废物带入氮量、大气沉降氮量、生物固氮量、种子带入氮量、养殖业粪便带入氮量、养殖业氨损失量（挥发及流失）、作物带走氮量和饲料带走氮量。

再比如用方程（1-2）和方程（1-3）分别评估土壤质量的高低及土壤侵蚀能力。方程（1-2）中 Q 是土壤质量指数，Y 是产出净值，t 和 t+1 代表时间序列，r 是折扣率。方程（1-3）中 A 是单位面积土壤侵蚀量，R 是降水侵蚀力因子，K 是土壤可蚀性因子，L 是坡长因子，S 是坡度因子，C 是植被和经营管理因子，P 是水土保持措施因子。

$$\Delta V_t = \sum_{t=1}^{\infty} (Q_t - Q_{t+1}) * Y_{t+1} / (1+r)^t \qquad\qquad 1-2$$

$$A = R * K * L * S * C * P \qquad\qquad 1-3$$

OECD 建立了适于农场尺度进行综合评价的 SAPIM（Stylized Agri-environmental Policy Impact Model）模型，该模型整合了经济决策支持模型和程式化点位特征生物物理模型，从 3 个水平上，即集约边际、广义边际和出入边际，量化不同的政策工具对农场不同地块生产和农业环境的影响。

IRENA 构建的 AEI 建立了相应的评价模型，每个指标根据其与政策相关性、反映敏感性、科学合理性、数据的可获取及量化特性、易理解及应用性和经济可行性等，分 6 个一级标准；根据是否与公共政策目标目的以及立法相符合、指标提供的信息是否与政策决策/行动有关等，再分为 11 个二级指标，并对各二级指标进行了赋值处理，赋值分 0、1、2，其中有 2 个二级指标仅为 0、1，故单个指标累计分值范围为 0~20，其中单个指标分值达到 14 以上定义为有用的、8~14 为潜在有用的、0~8 为低潜在有用的。

另外，FAO 采用了 OECD 的农业环境指标，但其将 AEI 定义为监测农业环境影响，跟踪环境影响趋势，并为评估农业环境纳入政策措施的影响提供信息的关键工具。

从农业环境指标评价模型组成可以看出，想要充分发挥农业环境指标在表征农业环境与经济协调发展中的作用，需要来自各个领域的海量数据支撑。为此 OECD、欧盟、联合国粮农组织等都建立了相应的农业环境指标数据库，如 FAO 2004 年颁布农业环境指标数据收集手册，确定了农业环境指标收集及发布的技术方法；2011 年首次发布了农业环境指标统计数据库。

## 1.3.2 美国农业环境评价研究

美国在 20 世纪 30~40 年代面临着土壤严重侵蚀等环境问题，50~60 年代水土资源持续恶化，一系列农业环境问题引起了联邦政府的高度重视，先后颁布了《土壤侵蚀法》（1935 年）、《水土保持法》（1977 年）、《清洁水法》（1972 年）、《联邦杀虫剂、杀真菌剂和杀鼠剂法》（1947 年）、《资源保护和恢复法》（1976 年）等一系列环保法案。农业环境保护不仅保护农田，也保护湿地、草地等，不仅关注土壤，也关注水、空气以及濒危动植物等。在农业环境保护技术方面、轮作、缓冲带、生物防治、堆肥、垄耕、暗管排水等技术在美国得到广泛应用。

另外，美国作为 OECD 成员国之一，也建立了一个与 AEI 相似地农业资源与环境指数（Agricultural Resources and Environmental Indicators, AREI）。该指数在 20 世纪 80 年代中期出版的 3 个《农业资源现状与展望》（*Agricultural Resources Situation and Outlook*）中涉及的土地价值、农用品投入等基础上，增加了意义更为广泛的保护政策、环境主题等数据信息而形成的，并与 1994 年第一次出版了 AREI 报告，然后在 1997 年、2003 年、2006 年和 2012 年又分别推出了 AREI 报告。5 份报告所选择的指数有所不同，表 1-2 中给出的是 2012 年出版报告中的指数体系，至于其他版本的指数及其指数变化情况可参见文献。

表 1-2　美国 2012 年农业资源与环境指标

| 要素层 | 指标层 |
| --- | --- |
| 农场资源与土地利用 | 农场数量与规模；主要土地利用类型；农场房地产价值和现金 |
| 农业生产与知识资源 | 农业生产增长率；农业研究与发展投入；主要作物生物技术与种子利用 |
| 农业生产管理 | 害虫管理；氮肥管理；灌溉农业；水管理与保护；有机农业系统 |
| 农业保护政策 | 农业保护投入；农业保护面积：现状与趋势；正在应用的土地保护投入 |

注：根据参考文献 3 整理而成。

### 1.3.3　我国农业环境评价研究

我国科研工作者在农业环境评价领域也做了较多工作，取得了较好成果。

研究人员提出了名称各异的评价指标体系，如农业生态环境质量、农村环境质量等，这可能与个人研究角度、研究尺度不同有关。在说明评价方法构建的理论基础上也多采用国际上采用的 DSR 或者 DPSIR 模型。

评价指标选择原则方面。有的研究人员提出了评价指标选择原则，有的没有给出原则；但都给出了评价指标，不完全统计表明，已有指标体系中的指标数量达到近百个，涉及自然条件与气候、生态资源环境、社会经济、农业生产投入、农业环境管理政策、环境保护力度等（表 1-3），表明我国农业环境评价指标选择原则、指标组成等还缺乏统一筛选标准。这可能由于各研究人员对农业资源环境评价角度、认识水平等不一致造成的，这一方面会导致评价指标区域性突出，代表性不强，目前较多的农业环境评价指标多是基于某个区域提出的专有指标；另一方面评价方法体系片面追求指标覆盖面全，导致了指标难以获取、难以量化、难以应用等问题，如外来生物物种入侵对产地环境的影响、农业应对气候变化策略、农业环境政策、农业环境保护力度，等等。

表1-3 我国已有的农业生态环境指标

| 要素层 | 指标层 |
| --- | --- |
| 自然条件与气候 | 年日照时数、年降水量、年平均气温、≥10℃活动积温、全年无霜期、温室气体排放量、极端天气事件、农业应对气候变化策略、干燥指数、灾害面积率、海拔 |
| 生态资源环境 | 土壤侵蚀百分率、水土流失程度、耕地面积占土地面积百分率、林地面积占土地面积百分率、园地面积占土地面积百分率、草地面积占土地面积百分率、地下水开采指数、单位面积地表水资源、单位面积地下水资源、森林覆盖率、自然保护区、受保护地区（湿地）、牧草地面积、耕地面积、建设及居民用地、单位农业产量、物种丰富度、生物多样性、土壤有机质含量、土壤速效氮含量、土壤速效磷含量、土壤速效钾含量、水域指数、水域面积占土地面积百分率、旱涝保收面积占耕地面积百分率、水田面积占耕地面积百分率、林网化率、土壤环境质量、水质量、大气环境质量 |
| 社会经济条件 | 总人口、人居增长率、农业产值、粮食产量、人均收入、人均GDP、种植规模、经济效益、机耕水平、规模化程度、农业单位面积产值 |
| 农业生产投入 | 人均耕地量、农田灌溉保证率、环保投资率、土地垦殖指数、农药使用强度、单位面积化肥使用量、水资源开发度、产量与光温潜力比、灌溉保证率、每公顷氮肥用量、每公顷 $P_2O_2$ 用量、每公顷农药用量 |
| 污染与生态破坏程度 | 农药流失强度、氮流失强度、磷流失强度、工业"三废"排放强度、生活污水及废弃物排放强度、农田退化率、水土流失面积、土壤侵蚀模数、农灌水污染指数、大气质量污染指数、生物入侵对产地环境影响 |
| 生态环境保护力度 | 环境污染治理资金投入力度、水土流失治理力度、自然保护力度、森林病虫鼠害防治力度、林业建设资金投入力度、水土流失治理率、退化土地治理率、受保护基本农田面积、村镇饮用水合格率、生物废弃物再利用系数、$SO_2$ 排放量、COD 排放量、BOD 排放量 |
| 农业环境管理 | 农业环境管理政策、激励机制、环境监测、信息管理、信息公开 |

注：根据参考文献28、36、60、61、71、73、80、82、89、90、99、100、107整理而成。

建立了相应的农业环境评价模型。毋庸讳言，我国在单个环境因子评价模型构建方面，也修订或者创建了较多，但应该看到，有关指标的阈值缺乏，导致指标难以应用，如缺少年度或生长季农田氮、磷盈余值，而该指标和农业面源污染潜力、土壤质量变化等有关。目前农业环境评价多采用综合评价法，各个指标权重值的确定采用层次分析法、德费尔法、信息熵等，另模糊综合评价法、灰色综合聚类法、投影寻踪模型、可变模糊集模型、神经网络评价模型等也被用来进行农业环境评价；应该看到，所应用的评价模型中，也不能显示出所选择的指标对农业环境是正面影响还是负面影响，综合性评价模型还有待于进一步完善。

前文所述，农业环境评价需要土、水、气、生、社会经济等各个方面数据的支持，但目前我国还缺乏可以采用的环境信息数据库，缺乏统一的数据库构建标准以及数据采集方法、技术要求等。

# 1.4 本研究目的与意义

河南省位于我国中东部、黄河中下游地区，历来都是我国农业生产的重要地区。改革开放后，随着城市化的快速发展、经济总量持续增加，以及对资源生态环境保护重视程度不足等问题，加剧了农业生态环境的退化。目前我国乃至河南省的工业化、城镇化和农业现代化还没有完成，农业生态环境保护仍面临巨大的压力，但是人民日益增长的美好生活需要对优美的生态环境产品有重要期待。研究农业资源与生态环境的变化可以更好地选择示范推广农业环境保护技术，也可以有的放矢地安排农业环境保护补贴资金，还可以为制订适宜的农业环境保护政策提供依据，最终实现生态文明建设水平与全面建成小康社会目标相适应。

本研究紧紧抓住和农业生产相关的四大环境因子，即农业用地、农业用水、农业生物和大气以及农业环境保护政策。确定的研究目标是：①分析国内外评价农业环境评价方法，初步构建适合我国乃至河南省应用的农业环境评价方法体系；②详细分析河南省农业生产对环境影响以及环境对河南省农业生产的影响，最终给出河南省农业环境评价结果；③鉴于农业环境变化还受到环境保护政策等影响，因此还研究我国农业环境保护政策的演变以及河南省环境保护政策，给出相关建议，为农业环境保护提供法律法规保障。

# 2  农业环境评价指标及方法

衡量农业环境变化，离不开农业环境评价指标、农业环境评价方法以及农业环境数据等支撑。近 30 年来，农业环境指标（Agro-environment Indicators）体系在欧洲地区被广泛应用于监测农业生态系统变化、评价农业生产管理对环境影响、评估农业环境政策的应用效果以及为削减农业生产对环境的负面影响提供技术支持等。欧盟的 IRENA（Indicator Reporting on the Integration of Environmental Concerns into Agriculture Policy）组织从水资源利用及环境质量、土地利用及土壤、生物多样性及地形地貌、气候变化及空气质量等角度出发，提出了有 35 项定量化指标构成的农业环境指标体系。欧洲环境保护部以此为基础，监测检验环境与农业政策一体化成果，并于 2006 年出版了农业环境政策应用成果报告。

OECD 组织从经济、社会和环境层面下的农业，农业田间管理与农业环境，农业投入品用量与自然资源，农业环境影响等角度，构建了包括四大类 13 小类共 39 项指标的农业环境指标体系。

美国农业部提出了农业资源与环境指标（Agricultural Resources and Environmental Indicators）用以表述农业生产的自然资源条件，分析土地、水以及农用商品投入趋势，评价相关政策等对农业环境质量影响；并先后在 1994 年、1997 年、2003 年、2006 年和 2012 年推出了 5 份报告对农业资源与环境指标的变化情况进行了分析评价。我国科技工作者，如梅旭荣等比较详细地阐述了我国农业环境主要组成，包含气候与气候变化、农业污染、产地环境、生物多样性农业利用和农业环境管理与技术等，构建了区域农业环境评价指标；不过这些指标既有定量的，也有定性的，难以用来评价农业环境变化，更为重要的是指标忽视了我国数据资源现状，另我国近几年也连续出版了《农业资源环境保护与农村能源发展报告》，但几乎没有考虑外界因素对农业环境的影响等。因此本章重点是构建一套可行的农业环境评价体系，包括指标选择、评价方法等，以期开展农业环境变化评价工作，为衡量农业环境政策应用效果提供依据。

# 2.1 农业环境指标体系构建

## 2.1.1 农业环境指标体系构建思路

在充分分析现有农业环境保护存在问题以及农业环境保护政策的基础上，比较已有农业环境评价模型理论，制定农业环境评价指标选择原则，进而确定入选的指标并构建相应的农业环境数据库，应用单个模型或者综合模型对农业环境指标进行评价。选择的指标应该是可以变化的，变化体现在两个方面：一是不同区域之间可以选用不同指标，如我国新疆、内蒙古等地区，草原面积多，应该增列有关草原指标；二是随着农业环境保护工作的深入开展，可以增删一些指标。具体构建思路见图2-1。

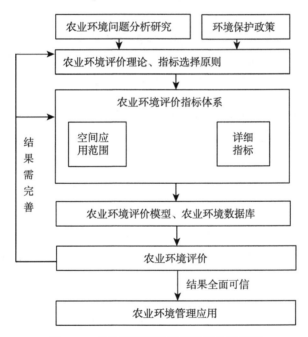

**图2-1 农业环境评价指标体系构建思路**

农业环境指标体系构建应从两个角度考虑：一是具体指标，在参考国外农业环境指标体系的基础上，结合我国尤其是河南省农业环境的实际情况进行选择；二是空间指标，即要考虑到所构建的指标体系的应用范围，本书是根据河南省的实际情况，因此指标应用范围应该限于省级及其以下的区域范围。

## 2.1.2 指标选择原则

农业环境涉及内容众多，如何选择指标显得十分重要，OECD、欧盟的IRENA组织等都提出了选择农业环境指数的基本原则。根据我国尤其是河南省实际情况，本书确定农业环境指标选择的原则如下。

（1）重要性原则：选择的指标应该能够反映区域农业资源状况、农业对环境的影响和环境对农业生产的影响。

（2）量化原则：选择的指标均应易于量化，不是定性的或者半定量的；且量化时候所用的数据是科学的，能够连续获得的。

（3）科学性原则：选择的指标基于一个普遍接受的科学原理或者概念模型，能够反映农业环境特点。

（4）应用性原则：选择的指标不仅能够为农业环境政策制定者所用还能为应用者所掌握，能够为农业环境管理服务，尤其是能够反应农业环境政策应用后的环境质量变化，也可应用于地区之间的比较评价。

## 2.1.3 农业环境指标体系组成及影响分析

根据上述确定的原则，从农业资源环境的内涵出发，本书从农业资源现状与利用、农业生产对环境影响、环境对农业生产影响、农业环境政策应用成果等四个方面构建了我国农业环境指标体系。其中，农业资源环境现状包括5个指标，即地表水水环境质量（无量纲）、土壤质量（无量纲）、土壤污染状况、灌溉面积与耕地面积之比、人均耕地面积（$hm^2$/人）；农业生产对环境的影响包括5个指标，即单位耕地面积氮表观盈余量（$kg/hm^2$）、单位耕地面积磷表观盈余量（$kg/hm^2$）、单位耕地面积农药用量（$kg/hm^2$）、单位耕地面积地膜用量（$kg/hm^2$）、单位耕地面积的机械动力（$kW/hm^2$）；环境对农业生产的影响包括3个指标，即区域废水排放量、区域废气排放量、区域固体废物排放量（一般工业固体废物以及城市生活垃圾）；环境保护建设成果类包括2个指标，即有机产品以及绿色产品个数、森林覆盖率。其他一些生态环境指标，如农业生物多样性、农田野生动物（如野兔、鸟类）数量、湿地面积变化等虽然也很重要，但因为缺少数据资源，故暂没有列入指标体系中。下文针对选取的各个指标的影响机制进行分析。

### 2.1.3.1　农业资源环境现状指标分析

地表水水环境质量：农作物产量直接受益于水资源，同时农业生产过程中不合理使用化学肥料以及农药、畜禽粪便管理措施不当甚至工业生产废水排入等原因都将影响地表水水质，也会影响到生活在地表水中的鱼类等水生生物，而地表水是农业生产的重要水源，灌溉水质也将影响土壤环境质量、农产品品质等。我国专门制订了《地表水环境质量标准（GB3838—2002）》、《农业灌溉水质标准 GB5084—92》，不达标的地表水资源严格说不能用于农业灌溉。

土壤质量：土壤质量和作物产量及农产品质量相关，良好的土壤容易获得高产优质产品。但是不恰当的管理措施、利用措施也会导致土壤质量发生变化，如土壤中氮磷含量过高，将通过地表径流、渗漏等途径进入水体，造成地表水体富营养化。土壤质量具体可分为物理质量、化学质量以及生物学质量，目前主要涉及土壤肥力变化、土壤次生盐渍化、土壤酸化、土壤板结等。

土壤污染状况：该指标严格意义上也是土壤质量指标，但单独描述废水、废气、烟（粉）尘以及固体废物等导致的土壤中有机废弃物或者有毒废弃物含量变化，进而引起土壤正常功能的变化，从而影响植物的正常生长和发育，危害人体健康。调查表明，我国耕地土壤环境质量堪忧，点位超标率为 19.4%，其中轻微、轻度、中度和重度污染点位比例分别为 13.7%、2.8%、1.8% 和 1.1%，主要污染物为镉、镍、铜、砷、汞、铅、滴滴涕和多环芳烃。我国专门制订了《土壤环境质量标准 GB15168—1995》以及土壤环境监测技术规范。

灌溉面积/耕地面积：生命起源于水，水也是农业生产的基础资源之一。地表径流总量常用来表示区域的水资源总量，但地表径流总量未能代表区域农业用水总量、农业用水对当地水资源环境压力等实际情况；在灌溉定额一定条件下，灌溉面积数量基本反应出区域农业水资源消耗量（包括地表水和地下水），同时鉴于农田排水中含有氮、磷和农药等物质，对区域水环境质量存在污染压力。采用灌溉面积/耕地面积便于比较区域农业用水历史变化及对不同区域进行比较。

人均耕地面积：我国的耕地面积世界第三、河南耕地面积全国第二，虽然总量多，但是人均耕地面积较少，为获得足够的农产品，耕地就得高强度利用，难以得到休养生息的机会，影响土壤质量。该指标可反映农业用地的变化情况以及耕地资源利用管理情况。

### 2.1.3.2 农业生产对环境影响指标影响机制分析

单位耕地面积氮盈余量和磷盈余量（$kg/hm^2$）：农作物吸收土壤中的氮磷钾等营养元素来满足生长发育需求，施用包括化学肥料在内的多种源肥料是实现农作物高产、稳产的重要措施。但是当施用氮磷养分过多时，也会对环境造成污染。研究表明，由于过多使用化学肥料，其中的氮磷等元素可通过地表径流或者渗漏等方式进入地表水或者地下水，农田氮磷流失已成为水体富营养化的一个重要来源，根据第一次全国污染源普查公报，全国种植业排放的总氮、总磷量分别占总排放量的 33.8%、25.7%；河南省种植业与畜禽养殖业排放的总氮、总磷量分别占总排放量的 81.82%、72.50%。氮素还可以通过硝化作用、反硝化作用等方式进入大气中，成为酸雨、温室气体的一个重要来源，谢旻测算我国土壤 $NO_x$ 年排放总量为 225.8Gg N；单纯使用氮肥还可以造成土壤酸化，孟红旗等对我国不同定位试验的数据研究表明，单纯施用 N 肥，6 年后试验耕层 pH 值较对照显著降低 0.64~1.46 个单位，NPK 处理耕层 pH 在 1~12 年间明显低于 N 处理。

单位耕地面积农药用量（$kg/hm^2$）：2011 我国年使用的农药达 178.7 万吨（联合国粮农组织统计），我国已是世界上消费农药的大国之一。应该注意的是，农药在控制有害生物，增加农业产量的同时，由于我国农药利用效率不足 30%，其余的或飘落进入土壤、或随地表径流进入地表水体、或淋溶进入地下水，对土壤、水源等产生污染。我国农作物和食品中农药残留问题较为严重，影响人民身体健康，罗赟等检测绵阳市 507 份蔬菜、水果及粮食样品中的 16 项有机磷农药、4 项有机氯农药、5 项拟除虫菊酯类农药和 3 项氨基甲酸酯类农药，28 项指标全部合格的仅有 359 份，合格率为 70.81%；张瑞云等 2014 年对杭州市江干区的 209 份蔬菜样品进行检测，结果显示蔬菜中有机磷农药残留检出率 13.4%，超标率 2.39%；长期食用农药残留超标的蔬菜、水果、粮食将会影响人体健康。《中毒的美国》的作者刘易斯·雷根斯坦研究发现，每年至少有 10 万美国人发生农药中毒。农药在杀灭有害生物的同时，也会杀死有益昆虫、鸟类等野生动物，进入水体的农药还会对水体鱼类产生危害。总之，农药的大量应用对农业生物多样性带来诸多不利影响。

单位耕地面积地膜用量（$kg/hm^2$）：农用地膜在我国的应用开始于 20 世纪 50 年代，自 20 世纪中期开始，我国地膜覆盖面积和使用量一直居世界第一位。地膜对农业环境影响表现在：①农用地膜残留对土壤物理性质的影响。赵素荣等研究表明，农膜残片对土壤容重、土壤含水量、土壤空隙度和土壤透气性等都有显著影响；②地膜残留影响农业环境景观，造成视觉污染；③农膜残留的化学污染，这主要和农膜中增塑剂（邻苯二甲酸脂类）有关，邻苯二甲酸丁脂和邻苯二甲酸异辛脂是农膜中增塑剂的主要成分，现在河北、黑龙江等土壤中都可检出，邻苯二甲酸二异丁脂可从农膜挥发到空气中，再经气孔等进入叶肉细胞，破坏和阻碍叶绿素形成，影响光合作用。

单位耕地面积的机械动力（$kW/hm^2$）：农业机械是重要的生产资料。农业机械燃油工程中会排放废气；农业机械田间工作时，尤其是大型机械，会在一定程度上破坏土壤结构。

### 2.1.3.3 环境对农业生产影响指标影响机制分析

随着经济增长，工业"三废"（固体废物、废水、废气）污染物的排放量也呈现增加势头。根据我国环境保护相关法律法规等规定，污染物应该进行资源化、减量化、无害化循环利用，但仍有一部分没能处理就进入农业环境的土壤、水体、大气等介质中，将对农业环境造成危害，因此本文仅指没有处理而进入环境中的污染物。

废水排放量（$m^3/hm^2$）：工业废水中污染物种类繁多，如金属污染物质（汞、镉、铬、锌、镍、砷等），有机污染物质（酚、氰、苯类化合物等）等，对作物危害较大的是酚、氰化物、汞、铬、砷。它们的浓度分别达到酚（$30\mu g/L$）、氰化物（$50\mu g/L$）、汞（$0\sim4\mu g/L$）、铬（$5\sim20\mu g/L$）、砷（$4\mu g/L$）就会对植物产生危害。酚类物质损伤细胞质膜，影响水分和矿质代谢，在酚类物质作用下，植物叶色变黄，根系变褐、腐烂，植物生长受抑制；氰化物抑制植物体内多种金属酶的活性，抑制呼吸作用，在其胁迫下，植株矮小、分蘖少根短而稀疏，甚至停止生长，枯干死亡；汞抑制光合作用，在其胁迫下，叶片内卷，退绿变黄，分蘖受到抑制，植株矮小；铬不仅对植株直接产生毒害，而且使植物对其他元素（钙、钾、镁、磷）的吸收产生阻碍；在砷胁迫下，植物叶片呈现褐色，叶柄基部出现褐色斑点，根系变黑，严重时植株枯萎。

废气排放量（$m^3/hm^2$）：废气中污染物种类繁多，重要的有烟（粉）尘、氮氧化物、二氧化硫、臭氧等。对农作物产生危害主要有两种机制：①气体污染物通过作物叶片上的气孔进入作物体内，破坏叶片的叶绿体，影响作物的光合作用，以致影响作物生长发育，降低产量和改变品质；②颗粒物污染及所含的重金属等，被作物吸附和吸收后，除影响作物生长外，还能残留在农产品中，造成农产品污染。研究发现，一定浓度的$SO_2$能够减少干旱胁迫对谷子和拟南芥的生理危害。但是氮氧化物、$SO_2$是形成酸雨的重要原因，目前我国酸雨区主要分布在华东沿海地区、华中地区以及西南地区，酸雨能改变土壤理化性质、微生物区系组成和植物形态结构、继而影响植物生理功能，尤其是植物色素与光合作用。我国有机产品标准以及绿色产品、无公害产品标准均要求生产区域大气环境质量达到空气质量二级标准。

固体废物排放量（一般工业固体废物及生活垃圾排放量，$t/hm^2$）：固体废物在堆存过程中对农业环境的危害表现在：①直接占用农田土壤，导致耕地面积减少，同时造成周围景观破坏；②堆存的固体废物经过自身分解和雨水淋溶产生渗漏液体，这些液体携带着重金属等各种污染物质进入土壤、地表水、地下水中，导致土壤和水体污染，进而影响农作物生长发育和农业环境景观；③堆存的固体废物可产生有害有害气体，尤其是有机固体废物，在适宜的湿度和温度下被微生物分解，能释放出有毒有害气体，可在不同程度上产生毒气或恶臭，造成区域性空气污染；同时固体废物中细微颗粒、粉尘等可随风飞扬，然后通过大气沉降方式进入农田、地表水体，污染土壤或地表水。另外，不排除固体废物倒入地表水体，直接污染地表水，进而影响农业用水和农业环境景观。

### 2.1.3.4 农业环境政策应用成果指标影响机制分析

该类指标反映的是农业环境保护政策的应用成果。

有机产品与绿色产品个数：随着人们生活水平的提高，人们对环境、生态和健康更加关注，对食品的要求已从数量型向质量与数量并重型转变，有机产品、绿色食品的生产作为环保时代的新兴产业不仅满足人们对安全、优质、营养食品的需求，还是保护资源、维护生态环境有效措施。我国自1990年颁布第一张有机食品认证证书以来，截至2014年，有机种植面积已达到128.7万 $hm^2$，有机种植面积占全国农业耕地面积的0.95%，有机产品每年销售额约为200亿~300亿元，已成为全球第四大有机产品消费国。截至2013年国内绿色食品年销售额达到3 625.2亿元，出口额达到26亿美元，绿色产品监测面积超过1 706.67万 $hm^2$。但我国区域间有机产品、绿色产品的生产发展并不平衡，如黑龙江省绿色产品监测面积为493.33万 $hm^2$，辽宁为18.75万 $hm^2$。

森林覆盖率：森林是地球之肺，是自然界的绿色宝库，可以涵养水源、阻止水土流失，调节气候，防风防沙，净化环境等多种功能，通常用森林覆盖率来表示国家（或地区）森林资源和林地占有的实际水平以及区域差异等。森林覆盖率指森林面积占土地总面积的比率，一般用百分比表示。我国森林覆盖率系指郁闭度0.2以上的乔木林、竹林、国家特别规定的灌木林地面积，以及农田林网和村旁、宅旁、水旁、路旁林木的覆盖面积的总和占土地面积的百分比。

## 2.2 农业环境评价模型

### 2.2.1 单个指标评价模型

本书所列的 15 个指标中，人均耕地面积（$hm^2$/人）、单位耕地面积农药用量（$kg/hm^2$）、单位耕地面积地膜用量（$kg/hm^2$）、灌溉面积与耕地面积之比、单位耕地面积的机械动力（$kW/hm^2$）、废水排放量（$m^3/hm^2$）、废气排放量（$m^3/hm^2$）、固体废物排放量（一般工业固体废物以及城市生活垃圾，$t/hm^2$）、森林覆盖率等可采用方程 2-1 计算。方程 2-1 中，SCP、$\overline{X}_i$、$X_i$ 和 $A$ 分别为指标的平均值、指标总量和统计面积。

$$\overline{X}_i = X_i / A \qquad (2-1)$$

有机产品以及绿色产品个数：直接采用统计数据。可查询中国食品农产品认证信息系统（http：//ffip. cnca. cn/ffip/publicquery/certSearch. jsp）。

地表水水环境质量：用点位超标率来衡量。通常情况下将点位水质的各指标与中华人民共和国标准《农田灌溉水质标准（GB5084—92）》相比较，所测定的指标中若有一个指标没有满足标准要求，则认为灌溉水质没有达标，否则即为达标。方程（3-2）中，SCP、SC、TN 分别为点位超标率、超标点位数目和测定点位总数。

$$SCP = SC/TN \times 100\% \qquad (2-2)$$

土壤质量：参见耕地质量调查监测与评价办法（农业部令 2016 年 2 号）以及中华人民共和国标准《耕地质量等级（GB33469—2016）》。

土壤污染状况：国内外土壤污染状况评价指标较多，这里先介绍单因素指数法和综合指数方法，见方程（2-3）、方程（2-4）。方程中 $E_i$ 是单因素指数，$C_s^i$ 为元素 $i$ 的实际测定值，$C_l^i$ 为元素 $i$ 的国家二级标准值，$E$ 为土壤污染综合评价指数，$\overline{E}_i$ 为某一点位所有监测元素的算术平均值，$E_{max}$ 为某一点位所有监测因素中的最大值。

$$E_i = C_s^i / C_l^i \qquad (2-3)$$

$$E = \sqrt{\frac{\overline{E}_i^2 + E_{max}^2}{2}} \qquad (2-4)$$

如果 $E \geqslant 1$ 或者 $E_i \geqslant 1$，则表示超标，否则为不超标。国家二级标准值可参见中华人民共和国《土壤环境质量标准（GB15618—1995）》。超标率计算见方程（2-2）。

单位耕地面积氮表观盈余量（kg/ha）。采用方程（2-5）计算，方程中 $N_{bal}$、$N_{che}$、$N_{sew}$、$N_{air}$、$N_{bio}$、$N_{seed}$、$N_{stem}$、$N_{man}$、$N_{emi}$、$N_{crop}$、$N_{for}$ 分别为氮盈余量、化肥氮投入量、种子带入氮量、大气沉降氮量、生物固氮量、秸秆还田带入氮量、养殖业粪便带入氮量、挥发氨损失量、作物带走氮量和氮流失量。

$$N_{bal} = N_{che} + N_{sew} + N_{air} + N_{bio} + N_{seed} + N_{stem} + N_{man} - N_{emi} - N_{crop} - N_{for} \qquad (2-5)$$

单位耕地面积磷表观盈余量（kg/ha）。采用方程（2-6）计算，方程中 $P_{bal}$、$P_{che}$、$N_{seed}$、$P_{man}$、$N_{emi}$、$N_{crop}$、$N_{for}$ 分别为磷盈余量、化肥磷投入量、种子带入磷量、秸秆还田带入磷量、养殖业粪便带入磷量、作物带走磷量和磷流失量。

$$P_{bal} = P_{che} + P_{seed} + P_{stem} + P_{man} - P_{crop} - P_{for} \qquad (2-6)$$

## 2.2.2 农业环境综合评价模型

农业环境综合评价涉及多个指标，本书建议采用多指标综合测定法。

$$B = \sum_{i=1}^{n} W_i C_i \qquad (2-7)$$

方程（2-7）中 B 为农业环境综合评价指数，$W_i$ 为某一指标权重，$C_i$ 为某一指标归一化处理后值（无量纲）。

该方法应用的关键在于：①确定各指标权重（$W_i$）；②标准化处理各指标的原始数据。关于指标体系见上文，此处介绍各指标权重（$W_i$）确定法。权重确定法常用的有专家咨询法（智爆法、德尔斐法）、层次分析法、熵权法等。

### 2.2.2.1 德尔斐法（Delphi Method）

该法是 20 世纪 40 年代由 O. 赫尔姆和 N. 达尔克首创，经过 T. J. 戈尔登和兰德公司进一步发展而成。该法依据系统的程序，采用匿名发表意见的方式，即专家之间不互相讨论，不发生横向联系，只能与调查人员发生关系。通过多轮次调查专家对问卷所提问题的看法，经过反复征询、归纳、修改，最后汇总成专家基本一致的看法，作为预测的结果。这种方法具有广泛的代表性，较为可靠。

## 2.2.2.2 层次分析法（Analytic hierarchyprocess，简称 AHP 法）

该法是美国运筹学家 T. L. Saaty 等人在 20 世纪 70 年代中期提出了一种定性和定量相结合的、系统性的、层次化的多目标决策分析方法。AHP 法把复杂问题分为若干有序的层次，然后根据对一定客观现实的判断，就每一层次各元素的相对重要性给出定量数值，构造判断矩阵，通过求解判断矩阵的最大特征根所对应的标准化特征向量，计算出每一层次元素相对重要性的权重值，进而利用加权算术平均法算出最终结果。

（1）建立成对比较矩阵。即每次取 2 个因子 $x_i$ 和 $x_j$，用 $a_{ij}$ 表示 $X_i$ 和 $X_j$ 对因素 Z 的影响大小之比，全部比较结果用矩阵 $A = a_{(ij)} n * n$ 表示，称 A 为 Z-X 之间的成对比较判断矩阵。容易得出，若 $x_i$ 与 $x_j$ 对因素 Z 的影响之比为 $a_{ij}$，则 $x_j$ 与 $x_i$ 对因素 Z 的影响之比 $a_{ji} = 1/a_{ij}$。

关于如何确定 $a_{ij}$，Satty 等建议引用数字 1~9 及其倒数作为标度，标度的含义见表 2-1。

表 2-1    标度的含义

| 标度 | 含义 |
| --- | --- |
| 1 | 表示两个因素相比，具有相同重要性 |
| 3 | 表示两个因素相比，前者比后者稍重要 |
| 5 | 表示两个因素相比，前者比后者明显重要 |
| 7 | 表示两个因素相比，前者比后者强烈重要 |
| 9 | 表示两个因素相比，前者比后者极端重要 |
| 2、4、6、8 | 表示上述相邻判断的中间值 |
| 倒数 | 若因素 i 与因素 j 的重要性之比为 $a_{ij}$，则因素 j 与因素 i 的重要性之比 $a_{ji} = 1/a_{ij}$ |

（2）层次单排序及一致性检验。判断矩阵 A 对应于最大特征值 $\lambda_{max}$ 的特征向量 W，经归一化后即为同一层次相应因素对于上一层次某因素相对重要性的排序取值，称为层次单排序。检验构造出来的判断矩阵 A 是否严重地非一致，以便确定是否接受 A。判断矩阵一致性检验的步骤如下：

①计算一致性指标 CI

$$CI = \frac{\lambda_{max} - n}{n - 1} \tag{2-8}$$

②查找相应的平均随机一致性指标 RI，对 $n = 1$，2，…9，Satty 给出了

RI 的值，见表 2-2。

表 2-2　RI 值

| $n$ | 1 | 2 | 3 | 4 | 5 | 6 | 7 | 8 | 9 |
|---|---|---|---|---|---|---|---|---|---|
| RI | 0 | 0 | 0.58 | 0.90 | 1.12 | 1.24 | 1.32 | 1.41 | 1.45 |

③计算一致性比例 CR

$$CR = CI/RI \tag{2-9}$$

当 CR<0.10 时，认为判断矩阵的一致性是可以接受的，否则应对判断矩阵作相应的修改。

（3）层次总排序及一致性检验

设 B 层中与 Aj 相关的因素的成对比较判断矩阵在单排序中经一致性检验，求得单排序一致性指标为 CI（j），$j=1, 2, \cdots, m$，相应的平均随机一致性指标为 RI（j），CI（j）和 RI（j）已在层次单排序时候求得，则 B 层总排序随即一致性比例为：

$$CR = \frac{\sum\limits_{j=1}^{m} CI(J)\ a_j}{\sum\limits_{j=1}^{m} RI(J)\ a_j} \tag{2-10}$$

当 CR<0.10 时，认为层次总排序结果具有较满意的一致性并接受该分析结果。

### 2.2.2.3　熵权法

该法通过判断不同指标的变化幅度来确定权重，专家的主观影响性较少，与德尔斐法和层次分析法比较，具有较高的客观性。运用熵权法进行综合评价包含以下步骤：

（1）对数据进行标准化处理。为了消除指标量纲的影响，运用熵权法时候，要对数据进行标准化处理。设 $X = \{X_{ij}\}_{n*m}\ (0 \leq i \leq n,\ 0 \leq j \leq m)$ 为对应评价指标体系中有 $m$ 项指标和 $n$ 个评价对象的初始数据矩阵，其中 $X_{ij}$ 为第 $i$ 个地区第 $j$ 项评价指标的数值，设定 $X_{j\max}$ 为 $n$ 个评价地区中，第 $j$ 项指标的最大值；$X_{j\min}$ 为 $n$ 个评价地区中，第 $j$ 项指标的最小值；为 $X_{j\min}$ 为 $n$ 个评价地区中，第 $j$ 项指标的最大取值；$X_{ij}'$ 为标准化数据，对于正向指标，其标准化方程为：

$$X'_{ij} = \frac{X_{ij} - X_{j\min}}{X_{j\max} - X_{j\min}} \qquad (2-11)$$

对于负向指标，其标准化公式为：

$$X'_{ij} = \frac{X_{j\max} - X_{ij}}{X_{j\max} - X_{j\min}} \qquad (2-12)$$

设标准化矩阵为 $Y = \{y_{ij}\}_{n*m}$（$0 \leqslant i \leqslant n$，$0 \leqslant j \leqslant m$），其中 $y_{ij}$ 计算见下列方程 2-13。

$$y_{ij} = \frac{X'_{ij}}{\sum_{i=1}^{n} X'_{ij}} \quad 0 < y < 1 \qquad (2-13)$$

（2）计算指标信息熵 $e_j$ 和信息效应值 $d_j$。设 $e_j$ 为第 $j$ 项评价指标的信息熵值，则有：

$$e_j = -\frac{1}{\ln n} \sum_{i=1}^{n} y_{ij} \ln y_{ij} \quad 0 \leqslant e_j \leqslant 1 \qquad (2-14)$$

设 $d_j$ 为第 $j$ 项评价指标的信息效应价值，其计算见方程（2-15）。

$$d_j = 1 - e_j \qquad (2-15)$$

$d_j$ 越大，表明第 $j$ 项评价指标在确定权重时越重要，即权重越大，否则，权重越小。

（3）确定各评价指标的权重，见方程（2-16）。

$$W_j = \frac{d_j}{\sum_{j=1}^{m} d_j} \qquad (2-16)$$

# 3 河南省农业自然资源概况

农业资源是一种特定的资源，是指农业生产活动中所利用的有形投入和无形投入。它包括自然界的投入和来自人类社会本身的投入，并且由于它与农业这一特定产业部门联系在一起，所以或多或少地具有区域特性。农业资源有广义和狭义之分；广义的农业资源是指所有农业自然资源和农业生产所需要的社会经济技术资源的综合，狭义的农业资源仅指农业自然资源，不包括农业生产的社会经济技术条件。

农业自然资源是指自然界可被利用于农业生产的物质和能量，以及保证农业生产活动正常所需要的自然环境条件的总称。农业自然资源包括农业气候资源、农业土地资源、农业水资源和农业生物资源。农业生产的社会经济技术资源是指农业生产过程中所需要的来自人类社会的物质技术投入和农业生产活动正常进行所必须的社会条件，包括农业人力资源、农业能源、农业资金、农业物质技术资源、农业信息资源等，直接来自社会其他部门的农药、化肥、农机等都是农业生产所依赖的社会资源。

河南省作为我国第一农业大省，分别以仅占全国 1.74% 的国土面积、占全国 6.24% 的耕地面积、占全国 9.18% 的农作物总播种面积，居全国第一位。粮食播种面积占全国的 8.96%，仅次于黑龙江省，位居第二位，但却生产了超过全国 1/10 的粮食产量，位居全国第一。蔬菜种植面积近 170 万 hm²，占全国蔬菜面积的 9.74%，直逼蔬菜第一生产大省——山东省的 9.84%，油料作物种植面积与总产量居全国之首，分别占 13.23% 和 18.84%。棉花和烟草的种植面积与总产量均位居全国第三，其中棉花种植面积与总产量仅次于新疆和山东，分别占 11.81% 和 9.84%；烟草种植面积与总产量仅次于云南和贵州，分别占 8.79% 和 9.99%；水果产量位居全国第二。同时，河南省还是养殖大省，大牲畜养殖头数居第一（二）位，特别是养牛数量稳居全国第一位，占 9.73%；年出栏猪头数仅次于四川和湖南，居第三位；肉类产量居全国第二（三）位，略低于山东省，并与四川省并驾齐驱，尤以牛肉产量稳居全国第一位，猪肉产量居全国第二（三）

位。这些成就的取得，与河南省农业自然资源密不可分，当然也离不开社会经济技术资源，本章重点阐述河南省的农业自然资源。

# 3.1 农业气候资源

河南省地处我国中东部的中纬度内陆地区，位于东经 110.21°~ 116.39°，北纬 31.23°~36.22°，属暖温带—亚热带湿润—半湿润季风气候。全省纵跨长江、淮河、黄河、海河四大流域。南北长 550km、东西宽 580km，土地面积为 16.17 万 km²，据 2015 年底统计，全省耕地面积为 812.61 万 km²，人均耕地 0.08hm²。全省的气候特点是：春季干旱多风沙，夏季炎热雨集中，秋季晴朗日照长，冬季寒冷雨雪少。受太阳辐射、东亚季风环流和地理条件等因素的综合影响，自南向北依次为北亚热带向暖温带气候过渡区，自东向西依次为内陆平原向丘陵山地气候过渡区。具有四季分明、雨热同期，复杂多样，光、温、水气候资源比较丰富的基本特点。

## 3.1.1 农业气候资源

### 3.1.1.1 气温

河南省四季分明，属大陆性季风气候区，气温的年变化特点是：冬冷夏热，春秋适宜，四季变化显著。全省多年平均气温为 12.8~15.5℃，绝大部分地区全年平均气温为 13~15℃，具有自南向北和自东向西递减的趋势，山地与平原间差异比较明显。豫西山区和太行山边缘年均温在 13℃ 以下，南阳盆地和淮南年平均温度在 15℃ 以上。1 月是一年中最冷的月份，月平均气温为-3~3℃，多年平均气温为 0.4℃；7 月是一年中最热的月份，月平均气温为 24~29℃，大都为 27~28℃，多年平均气温为 26.9℃。河南省气温年较差、日较差均较大，极端最低气温为-23.6℃（1976 年 12 月 26 日，林州市），极端最高气温为 44.2℃（1966 年 6 月 20 日，洛阳市）。

气温年变化曲线呈正态状。春季（3—5 月）气温回升较快，月平均递升 5.1~7.2℃，以 4 月回升幅度最大，平均为 7.2℃，日平均递升 0.24℃。秋季（9—11 月）气温下降快，月平均递减 5.7~7.1℃，以九月降温幅度最大，平均为 7.1℃，日平均降温 0.23℃。夏季（6—8 月）各月之间的平均温差最小，最大为 1.5℃，冬季（12 月至翌年 2 月）各月之间的温差次之，最大为 2.5℃，春、秋季各月之间的温差最大，最大分别为 12.5℃ 和 12.8℃。气温的年较差为 26.5℃。

　　全省日平均气温≥15℃为150~160d，南阳市盆地及淮南达160d以上。

### 3.1.1.2　降水

　　河南省受季风影响较明显，降水量年际变化有较大的差异。一般冬、春季节多受西风带环流影响，夏、秋季节多受副热带高压影响。当西风带系统控制时间长时，干旱少雨；当副热带高压较强时，雨季来得早，雨水就充沛。由于每年西风带系统和副热带系统控制时间早晚不同，雨季早晚和雨量多少也就有所差异，因而各年之间降水量也不相同。全省年平均降水量为500~900mm，多年平均降水量为738.7mm。全省降水量南北差异显著，北部少，南部及西部山地多，自南向北递碱。大别山区可达1 100mm以上，由此向北递减到不足600mm，800mm等雨量线大致位于栾川、嵩县、鲁山、叶县、商水、项城、沈丘、永城一带。最多的是淮南的光山县，为1 380.6mm；最少的是豫北的长垣县，只有532.6mm。

　　全年降水季节分配不均，大部分地区夏季（6—8月）降水量占全年降水量的50%~60%，平均为53%，尤其是7月、8月，月平均降水量各地为100~200mm，常有暴雨。其中，以7月最多，为169.7mm，占全年的23.0%；12月最少，只有11.6mm，仅占年降水量的1.6%。四季分布是：春季降水量为149.7mm，占年降水量的20%；夏季降水量为391.6mm，占年降水量的53%；秋季降水量为156.4mm，占年降水量的21%；冬季降水量仅有41.4mm，占年降水量的60%。4—10月作物生长旺季的降水量占年降水量的80%~90%，其间雨热同期，加上充足的光照，对农业生产十分有利。太阳辐射的季节差异、河南省地理条件以及大气环流变化的不同，是造成雨量分布不均的原因。春季北进的雨带缓缓来迟，形成干旱少雨；夏季正处于来自太平洋的东南季风和印度洋的西南季风的控制和影响，降水量大大增加；秋季正处于季节交替之际，秋高气爽，秋雨稍多；冬季因受大陆吹向海洋的干燥、寒冷的偏北风影响，降水稀少。

　　河南省降水强度变化比较大。降水量最多的年份是1987年，出现在淮南商城，为2 062.0mm；降水量最多的月份是1975年8月，出现在西平县，为918.3mm；日降水量最多的是1975年8月7日，出现在上蔡县，为755.1mm。

　　河南省初雪日一般出现在12月上旬。最早日是11月17日，出现在卢氏县；最晚日是12月16日，出现在夏邑县。终雪日一般在3月上中旬，最早日是3月3日，出现在夏邑县；最晚日是3月25日，出现在渑池县。多年平均降雪日数为15.9d。最大积雪深度为39cm，出现在豫北范县。多年

**图3-1 河南省平均年降水量分布（单位：mm）**

（本图选自参考文献52）。

平均积雪日数为12.8d，积雪最早出现时间是12月5日，在豫西山区卢氏县；最晚终止时间是3月14日，出现在豫西灵宝县。

### 3.1.1.3 日照

河南省全年实际日照时数为 2 000～2 500h，多年平均日照时数为2 113.3h。分布特点为北部多于南部、平原多于山区。黄河以北年日照时数大都在 2 400h 以上，西、南山区为 2 200h 以下，其他地区为 2 200～2 400h。全省日照时数 5 月、6 月最长，1 月、2 月最短。5 月、6 月平均日照时数为200～250h，1 月、2 月平均为 130～170h。各地年日照百分率大都为 45%～55%。只在冬春交替时略低，年平均达 47.7%。河南省光能资源丰富，作物生产潜力较大，大部分地区可以满足一年两熟或二年三熟的作物生育需要。

### 3.1.1.4　霜期

全年从北往南无霜期为 180～240d，平均无霜日为 216.8d，最长达 242.7d，最短为 188d。初霜日一般出现在 10 月下旬至 11 月上旬，最早出现在 10 月 20 日（栾川县），最晚出现在 11 月 14 日（西峡县）；终霜日一般出现在 3 月下旬至 4 月上旬，最早出现在 3 月 18 日（潢川县），最晚出现在 4 月 16 日（栾川县）。多年平均初霜、终霜间的日数为 148.2d，最长为 176.2d，最短为 125.3d。

### 3.1.1.5　不利气候条件

河南省地处中原，冷暖空气交流频繁，容易形成旱、涝、干热风、大风、冰雹以及霜冻等多种自然灾害。干旱是河南省的主要气象灾害之一，一年四季都可能发生，春旱最为频繁，占 37%，干旱期也相当长，无透雨日数一般在 60～70d，最长达 80～90d，初夏旱较多，占 29%，居第二位；伏旱频率较低，占 20%，干旱期较短，秋旱最少，只占 14%，全省春旱分布北部较多，南部较少，伏旱则南部较多，北部较少。全省各地每年都有不同程度的干热风发生，其分布有由南向北，自西向东递增的趋势。至于冰雹，全省分布特点是：降雹次数较多的地区多分布在太行山东南部、伏牛山地、桐柏大别山北部，呈一条弧状长带型，集中于山地和平原的交界地区；北部多与南部，太行山东麓平原多于桐柏山大别山北部；山地多于平原，而山地中河谷盆地又多于一般山地。

## 3.1.2　河南省农业气候区划

根据河南省各地气候资源状况，辅以不同作物生育关键期的气象指标和部分气象灾害指标，可将其分为北亚热带气候温热湿润多雨地区（Ⅰ区）和暖温带气候温暖多旱涝地区（Ⅱ区）。其中，Ⅰ区内分 2 个小区、6 个子区，Ⅱ区内分 5 个小区、9 个子区。

### 3.1.2.1　北亚热带气候温热湿润多雨地区

（1）淮南温热春雨丰沛水稻区。该区位于亚热带北界以南，包括信阳市、南阳市桐柏县东部，以及驻马店市地区的正阳、确山、泌阳三县的部分地区。该区气候温热、雨水充沛，是河南省水热资源最丰富的气候区，但伏秋旱严重，春涝和夏涝较多，影响水稻的低温冷害较显著。

该区水稻、小麦气候增产潜力较大，单产指数和复种指数有较大的提升空间，适宜发展油菜、麻类、花生等经济作物；可扩大夏玉米面积，推广夏玉米杂交品种和栽培技术，提高秋季旱作物产量。丘陵区水肥条件较差，稻田中的稻麦两熟制只宜占 40% 左右，稻肥耕作制占 40%，稻油两熟制占 20%。沿河过水洼地，应发展花生、红麻等。此外，还应开发草坡和养殖水面资源，发展草食畜禽和渔业。

（2）南阳盆地热量丰富粮棉区。该区包括南阳市大部和驻马店市地区的泌阳县。该区光热资源充沛，年降水量较多，但多以暴雨形式出现，降水强度较大。区内各种作物均能种植，是河南省重要的粮棉基地，但该区干旱、雨涝及作物病虫害种类繁多。

该区首先应稳定小麦面积，提高单位产量，并结合当地气候特点，合理进行作物布局。如盆地中部平原区适宜发展棉花，邓州市西部、淅川县东部和内乡县东南部的平岗地适宜发展烟草，盆地东部的社旗县、方城县、唐河县和桐柏西部较适宜发展大豆、花生；小麦适应性强，全区种植面积达耕地面积的 70% 以上较合适。其次，应适当扩大稻麦两熟区，泌阳南部、唐河至新野、邓州之间一线以南的地区具有灌溉条件，是发展小麦水稻一年两熟的适宜区；西峡东部、内乡北部和南召一带为多雨中心，又有鸭河口水库灌溉，对发展稻麦两熟具有较好的条件，可为稻麦两熟灌溉种植区。另外，该区还应调整丘陵山区立体农业布局，在海拔 500m 以下，水热资源条件好，适合发展小麦、玉米、水稻、油料和棉花等农作物；浅山丘陵可发展亚热带树种和经济林果、药材等，如油桐、油茶、板栗、猕猴桃。此外也是发展柞蚕的主要基地。

### 3.1.2.2 暖温带气候温暖多旱涝地区

（1）淮北平原温暖春夏易涝区。该区包括驻马店市、周口市及漯河市的南部，属亚热带向暖温带过渡气候，雨水充沛，光、热条件充足，适宜多种农作物种植，但自然灾害特别是旱涝灾害频繁，是农业稳产、高产的主要限制因子。

该区应以种植业为主，应发展林业和畜牧业，走农、林、牧、渔综合发展之路。第一，该区要继续发挥小麦生产优势，稳定面积，提高单产。第二，洪汝河以南地区是芝麻集中生产区，发展芝麻有广阔前景；同时在洪汝河以南地区，也适合发展油菜作物。第三，该区自然条件基本适合棉花种植，尤其是洪汝河以北的周口市地区适宜发展棉花。第四，夏玉米、花生、大豆可作为该区主要秋作物予以发展。另外，该区还要大力发展林业、畜牧业和养鱼业。

（2）豫东平原光温充裕粮棉油区。该区包括商丘市、开封市、许昌市大部及周口市北部等县，属半湿润与半干旱气候型，热量资源足以满足麦杂两熟和稻麦两熟需要，但干旱和雨涝是影响农业生产的不利气候因素。应以农业为主，同时发展以小麦为主的多种种植业和畜牧业，以林促农，以牧养农，农、林、牧综合发展，重点搞好粮食、棉花、花生、泡桐、大枣、畜产品生产；广泛开展多种经营，逐步建成以农林间作为特色的综合性农业区，彻底改变生态环境。

（3）豫北丘冈平原多旱粮棉区。该区包括豫北6市，属暖温带，热量资源较为丰富，生长期长，能满足一年两熟制和棉花的生产条件，是目前全省农业生产水平最高的地区，但灾害性天气多，水源不足，夏季降水强度大，水、土、肥流失严重，对农业生产影响较大。

该区应对干旱、干热风、霜冻、大风等自然灾害进行综合治理。在巩固、加强粮棉生产基地建设的同时，大力发展林、牧业，积极开展多种经营，使之成为农、林、牧、副全面发展，农、工、商综合经营的农业区。西北部山区以林、牧为主，积极发展土特产，大力营造水源涵养林和用材林，丘陵地区以当前的以农为主逐步转向农、林、牧并重，东部平原应以粮棉为主，农、林、牧、副综合发展。

（4）豫西丘陵夏旱秋旱较重林牧粮烟区。该区包括洛阳市和三门峡市、郑州市西部以及宝丰和禹州等县（市）海拔500m以下浅山丘陵区。区内热量资源丰富，可以一年两熟，但降水集中于夏季，干旱、干热风、大风灾害也比较频繁。

该区是以小麦杂粮为主的旱作区，应选育耐旱、耐寒优良作物品种，因地制宜地合理布局作物种类和品种，抓好伊、洛、汝等河谷川地以小麦为主的粮食基地建设，在稳产的基础上求高产。此外，调整好作物布局，合理实施轮作制度。河川平地有水肥条件，土壤肥力较高，是该区主要产粮地，轮作方式应以小麦玉米一年两熟为主，有条件的地方还可以发展水稻，要积极发展烟叶生产，汝州、汝阳、宜阳、伊川等地应扩大烟草种植面积，建立烟草生产基地。今后，在全面控制水土流失、保护好水土资源的前提下，认真调整农业内部结构，合理利用自然资源，由目前以农业为主，逐步发展到农、林、牧、副并重，建立合理的农业经济结构和良性循环的生态系统，要狠抓林业这个最灵敏的生态因素，建立起涵养的生物蓄水体系，配合工程蓄水和土壤蓄水，调节水分平衡，改造干旱气候。

（5）伏牛山和太行山地温凉林果牧区。该区包括豫西和豫西北山区。区内垂直气候变化显著，气候复杂多样，自然资源丰富，适宜农、林、牧业的综合发展。但山区多阴雨，易塌方滑坡，干旱灾害也较为严重。

该区要积极做好农业生态环境的综合治理，在保护天然林、治理水土流失方面多做文章。要积极建立商品生产基地，发展名、优、特、稀产品；同时还要充分利用山区气候资源优势，搞好立体农业布局。

# 3.2 耕地资源

## 3.2.1 耕地资源分布状况

耕地指种植农作物的土地，包括熟地、新开发、复垦、整理地、休闲地（含轮歇地、轮作地），以种植农作物（含蔬菜）为主，间有零星果树、桑树或者其他树木的土地，平均每年能保证收获一季的已垦滩地和海涂，还包括宽度<2.0m 固定的沟、渠、路和地坎（埂），临时种植药材、草皮、花卉、苗木等的耕地以及其他临时改变用途的耕地。河南省是一个耕地资源相对紧缺的省份，全省土地总面积为 1 655.36万 $hm^2$，占全国土地总面积的 1.74%，其中农用地 1 229.094万 $hm^2$。河南省耕地资源在 800 万 $hm^2$ 左右，2015 年末耕地资源量为 812.61 万 $hm^2$，茶园 11.40 万 $hm^2$，果园 45.56 万 $hm^2$，林地 42.58 万 $hm^2$。其中，水田面积 75.40 万 $hm^2$，水浇地 455.52 万 $hm^2$，旱地 281.68 万 $hm^2$。全省耕地的 3/4 集中于平原地区，1/4 分布于丘岗山地区，其中旱地在耕地中所占比例最大，分布也最为广泛，林地主要集中分布于山区，由山区向平原骤减，豫西伏牛山地深山区的卢氏县、栾川县、嵩县、西峡县、南召县和内乡县等 6 县的林地面积约占全省的 1/3，全省牧草地基本属于天然草地类，80%以上分布于信阳市和驻马店市。

河南省地表形态复杂，境内山区、丘陵、平原、盆地等多种地貌类型俱全。地势基本上东低西高，豫东平原海拔高度大都在 100m 以下，是黄淮海平原的重要组成部分；西部为丘陵山地，海拔高度在 100～1 000m 以上。平原面积大于山地丘陵面积，其中山地面积占总面积的 26.6%，丘陵占 17.7%，平原占 55.7%。丘陵山区不仅矿产丰富，而且矿物肥料、矿物饲料开发潜力很大，但土地瘠薄，水资源较为贫乏，水土流失严重。平原地区地势平坦，土壤疏松，土层深厚，易耕性好，地下水资源也较为丰富。适宜多种农作物生长，但其开发水平不高，中低产田面积较大。

河南省中低产耕地主要分布在豫南砂姜黑土耕地类型区、豫西旱地丘陵区和豫东沙化耕地类型区，其类型主要有干旱灌溉型、渍涝潜育型、盐碱耕地型、坡地梯改型、渍涝排水型、沙化耕地型、障碍层次型、瘠薄培肥型、失衡缺素型9种。其中，以瘠薄培肥型和干旱灌溉型面积最大，二者分别占28.4%和27.8%，其次为沙化耕地型和渍涝排水型，二者分别占13.8%和13.2%。

按行政区划来说，以南阳市耕地面积最大，其耕地资源占全省的12.96%；其次为驻马店市、周口市、信阳市和商丘市，其所占比例分别为11.68%、10.52%、10.34%和8.69%；新乡市、开封市、洛阳市和安阳市等四市所占比例在5.0%~6.0%之间，其他城市耕地资源占全省比例均低于5%。河南省主要粮食产量高产区所在地市如焦作市、鹤壁市耕地面积相对较小，耕地面积较大的地市中，产量较高的仅有周口市和驻马店市。据最新统计，河南省粮食核心区92个县市中，高产田面积仅占37.6%，中产田面积占区域内耕地面积的33.6%，低产田占28.8%。

河南省土壤计有7个土纲，17个土类，42个亚类，133个土属，424个土种。耕地主要土类为潮土、褐土、黄褐土、砂姜黑土、水稻土5类，五大土类占耕地面积的96.5%，潮土、砂姜黑土、水稻土基本都是耕地。其中，潮土面积最大，为416.09万 $hm^2$，其中耕地面积为387.00万 $hm^2$，分别占全省土壤和耕地面积的30.25%和43.2%；褐土是仅次于潮土的第二个大土类，面积为237.52万 $hm^2$，其中耕地面积为147.66万 $hm^2$，分别占全省土壤和耕地面积的17.27%和16.5%；黄褐土面积为162.99万 $hm^2$，其中耕地面积为137.68万 $hm^2$，分别占全省土壤和耕地面积的11.85%和15.38%；砂姜黑土面积为127.24万 $hm^2$，其中耕地面积为124.79万 $hm^2$，分别占全省土壤和耕地面积的9.25%和13.94%；水稻土面积为69.46万 $hm^2$，其中耕地面积为67.11$hm^2$，分别占全省土壤和耕地面积的5.05%和7.49%。各类土大致分布如下：伏牛山脉主脊南侧1 300m以上，东接沙河与汾河一线以北，京广线以西为棕壤与褐土，棕壤多分布在800~1 200m以上，以下多为褐土，该线以南为黄棕壤和黄褐土，黄褐土靠北部与基部，黄棕壤在南部级上部；京广线以东广大黄淮海平原主要分布着非地带性土壤潮土和砂姜黑土，而砂姜黑土多分布在平原低洼处，南阳盆地低洼处也有砂姜黑土的大面积分布；河流两岸以及河南省北部有水源处有水稻土分布。

根据河南省的气候分区、地形、土壤类型、地力要素构成、主导障碍因素及土壤改良方向，全省可分为5个耕地类型区，分别是：豫东、豫东北平原潮土耕地类型区、豫南湖积平原砂姜黑土耕地类型区、豫西、豫西北山地丘陵褐土、红黏土耕地类型区、豫南丘陵黄褐土耕地类型区、豫南稻田耕地类型区。

### 3.2.1.1 豫东、豫东北平原潮土耕地类型区

该类型区位于河南省东北部，西临豫西山地、黄土台地丘陵和太行山丘陵区，南到沙颍河，东北达省界。

潮土是面积最大、分布最广的土壤，属黄河、淮河、海河冲积平原，地形平坦，但由于黄河多次改道泛滥的影响，形成几条较高的黄河故道滩地，以及故道两侧洼地。河流沉积物是形成潮土的主要母质，质地粗细呈水平分布，在土体剖面的垂直分布上多为层次状排列，形成砂、壤、黏质地的层次复式构型。主要土壤类型为沙质潮土、黏质潮土、壤质潮土、黑底潮土等，面积较大的土种主要有灌两合土、灌淤土、小两合土、灌小两合土、青砂土、灌脱潮小两合土等。低洼部分还有一定面积的盐碱土分布。旱涝、盐碱、风沙是影响耕地地力的障碍因素。该区砂土面积较大，土壤肥力较低。豫东、豫东北平原潮土耕地类型区占全省总面积的 44.8%，该区高肥力土壤比例占 20.5%，中肥力面积占 61.1%，低肥力占 18.4%，三者分别占全省高肥力、中肥力、低肥力土壤面积的 64.7%、50.4% 和 26.2%。

### 3.2.1.2 豫南湖积平原砂姜黑土耕地类型区

该类型区位于洪汝河、唐白河、沙须河流域的中下游地区的二坡地、河间洼地、碟形洼地及槽形洼地。该区域地势低平、坡降小，地下水位高，排水不畅，易发洪涝灾害。

砂姜黑土是暖温带气候条件下，以富含碳酸钙古河湖相沉积物为母质，经过沼泽化等过程形成的具有黑土层和砂姜层的一种旱耕熟化的耕地土壤。其质地黏重，有机质含量多在 10g/kg 以上，土壤中有较多的砂姜形成，有的成层分布，形成砂姜黏磐层，具有阻水作用。因此，砂姜黑土结构性差，表现为干时坚硬，湿时泥泞，难耕难耙，适耕期短，只有 3~5d，又因都分布在低洼处，易成涝。面积较大的土种主要有灌黏质黑老土、灌壤质黑老土、灌青黑土、灌黏质石灰性黑老土、壤质黑老土等。该类型区占全省总面积的 14.0%，高肥力土壤面积很少，主要以中肥力土壤为主，占该区土壤总面积的 76.1%，其余为低肥力土壤，二者分别占全省同肥力水平土壤面积的 19.6% 和 10.6%。

### 3.2.1.3 豫西、豫西北山地丘陵褐土、红黏土耕地类型区

该类型区处于我国黄土高原与黄淮海平原的结合部，在伏牛山主脉至沙河一线以北，京广线以西，占全省耕地面积的 18.9%，气候属暖温带半湿润半干旱季风气候，地形为山地、丘陵。在山地、盆地、谷地中常有不同程

度的黄土分布。梯田连绵、沟壑纵横是该区田野的一大景观。褐土是该区的主要土壤，此外还有红黏土分布。

褐土是该省除潮土之外第二大面积的土类，其成土母质以黄土及黄土状母质为主，主要亚类有典型褐土、淋溶褐土、石灰性褐土、潮褐土、褐土性土。褐土具有山地丘陵耕地的一些地力条件，例如，沟壑切割所造成地块破碎分散，较高的地形部位和一定的地面坡度造成水土流失和干旱缺水，残坡积物母质使土壤理化性状受基岩的深刻影响，以及生态脆弱和对灌溉的需要。该区土壤质地多为中壤、重壤，有机质含量和氮素含量较高，80%左右的耕地有机质含量达到1%~2%，全年降水量为500~650mm，小麦生育季节降水量为150~250mm，属于土壤水分亏缺区和严重亏缺区，多数年份小麦生育受到一定的水分胁迫，土壤肥力相对较高。其高肥力、中肥力、低肥力土壤比例分别为20.7%、15.5%和63.8%，分别占全省同肥力土壤面积的27.6%、5.4%和38.1%。

### 3.2.1.4　豫南丘陵黄褐土耕地类型区

该类型区位于伏牛山主脉至淮河一线以南，耕地面积约占全省耕地面积的15.3%，属北亚热带季风湿润性气候，夏季高温多雨，冬季寒冷干燥，地形以丘陵为主。黄褐土主要分布在100m以上500m以下的丘陵缓坡地、岗地、河谷阶地上，地形起伏较大，水土侵蚀严重，为重要的低产旱地区。

黄褐土由富含碳酸钙或富盐基的母质发育而成，尤其以黄土状沉积物母质为主，多分布于丘陵岗地、河谷阶地与平缓低丘。成土过程有黏化过程和铁锰的淋溶与淀积过程。主要亚类有黄褐土、漂白黄褐土和黄褐土性土。该区黏、瘦、薄、板等土壤障碍因素较为突出，一般多属中低产田。水土流失、干旱和土壤瘠薄是耕地的主要障碍因素。黄土质黄褐土是不良的农业土壤，质地黏重，紧实，结构差、耕性差，水、肥、气、热不协调。该区占全省面积的15.3%，中肥力、低肥力土壤基本对半，分别为53.6%和46.4%，分别占全省同肥力土壤面积的15.1%和22.4%。

### 3.2.1.5　豫南稻田耕地类型区

该类型区主要分布在淮南地区、豫西伏牛山区及豫北太行山较大河流沿岸，盆地及山前交接洼地，黄河两岸背河洼地也有分布。淮南地区属北亚热带季风性湿润性气候，年降水量在1 000mm以上，地形是起伏不平，多为垄岗、山间瓮地，水网密布。冷渍、淀板、养分失调、有机肥源不足是该地区水稻土存在的主要问题。该区占全省的7.1%，其中高肥力土壤占14.2%，中肥力土壤占54.3%，低肥力土壤占31.6%，三者分别占全省同肥力土壤面积的 7.7%、9.5%和 2.7%。

## 3.2.2 土壤流失状况

全省的土地退化可分为水蚀、风蚀和盐渍化 3 种类型，其中，水蚀面积广、危害大，风蚀沙化有一定危害，盐渍化危害较轻，全省土地退化情况见表 3-1。

表 3-1  河南省土地退化情况

| 类别 | 分布 | 退化程度 | 面积（km²） |
|---|---|---|---|
| 水蚀 | 豫北太行山、豫西伏牛山、豫南的桐柏山和大别山 | 轻度流失 | 22 893.00 |
| | | 中度水蚀 | 6 791.00 |
| | | 强度水蚀 | 389.00 |
| | | 工程水蚀 | 239.00 |
| 土地沙化 | 沿黄河及支流改道、缺口的临时河道呈带状分布，主要分布在开封市和郑州市 | 流动山丘 | 0.50 |
| | | 半固定山丘 | 47.00 |
| | | 固定沙丘 | 6.10 |
| | | 沙改田 | 53.70 |
| 风水蚀交错类型区 | 豫东黄河故道区 | 轻度 | 6 007.00 |
| 盐渍化，具有盐渍化倾向 | 鹤壁市、濮阳市、新乡市 | 轻度 | 4 050.00 |

注：根据参考文献 75 整理而成。

水蚀主要发生于山丘区和黄土分布区，难治理水土流失区主要存在于人多地少贫困的山丘区及不合理开发区，通过全省各级政府以及人民群众的努力，2005 年、2010 年、2015 年综合治理水土流失面积分别为 3 810km²、4 413km² 和 3 560km²，中度、强度水土流失面积基本得到控制和治理，而耕地中强度、极强度水土流失由于多种因素的影响仍然没有得到有效控制，减少和下降幅度为南部（淮河以南、长江流流域）大于北部、重点治理区大于非重点治理区。土地沙化已经基本得到控制，沙化面积呈现逐年减少的趋势，但局部地区人为植被破坏导致土地沙化和固定沙丘流动的问题还时有发生。目前，土地沙化面积为 65km²，主要有流动沙丘、半固定沙丘和沙改田 3 种类型；轻度风蚀、水蚀交错类型区面积约 6 007km²，占全省面积的 3.6%；土地盐渍化主要发生于黄河冲积平原，20 世纪 90 年代以来，河南省盐渍化土地面积大大缩减，目前约为 4 050km²，占全省土地面积的 2.4%，已不属于突出的土壤生态环境问题，但由于不合理施肥等现象导致次生盐渍化面积不断增加。

## 3.3　水资源

　　水是农业的命脉，水资源的开发利用对农业的发展具有极其重要的作用，合理开发利用水资源，是人类社会可持续发展的基础。河南省河流众多，地跨淮河、长江、黄河、海河四大流域，流域面积分别为 8.61 万 km²、2.77 万 km²、3.60 万 km²、1.53 万 km²。全省 100km² 以上的河流有 493 条。其中，河流流域面积超过 1 万 km² 的 9 条，为黄河、洛河、沁河、淮河、沙河、洪河、卫河、白河、丹江；5 000~10 000 km² 的 8 条，为伊河、金堤河、史河、汝河、北汝河、颍河、贾鲁河、唐河；1 000~5 000 km² 的 43 条；100~1 000 km² 的 433 条。按流域范围划分，100km² 以上的河流，黄河流域 93 条；淮河流域 271 条；海河流域 54 条；长江流域 75 条。河川年径流量为 106.73 亿 m³，大中型水库 121 座。但水量不足，水资源并不丰富。根据河南省首次开展的水资源平衡展望计算，地表水实际可利用量为 120 亿 m³，地下水年开采利用量为 130 亿 m³，过境水最多可利用量为 180 亿 m³，河南省水资源总量为 430 亿 m³。降水量季节变化和年际变化大，分布不均，区域差异性明显。全省地表水资源由南向北递减，南部山地丘陵区水量较充沛，属多水带；豫北平原水量偏少，属少水带。

### 3.3.1　降水与地表径流

　　全省多年平均降水量为 785mm，相当于 1 296亿 m³ 的水量。汛期降水量占全年总降水量的 60%~70%，集中在 6—9 月，年际降水相差 2.6~4.7 倍。降水自南向北呈递减趋势，变化幅度为 600~1 400mm，河南省天然河川径流量的主要补给来源是大气降水，地形、地貌和气候等因素对其有很大影响。河南省是地表水资源不丰富的省份，多年平均天然河川径流量为 313 亿 m³，折合径流深为 187.4mm，居全国各省（区、市）20 位左右，人均占有量仅相当于全国人均量的 1/6，按耕地计算也大体相当。从多年平均值看，全省各流域内径流深有很大差别，其中长江流域地表水流量较丰沛，平均为 214.8mm，达 66.9 亿 m³；淮河流域为 206.8mm，水量为 178.5 亿 m³；黄河流域和海河流域较少，仅分别为 130.4mm 和 130.7mm，水资源量黄河流域为 47.4 亿 m³；海河流域为 20.0 亿 m³。地表径流由南向北、由西向东呈递减分布，山区明显大于平原。

表 3-2　流域分区地表水可利用量分析　　　单位：万 m³

| 水资源分区名称 | | 面积（km²） | 多年平均天然径流量 | 河道生态环境需水量 | 多年平均下泄洪水量 | 地表水资源可利用量 |
| 一级分区 | 三级分区 | | | | | |
|---|---|---|---|---|---|---|
| 海河流域 | 漳卫河区 | 13 631 | 158 650 | 24 480 | 36 600 | 97 570 |
| | 徒骇马颊河区 | 1 705 | 4 850 | 730 | 1 750 | 2 370 |
| | 流域合计 | 15 336 | 163 500 | 25 210 | 38 350 | 99 940 |
| 黄河流域 | 龙门—三门峡区间 | 4 207 | 58 370 | 8 760 | 25 880 | 22 730 |
| | 三门峡—小浪底干流区间 | 2 364 | 29 410 | 4 410 | 16 170 | 8 830 |
| | 小浪底—花园口干流区间 | 3 415 | 37 200 | 5 580 | 18 220 | 13 400 |
| | 伊洛河 | 15 813 | 252 640 | 46 990 | 63 140 | 142 500 |
| | 沁河 | 1 377 | 14 450 | 2 170 | 6 880 | 5 400 |
| | 金堤河天然文岩渠 | 7 309 | 45 340 | 6 770 | 16 400 | 22 170 |
| | 花园口以下干流区间 | 1 679 | 12 300 | 1 840 | 10 460 | |
| | 流域合计 | 36 164 | 449 710 | 76 520 | 158 150 | 215 030 |
| 淮河流域 | 王家坝以上南岸区 | 13 205 | 575 450 | 86 320 | 222 750 | 266 380 |
| | 王家坝以上北岸区 | 15 613 | 388 630 | 58 300 | 209 570 | 120 760 |
| | 王蚌区间南岸 | 4 243 | 204 620 | 30 690 | 100 560 | 73 370 |
| | 王蚌区间北岸 | 46 478 | 561 760 | 83 280 | 241 510 | 236 970 |
| | 蚌洪区间北岸 | 5 155 | 41 650 | 7 340 | 12 900 | 21 410 |
| | 南四湖西区 | 1 734 | 10 790 | 1 620 | 4 860 | 4 310 |
| | 流域合计 | 86 428 | 1 782 900 | 267 550 | 792 150 | 723 200 |
| 长江流域 | 丹江口以上区 | 7 238 | 179 290 | 26 890 | 104 300 | 48 100 |
| | 丹江口以下区 | 525 | 9 130 | 1 370 | 7 660 | |
| | 唐白河区 | 19 426 | 428 920 | 64 200 | 231 310 | 133 410 |
| | 武汉—湖口区间 | 420 | 26 460 | 3 970 | 22 490 | |
| | 流域合计 | 27 609 | 643 800 | 96 430 | 365 860 | 181 510 |
| 全省 | | 165 537 | 3 039 910 | 465 710 | 1 354 520 | 1 219 680 |

注：根据参考文献 93 整理而成。

## 3.3.2　地下水

　　河南省地下水资源主要分布在黄淮海大平原、山前倾斜平原及山间河谷平原和盆地。浅层地下水资源多年平均为 208.3 亿 m³，水资源模数为 24.8 万 m³/年 km²，另有中层地下水 30 亿 m³。地下水年内年际变化不大，且东部多于西部、平原多于山区岗台区。按照本省目前的开采条件和对地下水的保护，全省平原区多年平均地下水可开采量为 114.6 亿 $m^3$。

### 3.3.3 入境水

河南省河流众多，流域面积大于 $100km^2$ 的河道有 491 条，除少数几条河道由上游流经该省外，多数发源于河南省。入境河流有洛河、沁丹河和史河，过境河道主要有黄河、灌河、漳河及丹江等，河南省入过境水量丰富，多年平均实测入过境水量为 475 亿 $m^3$，相当于该省地表水资源量的 1.5 倍。尤其是黄河干流横穿河南省北中部干旱地区，多年平均实测入境水量为 399.2 亿 $m^3$，占全省总入境水量的 88.7%，对沿黄两岸地区的工农业发展具有重要作用。

### 3.3.4 水资源总量

根据河南省开展的水资源平衡计算，全省多年平均过境水量为 475 亿 $m^3$，天然地表水资源为 313 亿 $m^3$，地表水实际可利用量为 120 亿 $m^3$，地下水资源总量 230 亿 $m^3$，年开采利用量为 130 亿 $m^3$，过境水最多可利用量为 180 亿 $m^3$，全省水资源总量为 430 亿 $m^3$，在全国居 19 位，人均占有量 441$m^3$，为全国人均水量的 1/5；单位耕地面积水资源占有量 6 000$m^3/hm^2$，为全国平均水量的 1/6，分别排在全国平均水平的第 22 位和第 24 位。

目前河南省工农业用水，平水年需水 220 亿 $m^3$，中旱年需水 290 亿 $m^3$。现有各类蓄水工程、引水工程、提水工程供水 200 亿~230 亿 $m^3$，尚缺水 20 亿~60 亿 $m^3$。随着工农业的发展和人民生活水平的提高，水的供需矛盾会日益突出，水源不足已成为河南省经济发展中的一个重要限制性因素。

河南省是一个干旱缺水的农业大省。全省多年平均降水量为 785mm，相当于 1 296亿 $m^3$ 的水量。约有 76% 水量被植物、土壤吸收和水面蒸发，只有 24% 的水量形成了地表河川径流。全省水资源总量为 430 亿 $m^3$，在全部淡水中，约 70% 用于粮食生产。

河南省水资源的分布特点是西南山丘区多，东北平原少。豫北、豫东平原 10 个市地（安阳市、鹤壁市、濮阳市、新乡市、郑州市、开封市、商丘市、许昌市、漯河市、周口市）的水资源量为 126.6 亿 $m^3$，只占全省水资源总量的约 30%，人均水资源量为 261$m^3$，耕地水资源量平均为 3 510$m^3/hm^2$。而南部、西部山丘区 7 个市（信阳市、驻马店市、南阳市、三门峡、洛阳市、平顶山市、焦作市）的水资源量为 286.8 亿 $m^3$，却占全省水资源总量的约 70%，人均水资源量为 673$m^3$，耕地水资源量平均为 8 895$m^3/hm^2$。而且时空分布不均，地表径流年际年内变化大，丰水年 1964 年径流量 718.2 亿 m³，是枯水年 1978 年 99.4 亿 m³ 的 7.2 倍；年内汛期最大 4 个月的径流量占全年的 60%~80%；春季（3—5 月）径流量只占全年的 15%~20%，而灌溉需水量占全年的 35%~45%。

# 3.4 生物资源

河南省地处中原，位于亚热带与暖温带之间，生物资源丰富，仅高等植物就有 197 科、3 830 余种。主要作物有 120 种，主要有禾本科的小麦、玉米、谷子、稻、大麦、燕麦、黑麦、高粱、黍等，百合科的芦笋，豆科的大豆、花生、小豆、扁豆、绿豆、蚕豆、豌豆、豇豆等，十字花科的油菜、甘蓝、大白菜、小白菜、青菜等，锦葵科的棉花、大麻、黄麻、红麻、青麻、亚麻，茄科的番茄、辣椒、茄子、马铃薯等，伞形科的芫荽、胡萝卜、香芹、香菜、胡萝卜、小茴香等。

省级重点保护植物有：团羽铁线蕨、蛾眉蕨、过山蕨、荚果蕨、东方荚果蕨、巴山冷杉、铁杉、白皮松、高山柏、三尖杉、中国粗榧、湖北鹅耳枥、铁木、华榛、米心水青冈、石栎、胡桃楸、青钱柳、大果榉、青檀、大果榆、领春木、河南蓼、紫斑牡丹、杨山牡丹、矮牡丹、金莲花、铁筷子、灵宝翠雀、河南省翠雀、黄连、黄山木兰、望春花、朱砂玉兰、野八角、黄心夜合、猴樟、川桂、天竺桂、大叶楠、紫楠、竹叶楠、山楠、天目木姜子、黄丹木姜子、豹皮樟、黑壳楠、河南山胡椒、枫香、山白树、杜仲、红果树、椤木石楠、太行花、河南海棠、金钱槭、枫叶槭、重齿槭、飞蛾槭、七叶树、天师栗、珂楠树、暖木、铜钱树、河南猕猴桃、紫茎、陕西紫茎、银鹊树、刺楸、大叶三七、河南省杜鹃、太白杜鹃、灵宝杜鹃、玉铃花、芬芳安息香、蝟实、太行菊、万年青、七叶一枝花、延龄草、扇脉杓兰、毛杓兰、大花杓兰、天麻、独花兰、霍山石斛、细茎石斛、细叶石斛、曲茎石斛、河南石斛、建兰、多花兰、绞股蓝、大果冬青、冬青、独根草等 96 种。

已知陆生脊椎野生动物 520 种，占全国总数的 23.9%。全省饲养的动物有：黄牛、水牛、马、驴、骡、绵羊、山羊、鸡、鸭、鹅、兔等。有 63 种国家重点保护的脊椎动物，其中两栖纲有尾目的大鲵，无尾目虎纹蛙共 2 种；鸟纲有鹳形目的白鹳、黄嘴白鹭、朱鹮、白琵鹭 4 种；雁形目的天鹅、小天鹅、鸳鸯 3 种；隼形目的金雕、白肩雕、草原雕、乌雕、鸢、大鵟、鹊鹞、白尾鹞、赤腹鹰、雀鹰、松雀鹰、苍鹰、鸢、红隼、燕隼、灰背隼、红脚隼、黄爪隼和小隼 19 种；鸡形目的勺鸡、白冠长尾雉、红腹锦鸡 3 种；鹤形目的灰鹤、大鸨、小鸨 3 种；鸽形目的斑尾鹃鸠 1 种；鹃形目的小鸦鹃 1 种；鸮形目的雕鸮、红角鸮、领角鸮、黄嘴角鸮、纵纹腹小鸮、长耳鸮、短耳鸮、斑头鸺鹠、领鸺鹠、长尾林鸮、灰林鸮、褐林鸮、鹰鸮 13 种；雀形目的蓝翅八色鸫 1 种，共 48 种。哺乳纲灵长目的猕猴，食肉目的豺、水獭、大灵猫、小灵猫、金猫、豹、虎和雪豹，偶蹄目的麝、梅花鹿、鬣羚、斑羚，共 13 种。

2015 年全省森林覆盖率仅为 23.6%，高于全国平均值 21.63%，在全国列第 18 位，与国际公认的保持良好生态环境所需的 30%覆盖率相差较远。

# 4　河南省农田养分投入量与农田养分平衡

　　1828 年，德国化学家韦勒在世界上首次应用人工方法合成了尿素，但由于当时人们的观念等问题，直到 50 年后，合成尿素才作为化肥投放市场。1838 年，英国乡绅劳斯用硫酸处理磷矿石制成磷肥，成为世界上第一种化学肥料。1840 年，德国化学家李比西发明了钾肥，1909 年德国化学家哈伯与博施合作成立了"哈伯与博施"氨合成法，解决了氮肥大规模生产的技术问题。化肥工业的发展给农业生产带来了革命性的变化；我国的传统农业为有机农业，然而紧紧依靠农业内部循环，难以快速而大幅度提高农作物产量，满足日益增加的人口对农产品需求的快速增长，正是使用化肥，为农作物提供了速效养分来源，为生产更多农产品提供必要的物质基础和能量基础。同时也应该看到，随着我国化肥工业的发展，农田养分过量施用、不合理施用现象十分普遍，已对农业环境构成负面影响。

## 4.1　农田养分输入

　　农田养分投入主要包括化肥养分投入、有机肥投入以及大气沉降、灌溉水、生物固氮以及种子带入的养分等，有机肥投入包括畜禽粪便以及作物秸秆。

### 4.1.1　化肥养分输入

　　河南省 1952 年开始施用少量化肥，期间断断续续，到 1970 年，年化肥施用量仅有 15.6 万 t。自此之后河南省化肥用量逐年增加，至 1979 年改革开放，河南省年施用量仍仅为 60.1 万 t。1982 年突破了 100 万 t，达到 105.5 万 t，从 1970 年开始恢复施用到 1982 年突破 100 万 t 用了 12 年时间；1990 年突破 200 万 t，达到 213.18 万 t，用了 8 年时间；1995 年突破 300 万 t，达到 322.21 万 t，用了 5 年时间；又用 5 年时间，到 2000 年年化肥施用量已突破400万t，达到420.7万t。河南省自2000年之后，化肥总用量一直超过全国化肥用量的1/10。

改革开放以来，河南省行政区划调整较大，如1980年辖10地区、6省辖市，10市、111县、26市辖区、1矿区，即郑州市、开封市、洛阳市、平顶山市、鹤壁市、焦作市、安阳市地区、新乡市地区、开封市地区、商丘市地区、许昌市地区、洛阳市地区、南阳市地区、信阳市地区、周口市地区、驻马店市地区。1990年年底，河南省辖5地区、12省辖市，14市、104县、39市辖区，即郑州市、开封市、洛阳市、平顶山市、焦作市、鹤壁市、新乡市、安阳市、濮阳市、许昌市、漯河市、三门峡市、商丘市地区、南阳市地区、信阳市地区、周口市地区、驻马店市地区。2000年年底，河南省辖17省辖市，21市、89县、48市辖区，其中包括1个省直辖市县级行政单位，即郑州市、开封市、洛阳市、平顶山市、焦作市、鹤壁市、新乡市、安阳市、濮阳市、许昌市、漯河市、三门峡市、商丘市、南阳市、信阳市、周口市、驻马店市。与现在行政架构基本一致，故本书做历史演变时候，以2000年为起始年，其他部分与此相同。

**图4-1　河南省化肥用量及其占全国比例**

注：根据参考文献124数据整理而成。

表4-1为2000—2015年各地级市单位耕地面积化肥用量情况。表中数据显示，各地级市化肥用量仍然表现为增长的趋势，2000—2015年全省单

位耕地面积化肥用量年增长速率为 2.46%，高于同时段的全国增长速率 2.17%，导致河南省化肥平均用量超过全国平均水平，几乎是全国平均水平 的 2.0 倍。18 个地级市中，济源市、郑州市的 15 年中，化肥养分用量时高 时低，总体趋势是降低的，年增长速率分别为-0.11%和-1.03%；其他城市 均表现为增长趋势，其中商丘市、安阳市和平顶山市的年增长率位列前三， 分别为 4.85%、4.36%和 3.85%。

表 4-1　2000—2015 年河南省各地级市单位耕地面积化肥养分用量情况

单位：$kg/hm^2$

| 区域名称 | 2000 | 2005 | 2010 | 2015 |
|---|---|---|---|---|
| 郑州市 | 690.01 | 652.68 | 691.60 | 678.88 |
| 开封市 | 538.54 | 532.00 | 721.60 | 748.46 |
| 洛阳市 | 425.63 | 441.04 | 561.24 | 546.72 |
| 平顶山市 | 680.89 | 851.34 | 1 111.09 | 1 200.73 |
| 安阳市 | 620.58 | 665.03 | 1 034.76 | 1 177.90 |
| 鹤壁市 | 561.35 | 533.42 | 709.82 | 675.46 |
| 新乡市 | 669.71 | 818.56 | 1 087.94 | 1 152.58 |
| 焦作市 | 848.62 | 943.18 | 1 063.82 | 1 105.64 |
| 濮阳市 | 784.50 | 865.04 | 959.10 | 976.90 |
| 许昌市 | 586.97 | 564.77 | 901.54 | 862.71 |
| 漯河市 | 597.11 | 725.94 | 913.55 | 903.14 |
| 三门峡市 | 542.03 | 458.88 | 514.80 | 561.38 |
| 南阳市 | 605.52 | 710.08 | 802.93 | 866.35 |
| 商丘市 | 575.89 | 633.21 | 974.83 | 1 171.62 |
| 信阳市 | 526.79 | 440.46 | 597.10 | 642.42 |
| 周口市 | 674.07 | 727.85 | 867.96 | 934.07 |
| 驻马店市 | 607.57 | 678.70 | 780.13 | 783.71 |
| 济源市 | 637.59 | 527.17 | 563.04 | 546.04 |
| 全省 | 611.93 | 653.67 | 830.99 | 881.29 |
| 全国 | 323.30 | 390.40 | 411.16 | 446.12 |

注：根据参考文献 48~51 数据计算得出。

但 2015 年平顶山市单位耕地面积化肥养分最高，达到 1 200.73kg/hm²， 紧接着的是安阳市、商丘市、新乡市、焦作市等 4 市，化肥养分用量皆超过 1 000.00kg/hm²。

表 4-2 为 2000—2015 年各地级市单位耕地面积化肥氮磷钾比例。表中数据显示，各地级市化肥用量中虽然 $K_2O$ 所占比例有所增加，但是施用化肥的 $N : P_2O_2 : K_2O$ 仍然与作物养分需求比例是不相符的，$P_2O_2$ 所占比例稍高，有一定的降低空间。

表 4-2 2000—2015 年河南省各地级市单位耕地面积化肥氮磷钾比例

| 区域名称 | 2000 | 2005 | 2010 | 2015 |
|---|---|---|---|---|
| 郑州市 | 1：0.63：0.24 | 1：0.74：0.26 | 1：0.79：0.29 | 1：0.87：0.31 |
| 开封市 | 1：0.53：0.23 | 1：0.61：0.28 | 1：0.64：0.25 | 1：0.68：0.28 |
| 洛阳市 | 1：0.60：0.17 | 1：0.65：0.26 | 1：0.70：0.31 | 1：0.76：0.33 |
| 平顶山市 | 1：0.55：0.15 | 1：0.68：0.22 | 1：0.80：0.26 | 1：0.86：0.30 |
| 安阳市 | 1：0.55：0.16 | 1：0.56：0.18 | 1：0.66：0.26 | 1：0.82：0.27 |
| 鹤壁市 | 1：0.44：0.10 | 1：0.54：0.16 | 1：0.68：0.22 | 1：0.64：0.21 |
| 新乡市 | 1：0.50：0.14 | 1：0.53：0.16 | 1：0.65：0.20 | 1：0.72：0.22 |
| 焦作市 | 1：0.56：0.14 | 1：0.61：0.17 | 1：0.73：0.19 | 1：0.79：0.23 |
| 濮阳市 | 1：0.58：0.15 | 1：0.63：0.19 | 1：0.58：0.23 | 1：0.65：0.24 |
| 许昌市 | 1：0.63：0.19 | 1：0.76：0.26 | 1：0.87：0.29 | 1：0.86：0.30 |
| 漯河市 | 1：0.58：0.19 | 1：0.53：0.17 | 1：0.59：0.20 | 1：0.83：0.29 |
| 三门峡市 | 1：0.73：0.36 | 1：0.79：0.26 | 1：0.79：0.42 | 1：0.83：0.43 |
| 南阳市 | 1：0.79：0.33 | 1：0.78：0.34 | 1：0.77：0.35 | 1：0.85：0.37 |
| 商丘市 | 1：0.52：0.29 | 1：0.67：0.42 | 1：0.83：0.42 | 1：0.83：0.41 |
| 信阳市 | 1：0.46：0.09 | 1：0.50：0.14 | 1：0.50：0.15 | 1：0.54：0.17 |
| 周口市 | 1：0.60：0.17 | 1：0.50：0.20 | 1：0.69：0.28 | 1：0.77：0.30 |
| 驻马店市 | 1：0.63：0.25 | 1：0.82：0.36 | 1：1.09：0.45 | 1：0.74：0.32 |
| 济源市 | 1：0.72：0.21 | 1：0.64：0.29 | 1：0.76：0.35 | 1：0.87：0.42 |
| 全省 | 1：0.59：0.20 | 1：0.64：0.25 | 1：0.73：0.29 | 1：0.79：0.31 |

## 4.1.2　养殖业养分输入

自改革开放以来，河南省养殖业迅猛发展，1996—2015 年起伏发展，其中大牲畜、生猪、羊、兔等存栏量在 2005 年达到高峰后，2010 年、2015年逐年下降，家禽在 2005 年达到阶段高峰后，2010 年有所下降，但是 2015年又有所增长，存栏量的变化和市场、政策等密切有关。2015 年大牲畜存栏头数为 793.78 万头，猪存栏头数超过 4 736万头，家禽存栏 66 632万羽。2015 年肉类总产量、奶类产量、禽蛋产量分别为 708.04 万 t、407 万 t、

316.76 万 t，分别占全国的 8.24%、9.10%、13.67%，河南省畜禽养殖业在全国地位举足轻重。

表 4-3 河南省 2015 年畜禽养殖情况 单位：万头，万只，万 t

| 区域名称 | 大牲畜存栏量 | 猪存栏量 | 羊存栏量 | 家禽存栏量 | 肉类总产量 | 禽蛋产量 | 奶类总产量 |
|---|---|---|---|---|---|---|---|
| 郑州市 | 21.72 | 167.66 | 45.4 | 2 854.61 | 25.94 | 23.00 | 43.60 |
| 开封市 | 54.37 | 280.23 | 165.58 | 3 639.56 | 40.94 | 27.00 | 27.90 |
| 洛阳市 | 65.01 | 177.54 | 75.96 | 2 462.20 | 27.33 | 15.00 | 44.30 |
| 平顶山市 | 49.55 | 252.6 | 103.98 | 2 650.21 | 39.23 | 16.00 | 24.20 |
| 安阳市 | 12.57 | 161.95 | 85.94 | 3 796.32 | 24.77 | 28.00 | 4.80 |
| 鹤壁市 | 4.06 | 85.11 | 33.19 | 3 068.68 | 23.43 | 14.00 | 6.90 |
| 新乡市 | 41.63 | 258.35 | 76.73 | 4 073.33 | 38.97 | 34.00 | 34.80 |
| 焦作市 | 12.46 | 136.09 | 43.71 | 1 535.65 | 18.65 | 15.00 | 20.10 |
| 濮阳市 | 26.40 | 133.01 | 77.45 | 3 616.79 | 26.35 | 30.00 | 8.20 |
| 许昌市 | 27.54 | 245.10 | 82.50 | 2 639.11 | 39.22 | 23.00 | 6.80 |
| 漯河市 | 13.40 | 210.45 | 22.67 | 2 121.6 | 30.08 | 14.00 | 13.40 |
| 三门峡市 | 30.38 | 72.40 | 45.01 | 822.65 | 10.82 | 6.00 | 4.90 |
| 南阳市 | 135.17 | 464.59 | 255.52 | 6 435.78 | 75.00 | 36.00 | 33.20 |
| 商丘市 | 68.09 | 309.03 | 260.37 | 6 281.38 | 54.66 | 30.00 | 28.70 |
| 信阳市 | 52.89 | 299.22 | 81.81 | 7 121.64 | 65.62 | 28.00 | 0.20 |
| 周口市 | 62.34 | 483.6 | 276.91 | 7 051.41 | 75.05 | 30.00 | 15.70 |
| 驻马店市 | 113.49 | 595.58 | 186.67 | 6 269.36 | 86.89 | 36.00 | 5.70 |
| 济源市 | 2.71 | 43.52 | 4.29 | 191.89 | 5.09 | 2.00 | 3.50 |
| 全省 | 793.78 | 4 376.03 | 1 923.69 | 66 632.17 | 708.04 | 407.00 | 326.80 |
| 全国 | 12 195.70 | 45 112.50 | 31 099.70 | | 8 625 | 2 999.20 | 3 870.30 |

注：根据参考文献 49 整理而成。

表 4-4 为 2000—2015 年各地级市单位耕地面积有机肥养分还田情况（设定有机肥全部还田）。表中数据可以看出，和畜禽存栏量发展趋势一样，畜禽粪便养分还田量在 2000—2015 年间，在 2005 年达到高峰（TN，224.75kg/hm²；TP 71.76kg/hm²）后，2010 年、2015 年呈现下降趋势，10 年间 TN、TP 的年增长率分别为-3.21%和-2.82%。18 个地级市中，漯河市的有机肥 TN 用量以及济源市的有机肥 TN、TP 用量有所增加；但是南阳市、商丘市、焦作市、驻马店市、平顶山市的 TN 下降速率位列全省前五名，分别为 6.87%、4.32%、4.08%、3.71% 和 3.58%；同样地，南阳市、

商丘市、焦作市、驻马店市、洛阳市的 TP 下降速率也位列全省前五名，分别为 6.23%、4.56%、3.34%、3.34%和 2.86%。补充说明的是，本书所采用的产污系数以及后文用到的排污系数来自于《全国第一次污染源畜禽养殖业源产排污系数手册》等。

表 4-4    2000—2015 年河南省各地级市单位耕地面积有机肥源养分输入情况

单位：kg/hm²

| 区域名称 | 2000 年 | | 2005 年 | | 2010 年 | | 2015 年 | |
|---|---|---|---|---|---|---|---|---|
| | TN | TP | TN | TP | TN | TP | TN | TP |
| 郑州市 | 165.97 | 54.08 | 179.28 | 58.68 | 149.08 | 48.60 | 141.92 | 47.95 |
| 开封市 | 227.65 | 76.72 | 252.40 | 87.00 | 227.25 | 76.52 | 209.79 | 70.46 |
| 洛阳市 | 148.65 | 42.47 | 194.15 | 56.42 | 150.28 | 44.49 | 142.01 | 42.18 |
| 平顶山市 | 229.17 | 67.71 | 312.96 | 94.25 | 255.17 | 77.62 | 217.23 | 71.98 |
| 安阳市 | 141.78 | 47.00 | 150.09 | 49.90 | 142.97 | 47.04 | 129.27 | 45.42 |
| 鹤壁市 | 231.05 | 83.66 | 306.64 | 107.47 | 315.15 | 105.24 | 260.03 | 89.63 |
| 新乡市 | 177.81 | 55.95 | 173.27 | 55.79 | 158.59 | 50.96 | 152.48 | 50.64 |
| 焦作市 | 219.96 | 73.62 | 255.83 | 84.21 | 229.69 | 74.94 | 168.59 | 59.93 |
| 濮阳市 | 219.46 | 73.16 | 229.35 | 77.12 | 183.25 | 59.62 | 182.34 | 59.62 |
| 许昌市 | 222.00 | 69.38 | 247.07 | 80.44 | 199.94 | 64.61 | 178.67 | 62.64 |
| 漯河市 | 212.06 | 73.18 | 193.56 | 67.54 | 214.47 | 76.72 | 224.88 | 80.96 |
| 三门峡市 | 157.10 | 41.61 | 178.00 | 46.85 | 154.97 | 40.83 | 149.19 | 44.18 |
| 南阳市 | 254.43 | 72.88 | 303.51 | 89.29 | 170.94 | 53.19 | 149.03 | 46.90 |
| 商丘市 | 269.80 | 87.56 | 262.79 | 89.73 | 182.84 | 59.40 | 168.83 | 56.28 |
| 信阳市 | 186.45 | 56.97 | 137.82 | 43.27 | 115.43 | 36.57 | 114.89 | 37.17 |
| 周口市 | 206.81 | 61.87 | 202.57 | 67.19 | 154.29 | 52.97 | 169.19 | 59.01 |
| 驻马店市 | 208.95 | 62.93 | 243.30 | 76.99 | 193.18 | 61.78 | 166.77 | 54.81 |
| 济源市 | 219.37 | 66.70 | 193.89 | 60.36 | 186.33 | 66.59 | 161.66 | 60.09 |
| 全省 | 210.23 | 65.05 | 224.75 | 71.76 | 174.97 | 56.37 | 162.08 | 53.88 |

注：根据参考文献 48~51 数据计算得出。

## 4.1.3    秸秆还田输入养分

自改革开放以来，随着农业种植技术发展，农作物产量普遍提高，秸秆产量随之增加，同时随着农民收入增加，液化气、煤炭等能源在农村地区的推广应用，使得农民对秸秆的依赖程度越来越低，秸秆原有作为燃料等用途正在弱化，逐渐成为"废物和垃圾"，秸秆焚烧现象却比较普遍，不仅浪费资源还污染环境。为此，国务院办公厅出台了《国务院办公厅关于加快推进农作物秸秆综合利用的意见》（国办发〔2008〕105号）；《中华人民共和国大气污染防治法（2000年）》第四十一条规定，在人口集中地区和其他依法需要特殊保护的区域内，禁止焚烧沥青、油毡、橡胶、塑料、皮革、垃圾以及其他产生有毒有害烟尘和恶臭气体的物质。禁止在人口集中地区、机场周围、交通干线附近以及当地人民政府划定的区域露天焚烧秸秆、落叶等产生烟尘污染的物质。《中华人民共和国 大气污染防治法（2000年）》第七十六条规定，各级人民政府及其农业行政等有关部门应当鼓励和支持采用先进适用技术，对秸秆、落叶等，进行肥料化、饲料化、能源化、工业原料化、食用菌基料化等综合利用，加大对秸秆还田、收集一体化农业机械的财政补贴力度。县级人民政府应当组织建立秸秆收集、贮存、运输和综合利用服务体系，采用财政补贴等措施支持农村集体经济组织，农民专业合作经济组织，企业等开展秸秆收集、贮存、运输和综合利用服务。第七十七条规定，省、自治区、直辖市人民政府应当划定区域，禁止露天焚烧秸秆、落叶等产生烟尘污染的物质。2011年，国家发展改革委、财政部和农业部联合印发了《"十二五"农作物秸秆综合利用实施方案》，以上各种措施以及各级地方政府的努力，促进了河南省秸秆还田工作的进展，综合直接还田和堆沤还田，河南秸秆还田比例约在60%左右。

农作物秸秆数量根据各种作物的经济产量和草谷比进行进行估算，计算结果见第六章。秸秆氮磷养分含量参照《中国有机肥料养分志》和李书田等数据（表4-5）。

**表4-5 河南省主要作物秸秆养分含量** 单位:%

| 作物名称 | 谷草比 | N | $P_2O_2$ | $K_2O$ |
|---|---|---|---|---|
| 水稻 | 0.9 | 0.826 | 0.273 | 2.060 |
| 小麦 | 1.1 | 0.617 | 0.163 | 1.225 |
| 玉米 | 1.2 | 0.869 | 0.305 | 1.340 |
| 其他谷物 | 1.6 | 1.051 | 0.309 | 1.785 |
| 大豆 | 1.6 | 1.633 | 0.389 | 1.272 |

续表

| 作物名称 | 谷草比 | N | $P_2O_2$ | $K_2O$ |
|---|---|---|---|---|
| 薯类 | 0.5 | 0.310 | 0.073 | 0.555 |
| 花生 | 0.8 | 1.658 | 0.341 | 1.193 |
| 油菜 | 1.5 | 0.816 | 0.321 | 2.237 |
| 芝麻 | 2.2 | 0.386 | 0.107 | 0.606 |
| 棉花 | 3.4 | 0.941 | 0.334 | 1.096 |
| 烟草 | 1.6 | 1.295 | 0.346 | 1.995 |
| 蔬菜 | 0.1 | 2.372 | 0.642 | 2.093 |

注：根据参考文献 24、25、62、76 整理而成。

表4-6 为 2000—2015 年各地级市单位耕地面积秸秆还田带入的养分计算结果。表中数据可以看出，和粮油产量逐年增加一样，全省秸秆还田带入养分量在 2000—2015 年间逐渐增加，其中郑州市、开封市、新乡市、焦作市、濮阳市、许昌市、信阳市和周口市等在 2000—2005 年呈现下降趋势，但是随后基本上也表现出养分盈余增加的趋势；济源市是个例外，其 2015 年与 2000 年比较，秸秆还田带入的 TN、$P_2O_2$ 是下降的。所有区域中，平顶山市 2000—2015 年间的秸秆还田带入 TN、$P_2O_2$ 均增长，且 TN、$P_2O_2$ 年均增长率均为 3% 左右，是 18 个地级市中增速最高的城市，南阳市、安阳市、商丘市是 2000—2015 年间的秸秆还田带入 TN、$P_2O_2$ 也均增长，且 TN、$P_2O_2$ 年均增长率均分别在 2.6% 左右，是 18 个地级市中增速较高的 3 个城市。

表4-6 2000—2015 年河南省各地级市单位耕地面积秸秆源养分输入情况

单位：$kg/hm^2$

| 区域名称 | 2000 年 | | 2005 年 | | 2010 年 | | 2015 年 | |
|---|---|---|---|---|---|---|---|---|
| | TN | $P_2O_2$ | TN | $P_2O_2$ | TN | $P_2O_2$ | TN | $P_2O_2$ |
| 郑州市 | 40.9 | 27.1 | 39.7 | 26.3 | 43.1 | 28.5 | 43.3 | 28.8 |
| 开封市 | 51.8 | 32.6 | 46.9 | 29.9 | 64.3 | 40.9 | 74.8 | 47.3 |
| 洛阳市 | 31.5 | 21.4 | 35.3 | 23.5 | 41.0 | 27.4 | 42.1 | 28.3 |
| 平顶山市 | 31.0 | 20.7 | 38.7 | 25.6 | 46.0 | 30.9 | 48.4 | 32.7 |
| 安阳市 | 50.1 | 32.1 | 54.1 | 35.5 | 65.6 | 43.8 | 74.6 | 49.8 |

| 区域名称 | 2000 年 | | 2005 年 | | 2010 年 | | 2015 年 | |
|---|---|---|---|---|---|---|---|---|
| | TN | $P_2O_2$ | TN | $P_2O_2$ | TN | $P_2O_2$ | TN | $P_2O_2$ |
| 鹤壁市 | 53.3 | 36.0 | 56.5 | 38.5 | 65.7 | 45.2 | 61.6 | 43.0 |
| 新乡市 | 51.2 | 33.5 | 44.8 | 29.7 | 56.3 | 37.2 | 61.6 | 40.9 |
| 焦作市 | 66.8 | 45.1 | 63.3 | 42.7 | 73.6 | 50.0 | 74.6 | 50.9 |
| 濮阳市 | 55.6 | 36.0 | 51.1 | 33.4 | 61.9 | 40.8 | 65.1 | 42.9 |
| 许昌市 | 50.3 | 33.4 | 47.7 | 31.4 | 51.2 | 34.7 | 55.4 | 37.7 |
| 漯河市 | 53.3 | 34.9 | 60.1 | 40.0 | 63.1 | 42.8 | 70.8 | 47.8 |
| 三门峡市 | 27.4 | 17.9 | 25.3 | 16.5 | 31.4 | 20.5 | 35.9 | 23.5 |
| 南阳市 | 38.0 | 24.3 | 46.4 | 29.5 | 52.8 | 33.6 | 57.6 | 36.6 |
| 商丘市 | 53.2 | 35.0 | 56.0 | 36.7 | 66.2 | 43.3 | 78.8 | 51.7 |
| 信阳市 | 40.3 | 28.2 | 34.8 | 24.8 | 44.0 | 31.3 | 45.7 | 32.0 |
| 周口市 | 51.4 | 33.3 | 51.0 | 33.2 | 63.3 | 41.1 | 77.9 | 50.7 |
| 驻马店市 | 33.0 | 20.9 | 42.7 | 27.9 | 51.8 | 33.7 | 57.3 | 37.2 |
| 济源市 | 45.0 | 30.5 | 33.3 | 22.5 | 38.7 | 26.5 | 35.3 | 24.2 |
| 全省 | 44.1 | 28.9 | 45.9 | 30.2 | 54.9 | 36.3 | 60.9 | 40.2 |

注：根据参考文献 48~51 数据计算得出。

## 4.1.4 农田其他源养分输入

除化肥和有机肥外，还通过大气沉降、灌溉、生物固氮、种子输入等途径向农田输入养分。现有资料表明，河南省每年通过大气沉降输入到农田的 N 和 $P_2O_2$ 分别为 20.2kg/hm² 和 0.069kg/hm²；通过灌溉水输入到农田的 N 和 $P_2O_2$ 为 12.1kg/hm² 和 1.5kg/hm²，按照各地有效灌溉面积计算；大豆平均固 N 量为每年 113.7kg/hm²、花生平均固 N 量为每年 82.7kg/hm²，旱地非共生固 N 量为每年 15.0kg/hm²，水田非共生固氮量按照每年 44.8kg/hm² 计算；通过作物种子带入的养分根据作物的播种面积、播种量以及种子的氮磷钾含量计算，河南省小麦播种量平均为 255kg/hm²、玉米播种量平均为 37.5kg/hm²、大豆播种量平均为 67.5kg/hm²、花生播种量平均为 225kg/hm²、水稻播种量平均为 60kg/hm²、马铃薯播种量平均为 2 250kg/hm²、棉花播种量平均为 18kg/hm²，麻、烟草、蔬菜、红薯等每亩播种量较小，其带入养分量忽略不计。

表 4-7　2000—2015 年河南省各地级市单位耕地面积其他源养分输入情况

单位：kg/hm²

| 区域名称 | 2000 年 | | 2005 年 | | 2010 年 | | 2015 年 | |
| --- | --- | --- | --- | --- | --- | --- | --- | --- |
| | TN | $P_2O_2$ | TN | $P_2O_2$ | TN | $P_2O_2$ | TN | $P_2O_2$ |
| 郑州市 | 75.37 | 2.76 | 68.72 | 2.36 | 67.08 | 2.48 | 63.00 | 2.48 |
| 开封市 | 89.87 | 3.66 | 79.04 | 3.07 | 83.46 | 3.42 | 82.40 | 3.49 |
| 洛阳市 | 69.09 | 2.19 | 64.69 | 2.00 | 65.28 | 2.09 | 63.60 | 2.11 |
| 平顶山市 | 75.98 | 2.70 | 74.37 | 2.69 | 74.42 | 2.77 | 69.29 | 2.72 |
| 安阳市 | 78.29 | 3.36 | 72.02 | 2.98 | 69.26 | 3.08 | 69.95 | 3.19 |
| 鹤壁市 | 77.61 | 3.51 | 74.35 | 3.29 | 72.27 | 3.35 | 65.44 | 3.10 |
| 新乡市 | 87.29 | 3.74 | 75.24 | 3.01 | 80.11 | 3.23 | 76.20 | 3.22 |
| 焦作市 | 75.78 | 3.38 | 70.07 | 3.04 | 69.67 | 3.21 | 68.84 | 3.32 |
| 濮阳市 | 86.28 | 3.63 | 81.06 | 3.18 | 76.60 | 3.24 | 78.38 | 3.36 |
| 许昌市 | 78.13 | 2.96 | 71.17 | 2.60 | 64.60 | 2.67 | 65.73 | 2.79 |
| 漯河市 | 73.16 | 3.00 | 73.76 | 2.80 | 69.31 | 3.07 | 68.45 | 3.02 |
| 三门峡市 | 68.56 | 1.87 | 62.72 | 1.67 | 64.75 | 1.75 | 63.56 | 1.76 |
| 南阳市 | 94.46 | 2.74 | 86.05 | 2.53 | 87.69 | 2.76 | 85.43 | 2.73 |
| 商丘市 | 88.40 | 3.66 | 79.49 | 3.20 | 78.52 | 3.31 | 77.48 | 3.47 |
| 信阳市 | 122.40 | 2.45 | 87.87 | 1.72 | 91.65 | 1.99 | 88.71 | 2.05 |
| 周口市 | 89.19 | 3.29 | 83.37 | 2.96 | 81.61 | 3.08 | 82.63 | 3.17 |
| 驻马店市 | 93.70 | 3.02 | 89.11 | 2.93 | 86.66 | 3.14 | 85.81 | 3.16 |
| 济源市 | 66.83 | 2.61 | 58.43 | 2.08 | 53.03 | 1.98 | 48.77 | 1.95 |
| 全省 | 86.55 | 2.77 | 79.31 | 2.68 | 79.13 | 2.85 | 77.83 | 2.89 |

注：根据参考文献 48~51 数据计算得出。

# 4.2　农田养分输出

农田养分的输出是指作物养分的吸收量（包括籽粒和秸秆）和养分损失量两大部分。作物养分吸收量是根据作物经济产量和生产单位经济产量所需的氮磷数量（表 4-8）进行估算的，包括从土壤本身和所施用的肥料中吸收的养分。各地级市作物养分吸收量见表 4-9。

表 4-8    各种作物单位经济产量所需吸收的氮磷数量    单位：千克/t

| 作物名称 | N | $P_2O_2$ | 备注 |
|---|---|---|---|
| 水稻 | 14.6 | 6.2 | |
| 小麦 | 24.6 | 8.5 | |
| 玉米 | 25.8 | 9.8 | |
| 其他谷物 | 24.3 | 11.7 | 高粱、谷子等平均 |
| 大豆 | 81.4 | 23.0 | 其他豆类也采用大豆数值 |
| 薯类 | 4.6 | 1.0 | |
| 花生 | 43.7 | 10.0 | |
| 油菜 | 43.0 | 27.0 | |
| 芝麻 | 62.4 | 26.8 | |
| 其他油料作物 | 51.9 | 10.9 | 花生、油菜、芝麻等平均 |
| 棉花 | 12.6 | 4.6 | |
| 烟草 | 38.5 | 12.1 | |
| 蔬菜 | 4.3 | 1.4 | 各类蔬菜平均 |
| 水果 | 3.0 | 1.4 | 各类园林水果平均 |

注：根据参考文献 62 整理而成。

表 4-9 数据显示，2000—2015 年间，河南省作物养分的吸收量是不断增加的，这和同时期国家鼓励和支持农业发展有关，其中作物吸收的 N、$P_2O_2$ 的年均增长率分别为 2.26%、2.39%。18 个地级市中，驻马店市、平顶山市、南阳市作物吸收 N 量的年增长速率居全省前三位，依次为 3.81%、3.77% 和 3.38%，济源市、郑州市和焦作市作物吸收 N 量的年增长速率居全省后三位，依次为 0.08%、0.28% 和 0.60%；驻马店市、平顶山市、南阳市作物吸收 $P_2O_2$ 量的年增长速率居全省前三位，依次为 3.88%、3.84% 和 3.52%；济源市、郑州市和焦作市作物吸收 $P_2O_2$ 量的年增长速率居全省后三位，依次为 -0.02%、0.32% 和 0.71%。

表 4-9    2000—2015 年河南省各地级市单位耕地面积作物养分吸收量

单位：$kg/hm^2$

| 区域名称 | 2000 年 | | 2005 年 | | 2010 年 | | 2015 年 | |
|---|---|---|---|---|---|---|---|---|
| | N | $P_2O_2$ | N | $P_2O_2$ | N | $P_2O_2$ | N | $P_2O_2$ |
| 郑州市 | 184.85 | 62.99 | 176.17 | 60.00 | 192.80 | 65.62 | 192.81 | 66.05 |
| 开封市 | 228.67 | 73.92 | 202.26 | 67.71 | 281.94 | 93.18 | 325.14 | 107.43 |

续表

| 区域名称 | 2000 年 | | 2005 年 | | 2010 年 | | 2015 年 | |
|---|---|---|---|---|---|---|---|---|
| | N | $P_2O_2$ | N | $P_2O_2$ | N | $P_2O_2$ | N | $P_2O_2$ |
| 洛阳市 | 143.15 | 50.00 | 161.14 | 55.88 | 188.81 | 65.77 | 186.83 | 66.07 |
| 平顶山市 | 141.19 | 48.51 | 175.74 | 60.52 | 210.66 | 73.28 | 245.88 | 85.39 |
| 安阳市 | 229.38 | 76.14 | 238.60 | 81.36 | 293.93 | 101.37 | 344.11 | 118.69 |
| 鹤壁市 | 258.65 | 89.25 | 269.53 | 93.51 | 314.54 | 109.95 | 293.39 | 104.01 |
| 新乡市 | 243.29 | 82.64 | 211.41 | 72.49 | 267.56 | 91.29 | 291.53 | 99.87 |
| 焦作市 | 310.34 | 107.07 | 288.54 | 100.13 | 338.65 | 118.38 | 339.78 | 119.16 |
| 濮阳市 | 263.25 | 88.42 | 238.95 | 81.41 | 289.80 | 99.72 | 305.20 | 104.93 |
| 许昌市 | 231.51 | 78.90 | 216.60 | 74.17 | 237.85 | 83.47 | 255.04 | 89.86 |
| 漯河市 | 234.04 | 80.59 | 259.40 | 90.25 | 285.17 | 100.32 | 338.28 | 118.12 |
| 三门峡市 | 137.84 | 49.19 | 128.22 | 46.02 | 166.95 | 60.41 | 205.91 | 74.57 |
| 南阳市 | 162.03 | 53.64 | 204.41 | 68.00 | 243.53 | 81.24 | 270.76 | 90.16 |
| 商丘市 | 235.42 | 79.73 | 250.77 | 86.17 | 305.31 | 104.76 | 372.28 | 127.84 |
| 信阳市 | 158.74 | 61.13 | 139.35 | 57.41 | 178.91 | 72.81 | 186.54 | 73.67 |
| 周口市 | 232.33 | 77.63 | 227.15 | 76.57 | 293.88 | 99.39 | 355.88 | 120.98 |
| 驻马店市 | 161.05 | 53.69 | 204.30 | 69.78 | 255.87 | 86.51 | 282.53 | 95.01 |
| 济源市 | 209.31 | 73.14 | 149.37 | 52.59 | 172.52 | 61.02 | 211.90 | 72.87 |
| 全省 | 198.27 | 67.34 | 205.89 | 71.16 | 252.56 | 87.41 | 277.38 | 95.94 |

注：根据参考文献 48~51 数据计算得出。

　　氮素损失途径主要有氨挥发、硝化、反硝化、地表径流及淋溶等，化肥氮损失按 50%，因为有机肥源氮排污系数已考虑到有机肥的施用，以及田间损失等，故采用有机肥排污系数计算；磷在土壤中的扩散系数小，移动慢，较难损失，一般沉淀积累在土壤中，具有明显的长效性，当季利用率在 10%~25%，但 P 累积利用率可达 80% 以上，因此化肥 P 养分损失按投入的 20% 计算，有机肥源磷损失计算方法同氮损失计算方法。氮磷具体损失情况见表 4-10，必须指出的是，将有机肥源 TP 换算成 $P_2O_2$。

表 4-10  2000—2015 年河南省各地级市单位耕地面积氮磷损失情况

单位：kg/hm²

| 区域名称 | 2000 年 | | 2005 年 | | 2010 年 | | 2015 年 | |
|---|---|---|---|---|---|---|---|---|
| | N | P₂O₂ | N | P₂O₂ | N | P₂O₂ | N | P₂O₂ |
| 郑州市 | 243.44 | 74.62 | 227.09 | 79.11 | 221.85 | 78.94 | 207.75 | 79.21 |
| 开封市 | 229.54 | 68.57 | 224.31 | 74.18 | 268.81 | 85.86 | 263.39 | 86.89 |
| 洛阳市 | 174.49 | 52.94 | 187.03 | 62.48 | 194.76 | 64.23 | 183.03 | 63.91 |
| 平顶山市 | 282.97 | 81.00 | 334.92 | 111.44 | 361.20 | 128.09 | 354.65 | 131.51 |
| 安阳市 | 233.01 | 64.41 | 245.18 | 68.84 | 322.79 | 96.49 | 329.42 | 115.68 |
| 鹤壁市 | 262.09 | 72.25 | 270.72 | 91.26 | 312.11 | 113.83 | 283.01 | 97.17 |
| 新乡市 | 268.64 | 71.80 | 304.03 | 81.05 | 351.44 | 103.92 | 351.29 | 112.02 |
| 焦作市 | 330.35 | 94.27 | 358.52 | 108.97 | 361.14 | 121.33 | 331.73 | 115.41 |
| 濮阳市 | 305.56 | 90.32 | 318.92 | 99.79 | 337.96 | 95.19 | 329.53 | 100.78 |
| 许昌市 | 239.26 | 75.98 | 225.16 | 82.62 | 279.99 | 105.69 | 260.69 | 98.57 |
| 漯河市 | 243.30 | 74.92 | 280.97 | 78.83 | 330.15 | 96.77 | 291.05 | 109.09 |
| 三门峡市 | 188.56 | 63.09 | 169.98 | 61.68 | 78.76 | 4.84 | 177.97 | 65.47 |
| 南阳市 | 235.29 | 86.34 | 276.32 | 101.76 | 250.37 | 86.62 | 249.21 | 91.31 |
| 商丘市 | 250.05 | 75.10 | 238.45 | 82.02 | 281.53 | 102.23 | 320.85 | 115.94 |
| 信阳市 | 237.23 | 62.46 | 184.90 | 50.31 | 223.73 | 56.95 | 231.66 | 61.56 |
| 周口市 | 262.70 | 78.37 | 282.84 | 75.04 | 272.61 | 85.99 | 284.74 | 98.39 |
| 驻马店市 | 235.81 | 73.75 | 240.12 | 89.94 | 221.97 | 98.89 | 214.40 | 95.19 |
| 济源市 | 243.61 | 83.58 | 206.49 | 67.02 | 196.05 | 70.71 | 171.54 | 67.00 |
| 全省 | 244.98 | 74.47 | 251.57 | 81.09 | 266.00 | 88.61 | 267.72 | 94.43 |

注：根据参考文献 48~51 数据计算得出。

从表 4-10 中可以得知，2000—2015 年间，虽然有波动，但河南省农田氮磷损失量呈现增加趋势，这和该区域农田化肥用量增加相关，对农村环境质量造成一定不良影响，其中 N、P₂O₂ 损失量的年均增长率分别为 0.59%、1.59%。18 个地级市中，济源市、郑州市、驻马店市、三门峡市和信阳市的 N 损失量是降低的，年均降低 0.16%~2.31%，其他地级市 N 损失量是增加的，安阳市、新乡市、商丘市农田 N 损失量的年增加速率位列全省前三，平均分别为降低 2.34%、1.80% 和 1.68%；济源市、信阳市农田 P₂O₂ 损失量有所降低，年均分别降低 1.46% 和 0.10%，其他地级市 P₂O₂ 损失量是增加的，安阳市、平顶山市、新乡市年增加速率位列全省前三，平均分别为降低 3.98%、3.28% 和 3.01%。

## 4.3　农田养分平衡

　　农田养分平衡不仅决定着农田土壤肥力的发展方向，而且与生态环境密切相关，农田养分的循环去向直接关系着环境污染、土壤退化并确定施肥效果。本书农田氮盈余量、磷盈余量采用方程 2-5、2-6（具体见上文）计算，养分平衡（%）=（养分投入/养分支出-1）×100。分项计算结果见本章 4.1、4.2，养分盈余量最终计算结果见表 4-11。表 4-11 中数据显示，2000—2015 年全省 N、$P_2O_2$ 均处于盈余状态，其中全省 $P_2O_2$ 盈余量呈现增加趋势，$P_2O_2$ 盈余数量相当于化肥投入量的 80% 以上，2000 年、2005 年基本与化肥投入量相当；或者高出投入的粪肥有机肥源 $P_2O_2$ 量的 0.5—1 倍；全省 N 盈余量呈现出逐渐降低趋势，这种盈余下降可以看作是农田施用氮肥方面的一个合理进展；全省及其各市都表现出 N 盈余量小于 $P_2O_2$ 盈余量。18 个地级市中，平顶山市的 N、$P_2O_2$ 盈余量都是最高的，平顶山市、安阳市、新乡市、焦作市、漯河市、商丘市和周口市自 2000—2015 年 $P_2O_2$ 的盈余量一直都是增加的，其他城市 N、$P_2O_2$ 盈余量时高时低。与李书田等研究比较，2010 年河南省的农田 N、$P_2O_2$ 盈余量均超过全国平均水平。

表 4-11　2000—2015 年河南省各地级市单位耕地面积氮磷平衡情况

单位：kg/hm²

| 区域名称 | 2000 年 | | 2005 年 | | 2010 年 | | 2015 年 | |
| --- | --- | --- | --- | --- | --- | --- | --- | --- |
| | N | $P_2O_2$ | N | $P_2O_2$ | N | $P_2O_2$ | N | $P_2O_2$ |
| 郑州市 | 222.14 | 233.44 | 209.45 | 250.61 | 177.74 | 243.37 | 160.72 | 250.45 |
| 开封市 | 217.25 | 214.33 | 232.63 | 245.43 | 205.16 | 261.13 | 158.76 | 251.02 |
| 洛阳市 | 171.78 | 149.48 | 176.77 | 173.39 | 151.94 | 181.43 | 133.98 | 179.02 |
| 平顶山市 | 313.32 | 257.38 | 362.03 | 362.23 | 341.91 | 422.53 | 316.16 | 450.94 |
| 安阳市 | 171.47 | 183.54 | 174.19 | 195.77 | 200.75 | 286.31 | 177.99 | 360.25 |
| 鹤壁市 | 205.46 | 211.10 | 210.99 | 251.31 | 200.40 | 294.55 | 176.92 | 259.84 |
| 新乡市 | 210.68 | 196.62 | 261.15 | 248.11 | 262.59 | 322.53 | 239.61 | 352.48 |
| 焦作市 | 223.28 | 269.25 | 273.57 | 327.67 | 226.23 | 360.41 | 187.78 | 363.10 |
| 濮阳市 | 247.15 | 271.57 | 277.03 | 312.98 | 234.08 | 274.99 | 213.77 | 291.37 |
| 许昌市 | 202.39 | 223.39 | 202.60 | 256.32 | 216.13 | 339.19 | 178.50 | 316.57 |
| 漯河市 | 199.12 | 225.41 | 211.95 | 232.59 | 243.29 | 302.03 | 181.73 | 341.99 |

| 区域名称 | 2000 年 | | 2005 年 | | 2010 年 | | 2015 年 | |
|---|---|---|---|---|---|---|---|---|
| | N | $P_2O_2$ | N | $P_2O_2$ | N | $P_2O_2$ | N | $P_2O_2$ |
| 三门峡市 | 187.03 | 181.44 | 175.30 | 173.36 | 141.47 | 165.17 | 124.33 | 182.68 |
| 南阳市 | 275.00 | 265.94 | 287.91 | 311.10 | 195.36 | 263.40 | 166.52 | 276.84 |
| 商丘市 | 243.53 | 229.80 | 211.46 | 260.48 | 174.34 | 309.98 | 164.34 | 349.53 |
| 信阳市 | 292.53 | 179.01 | 205.52 | 137.98 | 209.19 | 151.22 | 208.46 | 168.82 |
| 周口市 | 232.11 | 232.60 | 255.11 | 234.59 | 172.05 | 260.66 | 139.82 | 289.09 |
| 驻马店市 | 262.09 | 230.93 | 241.43 | 287.17 | 160.09 | 308.48 | 158.66 | 247.48 |
| 济源市 | 207.62 | 249.57 | 203.58 | 205.37 | 176.49 | 236.81 | 154.81 | 234.35 |
| 全省 | 238.62 | 224.15 | 237.10 | 249.07 | 198.63 | 271.78 | 173.47 | 286.04 |

农田养分平衡（%）结果见表 4-12。鲁如坤等认为，氮养分平衡超过20%的时候即可能引起氮素对环境的潜在威胁。表 4-12 中数据显示，2000—2015 年全省及各市氮养分平衡（%）值均超过 20%，表明此阶段对环境存在威胁；不过 2005 年后，均呈现出逐渐降低的趋势。全省及大部分城市磷养分平衡（%）呈现出逐年增加的趋势，鉴于河南省长期存在磷盈余的情况，必然将导致土壤磷素的累积，也会引起磷对地表水体污染的威胁。

表 4-12　2000—2015 年河南省各地级市单位耕地面积氮磷养分平衡　单位:%

| 区域名称 | 2000 年 | | 2005 年 | | 2010 年 | | 2015 年 | |
|---|---|---|---|---|---|---|---|---|
| | N | $P_2O_2$ | N | $P_2O_2$ | N | $P_2O_2$ | N | $P_2O_2$ |
| 郑州市 | 51.86 | 118.90 | 51.93 | 125.69 | 42.86 | 124.95 | 40.19 | 130.00 |
| 开封市 | 47.41 | 80.94 | 54.53 | 93.86 | 37.25 | 90.71 | 26.97 | 82.40 |
| 洛阳市 | 54.04 | 91.83 | 50.74 | 84.91 | 39.59 | 95.28 | 35.73 | 94.65 |
| 平顶山市 | 73.84 | 131.19 | 70.86 | 139.82 | 59.76 | 159.95 | 54.86 | 171.02 |
| 安阳市 | 37.08 | 87.42 | 36.00 | 87.48 | 32.55 | 114.03 | 26.93 | 130.93 |
| 鹤壁市 | 39.45 | 63.88 | 39.05 | 60.98 | 31.98 | 70.96 | 30.69 | 71.69 |
| 新乡市 | 41.15 | 80.57 | 50.66 | 114.71 | 42.42 | 131.54 | 37.27 | 135.52 |
| 焦作市 | 34.85 | 86.55 | 42.28 | 104.75 | 32.33 | 110.02 | 27.96 | 121.83 |
| 濮阳市 | 43.45 | 99.12 | 49.66 | 117.81 | 37.29 | 101.62 | 33.68 | 104.25 |
| 许昌市 | 42.98 | 86.37 | 45.84 | 97.21 | 41.73 | 135.23 | 34.36 | 124.33 |

续表

| 区域名称 | 2000 年 | | 2005 年 | | 2010 年 | | 2015 年 | |
|---|---|---|---|---|---|---|---|---|
| | N | $P_2O_2$ | N | $P_2O_2$ | N | $P_2O_2$ | N | $P_2O_2$ |
| 漯河市 | 41.69 | 84.14 | 39.21 | 85.94 | 39.53 | 102.98 | 29.86 | 107.61 |
| 三门峡市 | 57.29 | 113.72 | 58.77 | 104.78 | 41.36 | 91.41 | 33.35 | 92.01 |
| 南阳市 | 69.09 | 122.38 | 59.78 | 114.96 | 39.48 | 115.54 | 32.23 | 119.61 |
| 商丘市 | 50.14 | 75.40 | 43.21 | 86.00 | 29.70 | 112.68 | 24.10 | 115.24 |
| 信阳市 | 73.81 | 85.18 | 63.34 | 76.17 | 51.93 | 80.08 | 49.96 | 89.51 |
| 周口市 | 46.84 | 97.72 | 49.98 | 97.38 | 30.34 | 103.54 | 21.79 | 96.78 |
| 驻马店市 | 65.90 | 116.94 | 54.25 | 117.29 | 33.46 | 123.10 | 29.88 | 98.49 |
| 济源市 | 45.82 | 104.23 | 57.20 | 106.46 | 47.88 | 114.53 | 47.05 | 127.74 |
| 全省 | 53.83 | 98.88 | 51.80 | 102.65 | 38.12 | 112.11 | 31.73 | 113.34 |

# 5 河南省农药地膜机械应用及农田灌溉条件

现代农业生产过程中，除投入化肥、有机肥外，还提供了农药、地膜、农业机械等，同时为满足作物生长对水分的需要，还进行了农田灌溉设施建设，这些也会对农业环境和农业景观产生影响。

## 5.1 农药施用

自1990年以来，河南省农药用量逐年增加，2015年河南省使用农药量达12.87万t。目前，对河南省病虫害防治主要以"一家一户"分散防治为主，所用植保机械94%为手动喷雾器，造成喷洒质量差、防治成本高、农药利用率低。再加之长期大量不加节制地滥用化学农药，造成严重的环境问题：农药的"3R"综合征，即抗药性（Resistance）、农药残留（Residue）和害虫再增猖獗（Resurgence）进一步刺激了农药用量的增加，既造成综合治理难度的加大，又严重制约了农业可持续发展。

表5-1　2000—2015年河南省各地级市单位耕地面积农药用量情况

单位：$kg/hm^2$

| 区域名称 | 2000 年 | 2005 年 | 2010 年 | 2015 年 |
|---|---|---|---|---|
| 郑州市 | 11.69 | 12.04 | 13.12 | 12.31 |
| 开封市 | 14.62 | 12.26 | 16.15 | 14.22 |
| 洛阳市 | 7.35 | 7.47 | 9.98 | 10.87 |
| 平顶山市 | 6.67 | 8.29 | 12.19 | 14.10 |
| 安阳市 | 14.46 | 12.03 | 13.94 | 15.47 |
| 鹤壁市 | 15.36 | 14.21 | 13.89 | 10.98 |
| 新乡市 | 14.76 | 13.02 | 19.67 | 18.67 |
| 焦作市 | 17.50 | 19.95 | 25.18 | 23.72 |

| 区域名称 | 2000 年 | 2005 年 | 2010 年 | 2015 年 |
|---|---|---|---|---|
| 濮阳市 | 15.04 | 14.26 | 16.43 | 14.62 |
| 许昌市 | 9.25 | 12.18 | 15.68 | 11.87 |
| 漯河市 | 12.59 | 10.13 | 13.07 | 13.34 |
| 三门峡市 | 12.17 | 10.79 | 14.31 | 16.85 |
| 南阳市 | 16.14 | 17.07 | 19.27 | 17.90 |
| 商丘市 | 16.92 | 17.43 | 23.85 | 28.38 |
| 信阳市 | 11.65 | 10.39 | 10.86 | 12.37 |
| 周口市 | 26.12 | 21.41 | 22.13 | 21.64 |
| 驻马店市 | 5.70 | 6.35 | 6.90 | 6.86 |
| 济源市 | 13.38 | 11.10 | 12.36 | 12.29 |
| 全省 | 13.89 | 13.27 | 15.84 | 15.84 |

注：根据参考文献 48~51 数据计算得出。

表 5-1 中可以看出，15 年来，洛阳市、平顶山市、商丘市单位耕地面积农药用量一直增加，年增长速率平均分别为 2.64%、5.12% 和 3.51%。郑州市、焦作市、许昌市、南阳市等 4 市在 2000—2010 年间单位耕地面积农药用量增加的年增长速率平均分别为 1.17%、3.71%、5.53% 和 1.74%；2010—2015 年单位耕地面积农药用量却是降低的，这可能与近年来国家实施的农药零增长实施方案有关；其他的 11 个地级市 2000—2015 年间单位耕地面积农药用量时而增加，时而减少，变化并不规律，但从全省角度看，2000—2010 年间农药用量是增加的，但 2010—2015 年间是降低的。表 5-1 中数据还显示，2000—2015 年，18 个地级市中，周口市的单位耕地面积农药用量从 2000 年的 26.12kg/hm² 降到 21.64kg/hm²，但 15 年间均超过 20kg/hm²；焦作市农药用量增长较快，2010 年也超过 20kg/hm²，并高于周口市；商丘市农药用量持续增长，在 2010 年突破 20kg/hm² 后位居全省第一。驻马店市的单位耕地面积农药用量最低，增长速度也缓慢，仅从 5.27kg/hm² 增长到 6.86kg/hm²，15 年间仅增长 1.59kg/hm²，平均增速为每年 1.77%，2000—2015 年间用量不足周口市的一半。表 5-1 数据还表明，即使是同一年度，各个地区间，单位耕地面积农药用量差异较大，2000 年用量最高的周口市是用量最低的驻马店市的 4.6 倍。2005 年用量最高的周口市是用量最低的驻马店市的 3.4 倍，2015 年用量最高的商丘市是用量最低的驻马店市的 4.1 倍。

## 5.2 农膜应用

河南省自 20 世纪 80 年代初引进塑料薄膜栽培技术以来，发展迅速，1990 年全省农膜覆盖面积发展到 23.33 万 hm², 1996 年达到 33.33 万 hm² 以上，2007 年仅棉花、蔬菜、水果、花卉、花生等经济作物农膜覆盖面积就达 182.73 万 hm²，增加了 8.3 倍，地膜覆盖技术不断提高，应用范围越来越广泛，增产作用越来越显著。由于农膜残留率约 1%，随着农膜使用量的不断增加，再加上不重视废旧农膜的回收，致使积累在土壤中的农膜残片越来越多，影响农作物的生长发育。农膜残片对土壤容重、土壤含水量、土壤孔隙度、土壤透气性、透水性等都有显著影响。农膜是聚乙烯化合物，在生产过程中须加 40%~60% 的增塑剂，其化学性能对作物的生长发育毒性很大。

表 5-2　2000—2015 年河南省各地级市单位耕地面积农膜用量情况

单位：kg/hm²

| 区域名称 | 2000 年 | 2005 年 | 2010 年 | 2015 年 |
|---|---|---|---|---|
| 郑州市 | 8.81 | 9.16 | 25.24 | 24.54 |
| 开封市 | 11.53 | 15.75 | 24.83 | 25.28 |
| 洛阳市 | 3.09 | 4.04 | 11.29 | 11.33 |
| 平顶山市 | 2.62 | 3.62 | 13.01 | 11.74 |
| 安阳市 | 3.11 | 3.21 | 42.82 | 51.15 |
| 鹤壁市 | 1.25 | 1.35 | 8.32 | 9.52 |
| 新乡市 | 2.13 | 1.74 | 9.69 | 7.67 |
| 焦作市 | 2.93 | 2.85 | 9.22 | 12.47 |
| 濮阳市 | 3.91 | 3.11 | 18.74 | 28.17 |
| 许昌市 | 3.59 | 4.34 | 10.89 | 9.79 |
| 漯河市 | 10.35 | 9.24 | 8.10 | 19.07 |
| 三门峡市 | 7.33 | 8.64 | 17.46 | 20.26 |
| 南阳市 | 5.97 | 10.18 | 26.46 | 27.44 |
| 商丘市 | 6.63 | 6.82 | 16.64 | 17.44 |
| 信阳市 | 4.50 | 3.35 | 15.07 | 16.82 |
| 周口市 | 11.02 | 11.69 | 21.68 | 22.95 |
| 驻马店市 | 3.35 | 4.06 | 12.27 | 13.33 |

续表

| 区域名称 | 2000 年 | 2005 年 | 2010 年 | 2015 年 |
|---|---|---|---|---|
| 济源市 | 3.96 | 6.07 | 9.84 | 14.92 |
| 全省 | 5.72 | 6.63 | 18.39 | 19.94 |

注：根据参考文献 48~51 数据计算得出。

表 5-2 中可以看出，河南省近 15 年来，地膜用量不断增加，年平均增速 8.68%，这也可能与蔬菜、水果等高经济价值作物种植面积不断增加有关，甚至大田作物种植也广泛施用地膜。18 个地级市中，安阳市从 2000 年的 3.11kg/hm² 增加到 51.15kg/hm²，15 年间增加 16.45 倍，增长最慢的漯河市也从 2000 年的 10.35kg/hm² 增加到 19.07kg/hm²，期间有一段时间用量是降低的，15 年间增加 1.75 倍。表 5-2 数据还表明，即使是同一年度，各个地区间，单位耕地面积农膜用量差异较大，2000 年用量最高的漯河市是用量最低的鹤壁市的 9.4 倍，2005 年用量最高的开封市是用量最低的鹤壁市的 11.7 倍，2015 年用量最高的安阳市是用量最低的新乡市的 6.67 倍。

## 5.3 农业机械总动力

农业机械是重要的农业生产资料，可完成深松整地、播种（插秧）、收获、脱粒、秸秆还田、灌溉等多种工作。新中国成立以后，我国开始制造补充旧式农具，恢复生产，1959 年毛泽东主席提出"农业根本出路在于农业机械化"，农业机械作为重要农业生产资料实行国家、集体投资、所有、经营，不允许个人所有及经营；1966 年提出"1980 年基本实现农业机械化"。1983 年中共中央 1 号文件《当前农村经济政策的若干问题》明确指出"农民个人或者联户购置农副产品加工机具、小型拖拉机和小型机动船、从事生产和运输，对于发展农村食品生产，活跃农村经济是有利的，应当允许"，农民由此获得了自主购买、经营使用农业机械的权力，代表着一个新的农业机械化时代到来。1984 年河南省农业机械总动力首次突破 1 500 万千瓦。《国家中长期科学和技术发展计划纲要（2006—2020 年）》将多功能农业装配与设施列为农业领域的优先主题，国家自从 1998 年开始，中央财政开始设立专项资金，用于农业机械购置补贴。2000 年以前专项名称为"大中型拖拉机及配套农具更新补贴"，2001 年调整为"农业机械装备结构调整补助费"，2003 年名称改为"新型农机具购置补贴，此项政策促进了农业机械

化大发展，河南省 1999 年农业机械总动力突破 5 000 万千瓦，2010 年突破
10 000 万千瓦。自 1996 年开始，河南省农业机械总动力占全国 10% 以上，
单位耕地面积农业机械总动力约为全国平均水平的 2.0 倍。

图 5-1 和表 5-3 中数据可以看出，河南省单位耕地面积农业机械总动
力不断增加，其中 2000—2015 年的 15 年间，年平均增速 3.66%，机械动力
的增加使河南省农业机械化播种面积从 2000 年的 35.4% 增加到 2015 年的
72.09%，机械收获面积从 2000 年的 32.4% 增加到 2015 年的 67.86%。表 5-
1 中数据还显示，2000—2015 年，18 个地级市中，虽然济源市的单位耕地
面积农业机械总动力从 2010 年的 25.31kW/hm² 降低到 24.45kW/hm²，但一
直是河南省所有地级市中单位耕地面积农业机械总动力中最高的；其他 17
个城市均表示为增加的趋势，增速最高的南阳市，年增长速率达到 8.34%；
增速最低的焦作市，年增长速率仅为 1.00%；信阳市增速也较缓慢，年增
长速率为 1.49%。表 5-3 数据表明，即使是同一年度，各个地区间，单位
耕地面积农业机械总动力差异较大，2000 年单位耕地面积农业机械总动力
最高的焦作市是动力最低的南阳市的 3.7 倍，2005 年单位耕地面积农业机
械总动力最高的济源市是用量最低的信阳市的 5.53 倍，2015 年单位耕地面
积农业机械总动力最高的济源市是用量最低的信阳市的 3.2 倍。

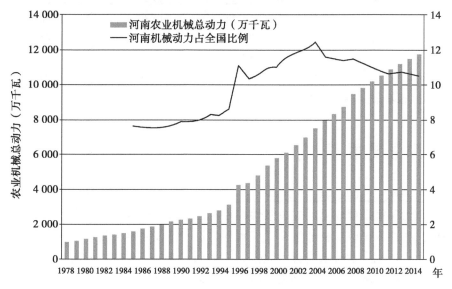

**图 5-1 河南省农业机械总动力占全国农业机械总动力比例**

注：根据参考文献 124 整理而成。

表 5-3　2000—2015 年河南省各地级市单位耕地面积机械动力情况

单位：kW/hm$^2$

| 区域名称 | 2000 年 | 2005 年 | 2010 年 | 2015 年 |
|---|---|---|---|---|
| 郑州市 | 12.31 | 12.58 | 15.35 | 17.90 |
| 开封市 | 10.17 | 14.69 | 16.81 | 18.80 |
| 洛阳市 | 7.78 | 9.00 | 10.91 | 11.80 |
| 平顶山市 | 5.76 | 7.69 | 10.93 | 12.94 |
| 安阳市 | 11.07 | 11.64 | 13.93 | 15.89 |
| 鹤壁市 | 14.12 | 16.01 | 20.54 | 20.27 |
| 新乡市 | 12.87 | 13.16 | 15.05 | 16.15 |
| 焦作市 | 18.10 | 17.85 | 19.89 | 21.04 |
| 濮阳市 | 10.53 | 14.08 | 15.09 | 16.23 |
| 许昌市 | 7.63 | 9.27 | 10.33 | 11.60 |
| 漯河市 | 10.12 | 11.46 | 13.39 | 14.82 |
| 三门峡市 | 8.04 | 7.82 | 9.21 | 10.04 |
| 南阳市 | 4.05 | 6.12 | 11.26 | 13.46 |
| 商丘市 | 9.78 | 13.09 | 15.60 | 17.12 |
| 信阳市 | 5.05 | 3.74 | 5.83 | 7.64 |
| 周口市 | 8.54 | 10.22 | 12.46 | 14.01 |
| 驻马店市 | 6.26 | 9.24 | 14.97 | 15.48 |
| 济源市 | 15.01 | 20.70 | 25.31 | 24.45 |
| 全省 | 8.41 | 10.01 | 12.93 | 14.41 |
| 全国 | 4.10 | 5.60 | 6.86 | 8.28 |

注：根据参考文献 48~51 数据计算得出。

## 5.4　灌溉面积/耕地面积

　　水利是农业的命脉，"水利不兴，农业不稳"。长期以来，兴修水利始终是作为国家发展农业的先决条件而存在的。作为改善农业生产条件的重要举措，中央人民政府格外重视农田水利建设，不仅制定了治理大江大河的方针，而且还把发动群众进行大规模农田水利建设视为己任。河南省是水旱灾害频发地区，水灾主要有洪灾、涝灾、渍害、碱灾等，洪灾是上游来水超过河道排水能力，洪水从河道向外满溢，决口而造成的伤害；涝灾主要是由于降雨超过田间土壤入渗水量，地面排水能力低，排水系统不完善等导致田间积水不能排入河道，时间过长而造成的灾害；渍害主要是由于土壤中水多气少，比例严重失调，影响到作物根系呼吸及养分吸收，抑制作物生长；碱灾是土壤中可溶性盐分较高，由于地下水位高，通过毛细血管的作用，使盐分上升到土壤表层而造成的灾害。河南省旱灾发生具有几率高、面积大、旱期长、危害重等特点。另外，河南省人均水资源量（2004—2015 年平均值）仅为全国人均水资源量（2004—2015 年平均值）的 20%，为促进农业生产，抵御水旱灾害的危害，提高水资源利用效率，河南省一直重视农田水利建设。图 5-2 可以看出，有效灌溉面积/耕地面积比值一直高于全国平均水平，河南省农田水利建设走在全国前列。

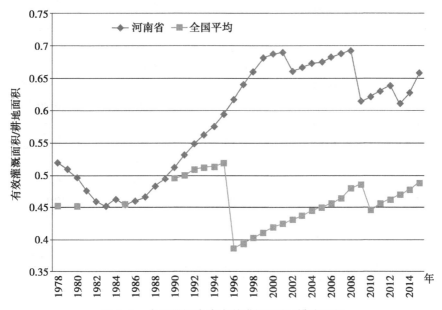

**图 5-2  全国及河南省有效灌溉面积/耕地面积**

注：根据参考文献 124 整理而成。

表 5-4 中数据可以看出，近 15 年来，河南省各地级市灌溉面积/耕地面积在 2000—2005 年间除驻马店市以外，其他地级市都是下降的，在 2005 年后，此比值缓慢增加，但到 2015 年仍没有达到 2000 年的水平，这可能和中共中央、国务院连续发布的促进农业农村发展的政策有关。表 5-4 中数据还显示，2000—2015 年，18 个地级市中，商丘市、焦作市的灌溉面积/耕地面积都超过 0.8，水利建设水平较高；三门峡市、洛阳市灌溉面积/耕地面积值均在 0.30 左右，这可能和这两个地级市处于山区，可增加的灌溉面积

有限有关。

表 5-4　2000—2015 年河南省各地级市灌溉面积/耕地面积

| 区域名称 | 2000 年 | 2005 年 | 2010 年 | 2015 年 |
|---|---|---|---|---|
| 郑州市 | 0.63 | 0.48 | 0.60 | 0.62 |
| 开封市 | 0.89 | 0.73 | 0.81 | 0.85 |
| 洛阳市 | 0.36 | 0.31 | 0.33 | 0.35 |
| 平顶山市 | 0.60 | 0.60 | 0.64 | 0.63 |
| 安阳市 | 0.78 | 0.72 | 0.73 | 0.76 |
| 鹤壁市 | 0.83 | 0.78 | 0.79 | 0.77 |
| 新乡市 | 0.88 | 0.72 | 0.73 | 0.76 |
| 焦作市 | 0.92 | 0.81 | 0.85 | 0.93 |
| 濮阳市 | 0.91 | 0.74 | 0.81 | 0.83 |
| 许昌市 | 0.74 | 0.67 | 0.69 | 0.73 |
| 漯河市 | 0.85 | 0.64 | 0.81 | 0.75 |
| 三门峡市 | 0.31 | 0.30 | 0.30 | 0.30 |
| 南阳市 | 0.49 | 0.43 | 0.47 | 0.46 |
| 商丘市 | 0.93 | 0.82 | 0.83 | 0.85 |
| 信阳市 | 0.71 | 0.52 | 0.58 | 0.61 |
| 周口市 | 0.75 | 0.67 | 0.70 | 0.67 |
| 驻马店市 | 0.51 | 0.53 | 0.61 | 0.63 |
| 济源市 | 0.69 | 0.50 | 0.48 | 0.55 |
| 全省 | 0.69 | 0.60 | 0.64 | 0.66 |
| 全国 | 0.42 | 0.45 | 0.45 | 0.49 |

注：根据参考文献 48~51 数据计算得出

# 6 河南省农业废弃物产生及有机（绿色）种植

## 6.1 作物秸秆

河南省是一个农业大省。2015年粮食产量为6 435.66万t（表6-1），居全国第一位；油料产量为598.8万t，居全国第一位；棉花产量有所下降，仅为11.99万t，居全国第四位，低于新疆维吾尔自治区、湖南省和山东省。因此，河南省也是农作物秸秆产量大省，保守估算，2015年全省作物秸秆总量在8 600万t以上（表6-2）。作物秸秆产生量估算办法为作物经济产量与草谷比之积。至于各主要农作物副产品与主产品比例（草谷比）可参见《农业技术经济手册（修订本）》（表4-5）。

### 6.1.1 秸秆资源现状及利用特点

农作物秸秆是农作物生产系统中一项重要的生物资源，也是当今世界上仅次于煤炭、石油和天然气的第四大能源，其富含纤维和作物需要的营养物质，仅所含氮、磷养分总量就相当于河南省目前年化肥氮磷用量的13.0%~24.8%，平均为17.5%，作为能源物质，约占全省生物质能资源量的近一半，在全省农村生活用能构成中占有重要地位。据统计，2015年河南省产生的8 600余万t秸秆中，直接还田、作为生活燃料和饲料是秸秆利用的三大途径。以上途径作为秸秆有效利用的方式，共利用占秸秆总量90%的秸秆。其余部分，有3.1%被就地焚烧，10.6%被堆放于村边或路、渠、沟边而弃置。河南资源现状及利用特点情况如下。

#### 6.1.1.1 秸秆产量增长较快

河南省人多地少以及农业科技的迅速发展，促使农村种植方法发生了重大变化，由过去的单一种植形式向复式种植形式迅速转变，耕地复种指数达到175%以上，粮经作物比例达到70∶30，作物秸秆产量不断增加。据统

表6-1　2015年河南省农作物产量

单位：万 t

| 区域名称 | 粮食总产 | 谷物产量 | 稻谷产量 | 小麦产量 | 玉米产量 | 其他谷物产量 | 豆类产量 | 大豆总产 | 红薯产量 | 油料作物产量 | 花生产量 | 油菜产量 | 芝麻产量 | 棉花产量 | 烤烟产量 | 蔬菜产量 | 水果产量 |
|---|---|---|---|---|---|---|---|---|---|---|---|---|---|---|---|---|---|
| 郑州市 | 168.31 | 158.81 | 0.08 | 85.59 | 72.933 | 0.207 | 1.58 | 1.42 | 7.92 | 15.39 | 13.98 | 1.29 | 0.12 | 0.25 | 0.17 | 309.82 | 22.23 |
| 开封市 | 291.77 | 278.01 | 4.38 | 189.62 | 84.01 | 0 | 4.72 | 4.54 | 9.04 | 46.31 | 44.5 | 1.7 | 0.11 | 1.82 |  | 912.66 | 53.69 |
| 洛阳市 | 245.14 | 223.72 | 0.91 | 124.52 | 93.77 | 4.52 | 3.47 | 2.26 | 18.14 | 12.49 | 8.94 | 2.83 | 0.72 | 0.41 | 5.51 | 303.47 | 79.33 |
| 平顶山市 | 211.87 | 199.79 | 0.94 | 111.5 | 87.26 | 0.09 | 3.03 | 2.89 | 8.54 | 14.02 | 9.68 | 3.77 | 0.57 | 0.24 | 3.29 | 235.95 | 11.06 |
| 安阳市 | 375.6 | 368.5 | 0.38 | 206.61 | 159.48 | 2.03 | 1.54 | 1.45 | 5.56 | 24.1 | 22.91 | 1.15 | 0.04 | 0.65 |  | 672.04 | 64.85 |
| 鹤壁市 | 123.64 | 122.52 | 0 | 65.85 | 56.44 | 0.23 | 0.18 | 0.14 | 0.94 | 3.38 | 3.24 | 0.13 | 0.01 | 0.06 |  | 57.66 | 4.04 |
| 新乡市 | 430.31 | 421.05 | 22.02 | 249.47 | 148.93 | 0.63 | 4.01 | 3.99 | 4.11 | 35.17 | 33.94 | 1.21 | 0.02 | 0.48 |  | 363.3 | 20.81 |
| 焦作市 | 208.99 | 205.96 | 4.68 | 112.19 | 89.06 | 0.03 | 1.1 | 1.04 | 1.93 | 7.25 | 6.94 | 0.3 | 0.01 | 0.16 |  | 239.92 | 17.26 |
| 濮阳市 | 271.8 | 262.92 | 25.91 | 160.18 | 76.62 | 0.21 | 3.82 | 3.71 | 5.07 | 16.71 | 16.41 | 0.29 | 0.01 | 0.31 |  | 270.02 | 26.55 |
| 许昌市 | 291.51 | 273.68 | 0 | 159.42 | 114.22 | 0.04 | 3.31 | 3.27 | 14.52 | 9.25 | 6.72 | 2.47 | 0.06 | 0.32 | 3.31 | 225.17 | 7.42 |
| 漯河市 | 182.6 | 177.24 | 0 | 106.71 | 70.52 | 0.01 | 2.04 | 2.04 | 3.32 | 3.94 | 2.53 | 1.25 | 0.16 | 0.66 | 1.71 | 258.35 | 11.01 |
| 三门峡市 | 71.57 | 62 | 0 | 36.98 | 24.68 | 0.34 | 4.8 | 3.87 | 4.76 | 2.9 | 1.32 | 1.41 | 0.17 | 0.11 | 4.17 | 120.1 | 221.75 |
| 南阳市 | 662.39 | 619.57 | 28.57 | 400.75 | 189.79 | 0.46 | 14.75 | 10.93 | 30.76 | 136.3 | 111.12 | 15.09 | 10.09 | 1.86 | 6.03 | 1192.83 | 37.22 |
| 商丘市 | 692.24 | 668.29 | 0.2 | 434.63 | 232.62 | 0.84 | 14.9 | 13.77 | 8.99 | 36.43 | 32.86 | 3.25 | 0.32 | 1.71 | 1.03 | 1234.81 | 176.68 |
| 信阳市 | 596.99 | 588.84 | 421.84 | 152.55 | 14.25 | 0.2 | 1.57 | 1.57 | 6.59 | 69 | 28.88 | 38.32 | 1.8 | 0.11 | 0.3 | 483.46 | 12.28 |
| 周口市 | 829.56 | 778.41 | 0.57 | 518.96 | 261.86 | 0 | 29.23 | 27.31 | 21.92 | 46.6 | 37.5 | 2.5 | 6.6 | 2.28 | 1.55 | 1415.04 | 48.63 |
| 驻马店市 | 758.82 | 740.54 | 18.85 | 472.63 | 247.97 | 1.09 | 6.74 | 6.07 | 11.54 | 119.38 | 103.73 | 9.12 | 6.53 | 0.54 | 1.56 | 555.79 | 14.44 |
| 济源市 | 22.55 | 21.96 | 0 | 11.59 | 10.34 | 0.03 | 0.24 | 0.23 | 0.35 | 0.18 | 0.13 | 0.04 | 0.01 | 0.02 | 0.23 | 28.97 | 2.73 |
| 全省 | 6435.66 | 6171.81 | 529.33 | 3599.75 | 2034.753 | 10.957 | 101.03 | 90.5 | 164 | 598.8 | 485.33 | 86.12 | 27.35 | 11.99 | 28.86 | 8879.36 | 832.00 |

注：根据参考文献 49 整理而成

表6-2　2000—2015年河南省各地级市作物秸秆产量估算　　　单位：万 t

| 区域名称 | 2000 年 | 2005 年 | 2010 年 | 2015 年 |
|---|---|---|---|---|
| 郑州市 | 210.34 | 216.95 | 235.19 | 236.10 |
| 开封市 | 314.85 | 321.62 | 404.94 | 463.94 |
| 洛阳市 | 237.49 | 273.71 | 312.92 | 320.86 |
| 平顶山市 | 173.40 | 215.65 | 261.78 | 314.78 |
| 安阳市 | 316.90 | 371.33 | 464.34 | 541.80 |
| 鹤壁市 | 105.63 | 116.47 | 138.11 | 150.27 |
| 新乡市 | 371.11 | 392.75 | 485.34 | 550.44 |
| 焦作市 | 212.22 | 219.35 | 258.55 | 268.69 |
| 濮阳市 | 255.75 | 256.77 | 315.70 | 343.41 |
| 许昌市 | 301.74 | 300.93 | 343.14 | 358.23 |
| 漯河市 | 153.34 | 191.61 | 219.53 | 258.91 |
| 三门峡市 | 79.66 | 78.36 | 100.12 | 122.81 |
| 南阳市 | 554.44 | 744.24 | 887.38 | 1 023.58 |
| 商丘市 | 602.24 | 709.87 | 843.88 | 991.44 |
| 信阳市 | 400.01 | 511.45 | 666.49 | 709.06 |
| 周口市 | 748.28 | 795.68 | 983.20 | 1 144.79 |
| 驻马店市 | 509.09 | 713.98 | 887.82 | 1 028.94 |
| 济源市 | 29.94 | 24.62 | 28.70 | 39.82 |
| 全省 | 5 522.15 | 6 455.34 | 7 837.14 | 8 688.78 |

注：根据参考文献48~51数据计算得出。

计，1990年河南省主要作物秸秆资源为4 500万 t，1998年为5 000万 t，2000年为5 500万 t，2005年达到6 400万 t以上，2010年达到7 800万 t以上，特别是小麦、玉米、水稻、花生、油菜等作物秸秆产量增长幅度较大。

### 6.1.1.2　秸秆利用价值不断提高

在利用方式上，用作肥料、饲料的比例不断提高，用作烧柴和直接焚烧还田的比例在大幅度减少。特别是近几年，秸秆禁烧工作成效显著，大面积焚烧秸秆的现象很少发生，小麦秸秆、玉米秸秆直接机械还田比例在70%以上。

### 6.1.1.3　秸秆利用呈现明显的地域特点

经济条件好的地区和产煤区，秸秆还田的比重大，用作原料的比例高。如焦作市玉米秸秆90%以上的直接还田，小麦收割采用收割机，麦秸用于原料的比例高。周口市是河南省平原畜牧业发展较快的地方，秸秆主要用于做燃料和饲料，过腹还田、直接还田和堆沤还田的很少。

### 6.1.1.4 不同作物秸秆的利用具有明显的差异

花生秧和红薯秧是很好的粗饲料，基本上全部用作饲料，小麦秸秆在南阳市、驻马店市、周口市是主要的牛饲草。

## 6.1.2 秸秆利用对环境可能影响

改革开放后，农村居民的生产和生活方式已发生较大变化，使得农民对秸秆的依赖程度越来越低，秸秆原有作为燃料等用途正在弱化，逐渐成为"废物和垃圾"，秸秆焚烧现象却比较普遍。秸秆利用对环境影响主要表现在以下方面。

### 6.1.2.1 秸秆焚烧对土壤环境的影响

研究表明，随着焚烧秸秆量的增加，对 0~5cm 土层的有机质含量、含水量、微生物数量及土壤酶活性影响显著，各处理均表现出减少的趋势。有机质含量下降 6.37%~19.47%，含水量减少 22.15%~39.19%；细菌数量减少 52.26%~75.25%，真菌减少 45.21%~63.29%，放线菌减少 46.87%~68.26%。蔗糖酶活性降低 14.19%~30.75%，脲酶活性降低 7.81%~25.48%，过氧化氢酶活性降低 9.63%~39.53%，磷酸酶活性降低 11.36%~40.44%；土壤全效和速效养分含量显著增加：全磷含量增加 6.5%~12.9%，全钾含量增加 4.6%~18.1%，全氮含量增加 2.6%~13.2%，速效磷含量增加 9.8%~39.1%，速效钾含量增加 13.2%~39.1%，铵态氮含量增加 8.6%~38.7%，硝态氮含量增加 1.4%~9.2%。秸秆焚烧对土壤团聚体含量也有一定影响。

### 6.1.2.2 秸秆焚烧对大气环境影响

研究表明，秸秆焚烧对大气中的二氧化硫、二氧化氮、一氧化碳、可吸入颗粒物等多项污染指标升高，当可吸入颗粒物浓度达到一定程度时候，对人的眼睛、鼻子、咽喉等含有黏膜的部分刺激较大，轻则引起咳嗽、胸闷、流泪等，重时会诱发支气管炎。秸秆燃烧时候产生大量粉尘和未燃烧完全的碳氢化合物，这些物质在空气中形成气溶胶，难以散去，秸秆就地焚烧在特定区域内和时间内，将对雾霾产生起到显著作用。秸秆燃烧产生的大量浓烟，对阳光具有一定的吸收和散射能力，减少了太阳光的辐射强度，使大气变得混浊，空气能见度大大降低，严重影响到民航、铁路、高速公路的正常运营，对交通安全构成潜在威胁。

### 6.1.2.3 秸秆堆放对景观生态影响

作为生活燃料的秸秆和被丢弃的秸秆常常被随意堆放在村庄、路边，秸秆散落四周，随风摇曳，影响环境卫生和景观。

### 6.1.2.4　秸秆还田对土壤环境质量影响

　　研究表明，秸秆还田不仅可促进土壤团粒结构形成，提高土壤水稳性团聚体含量，改善土壤通透性和保水保肥性，降低容重，增加孔隙度，而且能显著增加土壤有机物质积累，提高土壤养分，增加土壤蓄水能力和田间水利用效率，从而达到改良土壤结构的目的；秸秆还田配施化肥可提高 0~20cm 耕层土壤速效钾、非交换性钾、矿物态钾和全钾含量及钾肥吸收利用效率，且土壤有机质、全氮含量及阳离子交换量等含量明显高于单施化肥或者不施肥处理，并能促进作物对土壤磷素的吸收，提高土壤腐殖质含量及品质。秸秆还田还给土壤微生物提供了大量可供利用的有机物质，提高了土壤微生物生物量 C、N 含量，促进了微生物繁殖，显著增加了耕层中细菌、放线菌、霉菌、解磷解钾菌、硝化细菌和反硝化细菌等数量，改善土壤微生物的群落结构和功能多样性，提高了包括土壤酶等分泌物量，而且其对耕层土壤温度调节和水分保持等作用保证了土壤酶在化学反应过程中的合理环境条件，从而使土壤酶活性提高。秸秆还田可显著提高 $CO_2$、$N_2O$ 排放，降低 $CH_4$ 排放，显著提高土壤有机碳含量，有效提高土壤碳固定及其对温室气体增排的温室效应抵消作用。秸秆还田还可原位钝化土壤中重金属，减少作物对重金属的吸收，增加作物产量。

# 6.2　畜禽粪便

## 6.2.1　畜禽养殖业现状

　　自改革开放以来，河南省养殖业迅猛发展，1996—2015 年起伏发展，其中大牲畜、生猪、羊、兔等存栏量在 2005 年达到高峰后，2010 年、2015 年逐年下降，家禽在 2005 年达到阶段高峰后，2010 年有所下降，但是 2015 年又有所增长，存栏量的变化和市场、政策等密切相关。2015 年大牲畜存栏头数为 793.78 万头，猪存栏头数超过 4 736 万头，家禽存栏 66 632 万羽。2015 年肉类总产量、奶类产量、禽蛋产量分别为 708.04 万 t、407.00 万 t、316.76 万 t，分别占全国的 8.24%、9.10%、13.67%，河南省畜禽养殖业在全国的地位举足轻重。

　　18 个地级市中，南阳市、商丘市、信阳市、周口市、驻马店市是河南省重要的畜禽养殖基地，5 市的大牲畜、猪、羊和家禽存栏量分别占全省的

54.42%、49.18%、55.17%和49.77%。2015年南阳市、驻马店市大牲畜存栏量皆超过110万头；5市的禽类年底存栏量均超过6 000万只，其中信阳市和周口市超过7 000万只，位列全省前五；5市的生猪存栏量也位居全省前五，其中驻马店市超过590万头、南阳市和周口市超过460万头；5市中的南阳市、商丘市、周口市和驻马店市的羊存栏量位居全省前四，其中南阳市、商丘市、周口市羊存栏量超过200万头的。相比较而言，三门峡市畜禽养殖业发展较慢。

## 6.2.2　畜禽养殖业废弃物产生状况

畜禽养殖产生的污染物主要包括畜禽粪便和养殖废水。根据河南省2000—2015年畜禽养殖量计算，计算只考虑大牲畜、猪、羊、家禽的粪便量及尿液排放量。各动物类型粪便量及尿液排放量参数见《第一次全国污染源普查畜禽养殖业产排污系数手册》。各区域年畜禽粪便产生量和尿液排放量见表6-3。粪和尿液产生量与畜禽养殖密切相关，因此其变化趋势与养殖数量变化趋势相一致。在2005年达到高峰（粪18 808.23万t；尿液10 724.14万 $m^3$）后，2010年、2015年呈现下降趋势。同时也可以看出，畜禽粪便量要高于作物秸秆数量，是河南省第一大农业废弃物。

表6-3　2000—2015年河南省各地级市单位耕地面积粪便及尿液量

单位：$kg/hm^2$

| 区域名称 | 2000年 | | 2005年 | | 2010年 | | 2015年 | |
|---|---|---|---|---|---|---|---|---|
| | 粪 | 尿液 | 粪 | 尿液 | 粪 | 尿液 | 粪 | 尿液 |
| 郑州市 | 483.07 | 269.11 | 586.21 | 313.68 | 493.53 | 236.87 | 440.31 | 222.63 |
| 开封市 | 768.17 | 517.44 | 965.55 | 665.64 | 852.03 | 532.22 | 823.66 | 488.92 |
| 洛阳市 | 673.95 | 381.76 | 951.65 | 512.03 | 711.83 | 387.48 | 690.46 | 366.24 |
| 平顶山市 | 780.29 | 457.96 | 1 080.10 | 638.09 | 877.62 | 499.70 | 674.32 | 406.75 |
| 安阳市 | 501.37 | 263.18 | 593.80 | 305.81 | 579.84 | 274.00 | 472.21 | 226.16 |
| 鹤壁市 | 190.93 | 108.22 | 289.74 | 120.43 | 328.06 | 97.60 | 291.52 | 102.91 |
| 新乡市 | 700.52 | 354.91 | 797.47 | 434.08 | 733.17 | 375.81 | 707.13 | 369.40 |
| 焦作市 | 364.86 | 188.64 | 486.32 | 252.19 | 439.31 | 216.44 | 285.69 | 172.69 |
| 濮阳市 | 516.87 | 279.90 | 584.18 | 307.08 | 498.00 | 236.60 | 515.48 | 232.71 |
| 许昌市 | 709.60 | 436.92 | 840.65 | 518.97 | 693.73 | 405.08 | 535.55 | 327.16 |

续表

| 区域名称 | 2000 年 | | 2005 年 | | 2010 年 | | 2015 年 | |
|---|---|---|---|---|---|---|---|---|
| | 粪 | 尿液 | 粪 | 尿液 | 粪 | 尿液 | 粪 | 尿液 |
| 漯河市 | 322.29 | 188.67 | 330.84 | 183.62 | 346.91 | 208.08 | 365.34 | 216.77 |
| 三门峡市 | 306.83 | 170.43 | 400.31 | 221.57 | 352.79 | 183.37 | 295.29 | 170.33 |
| 南阳市 | 2 578.34 | 1 477.01 | 3 387.97 | 1 933.53 | 1 797.78 | 1 045.92 | 1 638.52 | 912.28 |
| 商丘市 | 1 649.36 | 1 103.38 | 1 702.59 | 1 172.02 | 1 306.53 | 751.55 | 1 144.25 | 620.97 |
| 信阳市 | 1 048.30 | 590.27 | 1 144.30 | 612.07 | 958.89 | 452.13 | 988.16 | 434.49 |
| 周口市 | 1 758.56 | 1 095.13 | 1 650.28 | 1 094.04 | 1 202.68 | 765.66 | 1 291.67 | 755.36 |
| 驻马店市 | 1 874.02 | 1 146.77 | 2 210.59 | 1 390.09 | 1 752.81 | 1 029.04 | 1 560.19 | 904.71 |
| 济源市 | 83.70 | 47.95 | 85.70 | 49.19 | 66.75 | 45.24 | 59.14 | 44.36 |
| 全省 | 15 311.02 | 9 077.64 | 18 088.23 | 10 724.14 | 13 992.27 | 7 742.77 | 12 778.88 | 6 974.89 |

注：根据参考文献 48~51 数据计算得出

## 6.2.3 畜禽养殖业对环境可能影响

农牧脱节、畜禽废弃物得不到充分利用，是造成畜禽废弃物污染的最主要原因。传统的畜禽业以家庭分散养殖为主，畜禽养殖的废弃物可通过周围农田及时施肥自然消化，形成畜肥粮的良性循环。然而，随着规模化畜禽养殖业的迅速发展，养殖业与种植业分离，废弃物没有被土地及时消纳，畜禽废弃物不能得到及时利用，而被随意堆放、丢弃，造成了严重的环境污染问题。此外，绝大多数集约化畜禽养殖场建设之初，没有办理环保审批手续，缺乏配套的污染防治措施和废弃物综合利用措施，更没有环境保护措施，积重难返，加大了污染治理的难度。

畜禽养殖业对周围景观造成不利影响以及污染大气。由于畜禽废弃物不能得到及时利用，而被随意堆放、丢弃，破坏周围景观并滋生蚊蝇等；同时粪便中的恶臭气体没能得到有效治理而排放到大气中，影响人民日常生活。

畜禽养殖业由于没能实现种养结合以及相关粪便、尿液（污水）处理设施不齐全，普遍存在着畜禽粪便乱堆乱放、废水随意排放等问题：90%以上的集约化养殖场虽然有固定的储粪场，但储粪场地面未经硬化，长期堆存，通过渗漏污染地下水资源，以及雨季污水混流污染地下水、地表水。河南省粪便中化学需氧量产生量情况见表6-4。畜禽粪便中化学需氧量与畜禽养殖数量变化趋势一致。在 2005 年达到高峰（3 343.70万 t）后，2010 年、2015 年呈现下降趋势。

表 6-4　2000—2015 年河南省各地级市畜禽养殖业化学需氧量产生量

单位：万 t

| 区域名称 | 2000 年 | 2005 年 | 2010 年 | 2015 年 |
|---|---|---|---|---|
| 郑州市 | 87.02 | 104.02 | 84.60 | 76.14 |
| 开封市 | 147.36 | 185.95 | 158.90 | 150.77 |
| 洛阳市 | 124.78 | 172.68 | 129.37 | 124.32 |
| 平顶山市 | 145.61 | 201.41 | 161.34 | 124.58 |
| 安阳市 | 88.13 | 103.62 | 98.69 | 79.32 |
| 鹤壁市 | 33.62 | 46.61 | 49.13 | 45.10 |
| 新乡市 | 123.02 | 142.83 | 128.79 | 124.13 |
| 焦作市 | 63.70 | 85.30 | 75.93 | 51.91 |
| 濮阳市 | 91.67 | 102.35 | 85.10 | 86.60 |
| 许昌市 | 133.58 | 157.19 | 127.33 | 98.08 |
| 漯河市 | 58.36 | 58.59 | 62.78 | 65.72 |
| 三门峡市 | 56.91 | 74.20 | 64.04 | 54.74 |
| 南阳市 | 478.91 | 626.13 | 331.75 | 297.09 |
| 商丘市 | 318.02 | 328.23 | 238.07 | 203.14 |
| 信阳市 | 191.82 | 204.73 | 164.64 | 165.15 |
| 周口市 | 334.65 | 315.77 | 224.86 | 232.92 |
| 驻马店市 | 354.03 | 418.45 | 323.03 | 284.68 |
| 济源市 | 15.42 | 15.74 | 12.67 | 11.57 |
| 全省 | 2 846.61 | 3 343.79 | 2 520.82 | 2 275.97 |

注：根据参考文献 48~51 数据计算得出。

　　畜禽养殖过程中，为了预防疾病和促进生长，Cu、Zn 等重金属元素往往作为饲料添加剂大量使用，且添加量多超正常饲养标准。此外，由于畜禽对饲料中 Cu、Zn 等元素吸收率较低，致使大部分 Cu、Zn 元素积累在粪便中，导致粪便或者以其作为主要原料生产的有机肥料中重金属含量显著升高，增加了农田应用的环境风险。研究表明，畜禽粪便中 Cu、Zn 对土壤中 Cu、Zn 积累的年贡献率分别为 37%~40% 和 8%~17%。长期使用畜禽粪便会引起土壤中部分重金属含量增加并引起潜在的环境风险。河南省各地级市单位耕地面积理论接受粪便中的 Cu、Zn 含量情况见表 6-5。畜禽粪便中铜锌含量与畜禽养殖数量变化趋势一致。在 2005 年达到高峰（Cu，3 761.10t；Zn 12 719.53t）后，2010 年、2015 年呈现下降趋势。

表 6-5　2000—2015 年河南省各地级市畜禽养殖业中粪便铜锌含量　单位：t

| 区域名称 | 2000 年 | | 2005 年 | | 2010 年 | | 2015 年 | |
|---|---|---|---|---|---|---|---|---|
| | Cu | Zn | Cu | Zn | Cu | Zn | Cu | Zn |
| 郑州市 | 0.41 | 1.20 | 0.42 | 1.30 | 0.39 | 1.08 | 0.40 | 1.05 |
| 开封市 | 0.47 | 1.69 | 0.53 | 1.90 | 0.61 | 1.68 | 0.52 | 1.55 |
| 洛阳市 | 0.35 | 0.99 | 0.40 | 1.31 | 0.37 | 1.02 | 0.34 | 0.97 |
| 平顶山市 | 0.53 | 1.56 | 0.64 | 2.15 | 0.65 | 1.77 | 0.59 | 1.59 |
| 安阳市 | 0.32 | 1.04 | 0.32 | 1.10 | 0.35 | 1.04 | 0.32 | 0.98 |
| 鹤壁市 | 0.48 | 1.79 | 0.63 | 2.32 | 0.68 | 2.30 | 0.62 | 1.94 |
| 新乡市 | 0.40 | 1.26 | 0.41 | 1.24 | 0.43 | 1.14 | 0.42 | 1.12 |
| 焦作市 | 0.58 | 1.62 | 0.63 | 1.86 | 0.61 | 1.66 | 0.50 | 1.29 |
| 濮阳市 | 0.43 | 1.61 | 0.45 | 1.69 | 0.42 | 1.32 | 0.41 | 1.32 |
| 许昌市 | 0.54 | 1.57 | 0.60 | 1.79 | 0.55 | 1.44 | 0.53 | 1.36 |
| 漯河市 | 0.66 | 1.59 | 0.59 | 1.46 | 0.75 | 1.65 | 0.78 | 1.74 |
| 三门峡市 | 0.32 | 1.00 | 0.33 | 1.13 | 0.32 | 0.98 | 0.33 | 1.02 |
| 南阳市 | 0.48 | 1.70 | 0.56 | 2.06 | 0.42 | 1.20 | 0.35 | 1.05 |
| 商丘市 | 0.49 | 1.95 | 0.42 | 1.96 | 0.38 | 1.32 | 0.36 | 1.24 |
| 信阳市 | 0.47 | 1.30 | 0.33 | 0.97 | 0.30 | 0.82 | 0.29 | 0.83 |
| 周口市 | 0.43 | 1.42 | 0.44 | 1.48 | 0.41 | 1.16 | 0.43 | 1.28 |
| 驻马店市 | 0.48 | 1.44 | 0.57 | 1.73 | 0.54 | 1.38 | 0.47 | 1.21 |
| 济源市 | 0.49 | 1.52 | 0.51 | 1.36 | 0.68 | 1.44 | 0.63 | 1.28 |
| 全省 | 0.46 | 1.47 | 0.47 | 1.60 | 0.45 | 1.26 | 0.42 | 1.19 |

注：根据参考文献 48~51 数据计算得出

# 6.3　农村生活废弃物

随着人口增长，生活水平提高，生活垃圾和生活污水大幅增加。河南省大部分县市地处淮河、黄河、长江和海河四大重点流域，农村生活污水排放量以及生活垃圾产生量近年来快速增加，大部分农村的生活污水没有经过处理就直接排入城市水系及有关流域，对江河湖泊水质及环境造成了严重污染。绝大多数农村的生活垃圾分散简单堆放，没有进行有效的集中处理，"垃圾围城"现象相当普遍，破坏周围景观，生活垃圾渗滤液没能处理会污染地下水，流经垃圾堆放处的地表径流也可能受到污染，生活垃圾处滋生的害虫、昆虫、啮齿动物以及在生活垃圾处觅食的鸟类和其他动物可能传播疾病。调查表明，河南省农村人均污水排水量 50L·p⁻¹·d⁻¹、生活垃圾排放量 500g·p⁻¹·d⁻¹。2000—2015 年河南省各地级市农村生活污水及生活垃圾产生量情况见表 6-6。表中数据显示，随着城市化进程的加快，农村人口的减少，农村生活污水及垃圾排放量在起伏变化中有所减少。

表 6-6　2000—2015 年河南省各地级市农村生活污水及生活垃圾产生强度

单位：t/hm²

| 区域名称 | 2000 年 | | 2005 年 | | 2010 年 | | 2015 年 | |
|---|---|---|---|---|---|---|---|---|
| | 污水 | 垃圾 | 污水 | 垃圾 | 污水 | 垃圾 | 污水 | 垃圾 |
| 郑州市 | 252.43 | 2.52 | 147.04 | 1.47 | 219.26 | 2.19 | 130.99 | 1.31 |
| 开封市 | 187.60 | 1.88 | 136.78 | 1.37 | 178.10 | 1.78 | 127.08 | 1.27 |
| 洛阳市 | 221.23 | 2.21 | 170.13 | 1.70 | 205.37 | 2.05 | 139.85 | 1.40 |
| 平顶山市 | 220.37 | 2.20 | 185.73 | 1.86 | 228.52 | 2.29 | 157.53 | 1.58 |
| 安阳市 | 213.29 | 2.13 | 160.67 | 1.61 | 197.70 | 1.98 | 138.11 | 1.38 |
| 鹤壁市 | 177.90 | 1.78 | 144.02 | 1.44 | 189.71 | 1.90 | 110.15 | 1.10 |
| 新乡市 | 207.94 | 2.08 | 147.42 | 1.47 | 176.59 | 1.77 | 119.05 | 1.19 |
| 焦作市 | 244.15 | 2.44 | 194.15 | 1.94 | 240.68 | 2.41 | 156.45 | 1.56 |
| 濮阳市 | 214.46 | 2.14 | 173.08 | 1.73 | 195.33 | 1.95 | 151.06 | 1.51 |
| 许昌市 | 220.51 | 2.21 | 162.38 | 1.62 | 173.98 | 1.74 | 138.87 | 1.39 |
| 漯河市 | 209.34 | 2.09 | 166.86 | 1.67 | 203.71 | 2.04 | 140.97 | 1.41 |
| 三门峡市 | 183.35 | 1.83 | 138.43 | 1.38 | 167.53 | 1.68 | 114.50 | 1.15 |
| 南阳市 | 188.05 | 1.88 | 138.24 | 1.38 | 172.22 | 1.72 | 120.31 | 1.20 |
| 商丘市 | 202.78 | 2.03 | 153.13 | 1.53 | 187.35 | 1.87 | 145.26 | 1.45 |
| 信阳市 | 230.70 | 2.31 | 131.78 | 1.32 | 160.61 | 1.61 | 108.05 | 1.08 |
| 周口市 | 220.73 | 2.21 | 185.19 | 1.85 | 209.48 | 2.09 | 151.66 | 1.52 |
| 驻马店市 | 161.48 | 1.61 | 140.00 | 1.40 | 152.97 | 1.53 | 107.74 | 1.08 |
| 济源市 | 239.04 | 2.39 | 175.06 | 1.75 | 200.85 | 2.01 | 116.69 | 1.17 |
| 全省 | 205.85 | 2.06 | 154.33 | 1.54 | 185.70 | 1.86 | 130.03 | 1.30 |

注：根据参考文献 48~51 数据计算得出

# 6.4　有机（绿色）种植

截至 2015 年年底，据不完全统计（表 6-7），登记且有效的有机种植产品数量达到 350 个（加工产品除外），涉及的作物包括粮食作物、薯类、油料、蔬菜、水果、菌类等，18 个地级市都有，但各市间分布并不平衡，最多的南阳市达到 124 个，最少的商丘市仅有 1 个。登记且有效的绿色种植产品数量达到 378 个（加工产品除外），涉及的作物包括粮食作物、薯类、油料、蔬菜、水果、菌类等，18 个地级市都有，各市间分布并不平衡，最多的郑州市达到 81 个，最少的周口市、鹤壁市、开封市各有 2 个。

表 6-7　河南省各地级市有机（绿色）种植统计　　单位：个

| 区域名称 | 绿色品牌 | 有机品牌 | 小计 |
|---|---|---|---|
| 郑州市 | 81 | 18 | 99 |
| 开封市 | 2 | 7 | 9 |
| 洛阳市 | 31 | 25 | 56 |
| 平顶山市 | 18 | 7 | 25 |
| 安阳市 | 11 | 16 | 27 |
| 鹤壁市 | 2 | 2 | 4 |
| 新乡市 | 27 | 32 | 59 |
| 焦作市 | 35 | 13 | 48 |
| 濮阳市 | 27 | 14 | 41 |
| 许昌市 | 11 | 7 | 18 |
| 漯河市 | 12 | 2 | 14 |
| 三门峡市 | 4 | 10 | 14 |
| 南阳市 | 46 | 124 | 170 |
| 商丘市 | 16 | 1 | 17 |
| 信阳市 | 25 | 44 | 69 |
| 周口市 | 2 | 11 | 13 |
| 驻马店市 | 25 | 14 | 39 |
| 济源市 | 3 | 3 | 6 |
| 全省 | 378 | 350 | 728 |

注：根据中国食品农产品认证信息系统（http：//ffip. cnca. cn/ffip/publicquery/cert-Search. jsp）整理而成，查询信息截至 2015 年

# 7  河南省农业环境评价

## 7.1  耕地资源与环境

### 7.1.1  耕地资源

#### 7.1.1.1  耕地面积变化态势

表 7-1 反映的是河南省常用耕地面积变化情况，但是由于 2000—2008 年与 2009—2014 年的耕地面积数据来源不同，前者基于一调，后者基于二调，两个阶段的数据不能直接进行对比，必须经过可比性处理。可比性处理过程：根据"本年耕地面积=前一年耕地面积-本年耕地面积减少数"这一关系式，有了全省年耕地面积增减变化数据，就可以根据基于二调的 2009 年耕地面积计算 2000—2008 年的一调数据。因现有统计资料中无全省 2009 年耕地面积变化数据，本文以全省 2008 年和 2010 年两年耕地面积变化值的平均值作为 2009 年耕地面积变化值。

**表 7-1  河南省常用耕地面积变化情况**　　　　　　　单位：千 hm²

| 年份 | 常用耕地面积<br>（处理前） | 每年耕地面积增减数量 | 常用耕地面积<br>（处理后） |
|------|------|------|------|
| 2000 | 6 875.25 | 49.33 | 8 316.09 |
| 2001 | 6 907.3 | 32 | 8 348.02 |
| 2002 | 7 262.8 | −66.65 | 8 282.37 |
| 2003 | 7 187.2 | −75.6 | 8 207.87 |
| 2004 | 7 177.5 | −9.73 | 8 198.14 |
| 2005 | 7 201.2 | −1.04 | 8 197.1 |
| 2006 | 7 202.4 | 1.2 | 8 198.3 |
| 2007 | 7 201.9 | 0.5 | 8 198.8 |
| 2008 | 7 202.2 | 0.3 | 8 199.1 |
| 2009 | 8 192.01 | −7.1 | 8 192.01 |
| 2010 | 8 177.45 | −14.5 | 8 177.45 |

（续表）

| 年份 | 常用耕地面积<br>（处理前） | 每年耕地面积增减数量 | 常用耕地面积<br>（处理后） |
|---|---|---|---|
| 2011 | 8 161.90 | −15.6 | 8 161.90 |
| 2012 | 8 156.76 | −5.1 | 8 156.76 |
| 2013 | 8 140.71 | −16.1 | 8 140.71 |
| 2014 | 8 126.06 | −14.6 | 8 126.06 |
| 2015 | 8 105.93 | −20.2 | 8 105.93 |

注：1. 耕地面积数据来自于 2017 年河南统计年鉴，2000—2008 年耕地面积增减数据来自于 2000—2009 年分年河南省统计年鉴；2009—2015 年耕地面积增减数据是根据 2017 年河南统计年鉴计算得来的；

2. 2004—2008 年数据为一调数据，2009—2014 年耕地面积均基于二调数据；

3. 2002 年统计的耕地增减数据与 2002 年与 2001 年常用耕地面积差不相符

从表 7-1 中，可以看出：河南省常用耕地面积呈减少之势。2000—2008 年间，河南省常用耕地面积有增有减，总的趋势是减少的，减少面积为 116.99 千 hm²，年均减少 13.0 千 hm²，年均年递减率 0.16%；耕地减少的原因为建设占地、退耕还林占地、耕地改为园地；耕地增加的原因主要为园地改耕地以及新开荒地；从 2009 年开始，耕地面积呈快速减少之势，2009—2015 年常用耕地面积各年间均有所减少，累计减少 86.08 千 hm²，年均减少 12.30 千 hm²，平均年递减率 0.11%，与 2000—2008 年相比，常用耕地面积减少速率有所降低。

表 7-2 为河南省各市 2000—2008 年的常用耕地面积修正后的变化情况，和全省数据一样，各市 2000—2008 年常用耕地面积为一调数据，2009—2015 年常用耕地面积为二调数据。表 7-2 数据中由于 2002 年河南统计年鉴的全市耕地增减数据与 2002 年与 2001 年常用耕地面积差计算值不相符，导致 2002 年前的常用耕地面积数量小，故从 2002 年开始研究各市的常用耕地面积变化情况。表 5-3 数据显示，2002—2015 年间，18 个城市常用耕地面积有增有减，其中除新乡市、濮阳市分别增加 4.32 千 hm²、1.05 千 hm² 外，其他 16 个城市常用耕地面积都是减少的，郑州市、开封市、洛阳市、平顶山市、安阳市、鹤壁市、焦作市、许昌市、漯河市、三门峡市、南阳市、商丘市、信阳市、周口市、驻马店市和济源市分别减少 28.61 千 hm²、6.72 千 hm²、18.42 千 hm²、5.58 千 hm²、8.32 千 hm²、8.32 千 hm²、2.09 千 hm²、10.68 千 hm²、2.43 千 hm²、8.57 千 hm²、18.96 千 hm²、7.07 千 hm²、14.61 千 hm²、9.56 千 hm²、8.21 千 hm² 和 1.57 千 hm²。

### 表7-2 河南省各市常用耕地面积

单位：千 hm²，未修正

| 区域名称 | 2000 | 2001 | 2002 | 2003 | 2004 | 2005 | 2006 | 2007 | 2008 | 2009 | 2010 | 2011 | 2012 | 2013 | 2014 | 2015 |
|---|---|---|---|---|---|---|---|---|---|---|---|---|---|---|---|---|
| 郑州市 | 292.1 | 289.9 | 299.6 | 296.4 | 296.0 | 296.6 | 296.6 | 295.7 | 294.4 | 340.5 | 337.6 | 333.8 | 331.8 | 328.7 | 323.9 | 319.2 |
| 开封市 | 363.8 | 363.4 | 397.0 | 393.9 | 394.3 | 394.3 | 394.0 | 394.0 | 394.0 | 417.6 | 417.3 | 416.5 | 416.2 | 414.2 | 414.2 | 414.0 |
| 洛阳市 | 387.7 | 382.5 | 369.1 | 362.0 | 358.2 | 358.0 | 356.4 | 356.1 | 355.6 | 435.1 | 434.1 | 433.1 | 432.6 | 432.6 | 431.8 | 430.9 |
| 平顶山市 | 303.1 | 302.1 | 313.5 | 311.8 | 312.8 | 312.9 | 312.9 | 312.9 | 312.9 | 323.7 | 322.0 | 321.6 | 321.8 | 321.8 | 320.6 | 319.5 |
| 安阳市 | 363.6 | 366.7 | 398.7 | 395.1 | 395.1 | 395.0 | 394.5 | 394.6 | 394.6 | 411.4 | 410.1 | 409.7 | 410.0 | 409.9 | 408.8 | 407.8 |
| 鹤壁市 | 99.5 | 98.9 | 99.0 | 97.1 | 96.0 | 96.2 | 96.3 | 96.4 | 96.1 | 124.4 | 123.4 | 122.5 | 121.8 | 120.6 | 120.1 | 119.7 |
| 新乡市 | 375.6 | 374.7 | 396.3 | 389.5 | 386.2 | 403.3 | 403.1 | 403.1 | 403.0 | 475.4 | 475.2 | 474.9 | 475.5 | 475.4 | 474.3 | 473.1 |
| 焦作市 | 171.9 | 175.6 | 183.5 | 181.8 | 181.8 | 181.9 | 181.7 | 181.7 | 181.7 | 195.6 | 196.4 | 195.2 | 195.6 | 195.3 | 195.1 | 194.9 |
| 濮阳市 | 245.9 | 246.3 | 247.3 | 246.3 | 247.4 | 247.5 | 247.9 | 248.4 | 248.5 | 282.5 | 282.7 | 283.2 | 283.6 | 283.3 | 283.0 | 282.7 |
| 许昌市 | 305.4 | 305.1 | 326.4 | 324.5 | 325.4 | 325.5 | 325.5 | 325.5 | 325.6 | 345.0 | 343.5 | 340.9 | 339.5 | 338.8 | 337.3 | 335.8 |
| 漯河市 | 165.6 | 165.4 | 166.5 | 165.6 | 166.2 | 166.3 | 165.7 | 165.7 | 165.7 | 190.7 | 191.1 | 190.7 | 190.5 | 190.2 | 189.5 | 188.8 |
| 三门峡市 | 155.3 | 154.0 | 171.9 | 163.8 | 157.1 | 162.4 | 163.3 | 163.2 | 164.4 | 177.6 | 177.0 | 176.5 | 177.0 | 176.2 | 176.5 | 176.2 |
| 南阳市 | 874.4 | 891.9 | 951.5 | 941.3 | 939.6 | 939.2 | 941.3 | 941.8 | 941.8 | 1059.9 | 1057.2 | 1055.9 | 1056.9 | 1054.5 | 1053.1 | 1051.7 |
| 商丘市 | 624.6 | 623.9 | 668.3 | 664.3 | 666.3 | 666.5 | 666.6 | 666.6 | 666.6 | 709.0 | 708.4 | 708.7 | 708.4 | 706.9 | 705.5 | 704.0 |
| 信阳市 | 518.2 | 516.4 | 585.1 | 573.9 | 568.0 | 567.9 | 568.6 | 568.6 | 568.8 | 839.7 | 838.6 | 839.1 | 839.8 | 839.6 | 840.7 | 841.8 |
| 周口市 | 773.9 | 783.7 | 826.0 | 822.3 | 826.1 | 826.1 | 826.1 | 826.2 | 826.2 | 862.1 | 860.7 | 859.3 | 857.8 | 856.2 | 854.6 | 853.1 |
| 驻马店市 | 819.4 | 833.3 | 828.3 | 823.5 | 826.2 | 827.0 | 827.3 | 827.3 | 827.5 | 954.8 | 955.1 | 953.3 | 951.6 | 949.9 | 948.5 | 947.1 |
| 济源市 | 35.1 | 33.3 | 34.9 | 34.7 | 34.8 | 34.8 | 34.8 | 34.8 | 34.8 | 47.2 | 47.0 | 46.8 | 46.5 | 46.1 | 45.9 | 45.8 |

注：耕地面积数据来自于 2000—2016 年河南统计年鉴

表7-3 河南省各市常用耕地面积

单位：千 hm²，修正后

| 区域名称 | 2000 | 2001 | 2002 | 2003 | 2004 | 2005 | 2006 | 2007 | 2008 | 2009 | 2010 | 2011 | 2012 | 2013 | 2014 | 2015 |
|---|---|---|---|---|---|---|---|---|---|---|---|---|---|---|---|---|
| 郑州市 | 336.1 | 333.9 | 343.6 | 340.4 | 340.0 | 340.6 | 340.6 | 339.7 | 338.4 | 340.5 | 337.6 | 333.8 | 331.8 | 328.7 | 323.9 | 319.2 |
| 开封市 | 387.2 | 386.8 | 420.4 | 417.3 | 417.7 | 417.7 | 417.4 | 417.4 | 417.4 | 417.6 | 417.3 | 416.5 | 416.2 | 414.4 | 414.2 | 414.0 |
| 洛阳市 | 466.4 | 461.2 | 447.8 | 440.7 | 436.9 | 436.7 | 435.1 | 434.8 | 434.3 | 435.1 | 434.1 | 433.1 | 432.6 | 432.6 | 431.8 | 430.9 |
| 平顶山市 | 313.0 | 312.0 | 323.4 | 321.7 | 322.7 | 322.8 | 322.8 | 322.8 | 322.8 | 323.7 | 322.0 | 321.6 | 321.8 | 321.8 | 320.6 | 319.5 |
| 安阳市 | 379.8 | 382.9 | 414.9 | 411.3 | 411.3 | 411.2 | 410.7 | 410.8 | 410.8 | 411.4 | 410.1 | 409.7 | 410.0 | 409.9 | 408.8 | 407.8 |
| 鹤壁市 | 127.1 | 126.5 | 126.6 | 124.7 | 123.6 | 123.8 | 123.9 | 124.0 | 123.7 | 124.4 | 123.4 | 122.5 | 121.8 | 120.6 | 120.1 | 119.7 |
| 新乡市 | 447.8 | 446.9 | 468.5 | 461.7 | 458.4 | 475.5 | 475.3 | 475.3 | 475.2 | 475.4 | 475.2 | 474.9 | 475.5 | 475.4 | 474.3 | 473.1 |
| 焦作市 | 186.2 | 189.9 | 197.8 | 196.1 | 196.1 | 196.2 | 196.0 | 196.0 | 196.0 | 195.6 | 196.4 | 195.2 | 195.6 | 195.3 | 195.1 | 194.9 |
| 濮阳市 | 280.0 | 280.4 | 281.4 | 280.4 | 281.5 | 281.6 | 282.0 | 282.5 | 282.6 | 282.5 | 282.7 | 283.2 | 283.6 | 283.3 | 283.0 | 282.7 |
| 许昌市 | 324.0 | 323.7 | 345.0 | 343.1 | 344.0 | 344.1 | 344.1 | 344.2 | 344.2 | 345.0 | 343.5 | 340.9 | 339.5 | 338.8 | 337.3 | 335.8 |
| 漯河市 | 190.8 | 190.6 | 191.7 | 190.8 | 191.4 | 191.5 | 190.9 | 190.9 | 190.9 | 190.7 | 191.1 | 190.7 | 190.5 | 190.2 | 189.5 | 188.8 |
| 三门峡市 | 168.8 | 167.5 | 185.4 | 177.3 | 170.6 | 175.9 | 176.8 | 176.7 | 177.9 | 177.6 | 177.0 | 176.5 | 177.0 | 176.9 | 176.5 | 176.2 |
| 南阳市 | 991.4 | 1 008.9 | 1 068.5 | 1 058.3 | 1 056.6 | 1 056.2 | 1 058.3 | 1 058.2 | 1 058.8 | 1 059.9 | 1 057.2 | 1 055.9 | 1 056.9 | 1 054.5 | 1 053.1 | 1 051.7 |
| 商丘市 | 666.7 | 666.0 | 710.4 | 706.4 | 708.4 | 708.6 | 708.7 | 708.7 | 708.7 | 709.0 | 708.4 | 708.7 | 708.4 | 706.9 | 705.5 | 704.0 |
| 信阳市 | 788.6 | 786.8 | 855.5 | 844.3 | 838.4 | 838.3 | 839.0 | 839.0 | 839.3 | 839.7 | 838.6 | 839.1 | 839.8 | 839.6 | 840.7 | 841.8 |
| 周口市 | 809.1 | 818.9 | 861.2 | 857.5 | 861.3 | 861.3 | 861.3 | 861.4 | 861.4 | 862.1 | 860.7 | 859.3 | 857.8 | 856.2 | 854.6 | 853.1 |
| 驻马店市 | 946.9 | 960.8 | 955.8 | 951.0 | 953.7 | 954.5 | 954.8 | 954.8 | 955.0 | 954.8 | 955.1 | 953.3 | 951.6 | 949.9 | 948.5 | 947.1 |
| 济源市 | 47.4 | 45.6 | 47.2 | 47.0 | 47.1 | 47.1 | 47.1 | 47.1 | 47.1 | 47.2 | 47.0 | 46.8 | 46.5 | 46.1 | 45.9 | 45.8 |

注：1. 2000—2008 年数据在一调数据的基础的基础上修正上报数据，2009—2014 年数据均基于二调数据；

2. 2000—2008 年数据修正方法为：根据本年耕地面积＝前一年耕地面积－本年耕地面积减少数这一关系式，有了各地耕地面积增减变化数据，根据基于二调的 2009 年耕地面积计算 2000—2008 年的一调数据。因现有统计资料中无全各地 2009 年耕地面积变化数据，本文以各地 2008 年和 2010 年两年耕地面积变化值的平均值作为 2009 年耕地面积变化值；

3. 2002 年河南统计年鉴中 2002 年与 2001 年耕地增减数据与 2001 年常用耕地面积差计算值不相符

#### 7.1.1.2 耕地面积变化预测

以 1999—2015 年河南省常用耕地面积数据为样本，应用时序模型进行拟合，结果：

$$L_{T1} = -11.581T + 8\ 308.2,\ R^2 = 0.8047$$

$$L_{T2} = 0.01080T^3 - 0.93819T^2 + 6.64874T + 8\ 256.3,\ R^2 = 0.8521$$

$L_T$ 为 T 年耕地面积预测值，其中 $L_{T1}$ 和 $L_{T2}$ 分别代表两个拟合模型预测结果，其中 $L_{T1}$ 代表强化保护条件，$L_{T2}$ 代表保护不力条件；T 为时间序号，首年（2000 年）为 1。

以 2016 年中原区实际耕地面积为基数，对两种模型的拟合结果进行修正，并取整，其结果（表 7-4）如下。

在强化耕地保护的情况下，到 2020 年和 2030 年河南省耕地面积分别为 8 054.7 千 hm² 和 7 938.9 千 hm²，2010—2020 年减少耕地 124.0 千 hm²，年均减少 11.3 千 hm²；2020—2030 年减少耕地 115.8 千 hm²，年均减少 10.5 千 hm²（注：2005—2015 年年均减少 8.3 千 hm²）。

在保护不力的情况下，到 2020 年和 2030 年河南省耕地面积分别为 7 959.3 千 hm² 和 7 731.0 千 hm²。2010—2020 年减少耕地 218.2 千 hm²，年均减少 19.8 千 hm²；2020—2030 年减少耕地 228.2 千 hm²，年均减少 20.7 千 hm²（注：2005—2015 年年均减少 8.3 千 hm²）。

表 7-4　河南省中原区耕地面积预测结果　　　　单位：千 hm²

| 年份 | 实际值 | $L_{T1}$ | $L_{T1}$ 修正值 | $L_{T2}$ | $L_{T2}$ 修正值 |
| --- | --- | --- | --- | --- | --- |
| 2010 | 8 177.5 | 8 169.2 | | 8 177.5 | |
| 2015 | 8 105.9 | 8 111.3 | | 8 105.9 | |
| 2016 | 8 111.0 | 8 099.7 | | 8 038.9 | |
| 2020 | | 8 053.4 | 8 054.7 | 7 959.3 | 8 031.4 |
| 2030 | | 7 937.6 | 7 938.9 | 7 731.0 | 7 803.1 |

应该指出的是，上述预测结果是按照目前的城市化进程以及耕地保护措施等条件得出的，未来随着空心村土地整理等国家政策的变化，耕地面积可能会与预测结果存在较大差异。

### 7.1.2　耕地质量状况

自 2003 年实施测土配方施肥工程以来，据不完全统计，河南省全省共采集了土壤样品 97.42 万个，并分析测试了土壤有机质、全氮、有效磷、速效钾、缓效钾、pH 值以及土壤中有效铜、有效锌、有效铁、有效锰、有效硼、有效钼和有效硫。土壤有机质采用油浴加热、重铬酸钾氧化容量法测定，全氮用 $H_2SO_4$—$H_2O_2$ 消煮、凯氏蒸馏法测定，速效磷采用碳酸氢钠浸提、钼蓝比色法测定，速效钾用醋酸铵浸提、火焰光度计法测定，缓效钾用硝酸浸提火焰光度计测定，土壤有效铜、有效锌、有效铁和有效锰用 DTPA 浸提、原子吸收分光光度计测定，有效硼用沸水浸提、甲亚胺—H 比色法测定，有效钼用草酸—草酸铵浸提、极谱法测定，土壤 pH 值用土液比 1∶2.5 浸提、电位法测定。

### 7.1.2.1 耕地养分含量

对全省 97.42 万个耕层土壤样品测试结果的分析表明，全省土壤有机质含量平均为 15.98g/kg，变异系数为 32.0%，含量小于 10g/kg 的样本数占总样本数的 9.77%，含量在 10~20g/kg 样本数占测试样本数的 72.45%，含量在 20~30g/kg 的占 16.23%，含量大于 30g/kg 的占 1.56%。土壤全氮含量平均为 0.96g/kg，变异系数为 26.81%，含量小于 0.5g/kg 的样本数占测试样本总数的 2.98%，含量在 0.5~1.0g/kg 样本数占 59.27%，含量在 1.0~1.5g/kg 的占 34.58%，含量大于 1.5g/kg 的占 3.17%。土壤速效磷含量平均为 17.37mg/kg，变异系数为 74.75%，含量小于 5mg/kg 的样本数占测试样本总数的 6.47%，含量在 5.0~10.0mg/kg 样本数占总样本数的 24.4%，含量在 10.0~20.0mg/kg 的占 41.46%，含量在 20.0~30.0mg/kg 的占 5.96%，含量在 40.0~50.0mg/kg 的占 2.81%，含量大于 50.0mg/kg 的占 3.3%。土壤速效钾含量平均为 121.91mg/kg，变异系数为 42.70%，含量小于 50mg/kg 的样本数占总测试样本数的 3.93%，含量在 50~100mg/kg 样本数占总样本数的 36.25%，含量在 100~150mg/kg 的占 33.98%，含量在 150.0~200.0mg/kg 的占 17.20%，含量在 200.0~250.0mg/kg 的占 6.24%，含量大于 250.0mg/kg 的占 2.41%。

对全省 9 万多个土壤样本的微量元素结果分析表明：土壤有效锰含量平均为 16.47mg/kg，变异系数为 54.86%，含量小于 5mg/kg 的样本数占测试总样本数的 6.24%，含量在 5.0~15.0mg/kg 样本数占总样本数的 44.37%，含量在 15.0~30.0mg/kg 的占 40.84%，含量大于 30.0mg/kg 的占 8.55%。土壤有效铜含量平均为 1.49mg/kg，变异系数为 51.23%，含量小于 0.2mg/kg 的样本数占测试总样本数的 0.36%，含量在 0.2~1.0mg/kg 样本数占总样本数的 27.82%，含量在 1.0~1.8mg/kg 的占 46.22%，含量大于 1.8mg/kg 的占 25.61%。土壤有效锌含量平均为 1.38mg/kg，变异系数为 72.99%，含量小于 0.5mg/kg 的样本数占测试总样本数的 11.56%，含量在 0.5~1.0mg/kg 样本数占总样本数的 33.01%，含量在 1.0~3.0mg/kg 的占 48.11%，含量大于 3.0mg/kg 的占 7.32%。土壤水溶性硼含量平均为 0.64mg/kg，变异系数为 60.66%，含量小于 0.5mg/kg 的样本数占测试总样本数的 43.31%，含量在 0.5~1.0mg/kg 样本数占总样本数的 40.82%，含量在 1.0~2.0mg/kg 的占 15.38%，含量大于 2.0mg/kg 的占 0.48%。土壤有效钼含量平均为 0.15mg/kg，变异系数为 85.34%，含量小于 0.15mg/kg 的样本数占测试总样本数的 72.55%，含量在 0.15~0.2mg/kg 样本数占总样本数的 17.85%，含量在 0.2~0.3mg/kg 的占 4.07%，含量大于 0.3mg/kg 的占 5.53%。土壤有效铁含量平均为 11.23mg/kg，变异系数为 65.08%，含量小于 4.5mg/kg 的样本数占测试总样本数的 12.46%，含量在 4.5~10mg/kg 样本数占总样本数的 44.38%，含量在 10~20mg/kg 的占 30.16%，含量大于 20mg/kg 的占 13.00%。

与第二次土壤普查相比，全省土壤有机质含量增加 30.98%，土壤全氮含量增加 20%，土壤速效磷含量增加 194.36%，土壤有效铜含量增加 22.89%，土壤有效铁含量增加 107.74%，土壤水溶性硼含量增加 65.13%，土壤有效钼含量增加 90.56%，土壤速效钾含量降低 8.13%，有效锰含量下降 3.37%，有效铁减少 29.37%。

表7-5 河南省土壤养分变化情况

| 土壤养分 | 第二次土壤普查 | 测土配方施肥 | 与第二次土壤普查比较 | |
|---|---|---|---|---|
| | | | 变化量 | 变化率（%） |
| 有机质（g/kg） | 12.20 | 15.98 | 3.78 | 30.98 |
| 全氮（g/kg） | 0.8 | 0.96 | 0.16 | 20 |
| 有效磷（mg/kg） | 5.9 | 17.37 | 11.47 | 194.36 |
| 有效钾（mg/kg） | 132.7 | 121.91 | −10.79 | −8.13 |
| 有效铁（mg/kg） | 15.9 | 11.23 | −4.67 | −29.37 |
| 有效锰（mg/kg） | 17.04 | 16.47 | −0.57 | −3.37 |
| 有效铜（mg/kg） | 1.21 | 1.49 | 0.28 | 22.89 |
| 有效锌（mg/kg） | 0.664 | 1.38 | 0.716 | 107.74 |
| 有效钼（mg/kg） | 0.078 | 0.15 | 0.072 | 90.56 |
| 有效硼（mg/kg） | 0.388 | 0.64 | 0.252 | 65.13 |

注：数据来自文献52、87

具体到各地级市，土壤养分含量间存在一定差异，见表7-6。应该指出的是，济源市的肥力情况在焦作市中统计（下文同）。

表7-6　各地级市土壤养分含量状况

| 区域名称 | 有机质 g/kg) | | 全氮（g/kg） | | 有效磷（mg/kg） | | 速效钾（mg/kg） | | pH值 | |
|---|---|---|---|---|---|---|---|---|---|---|
| | 二次普查 | 测土配方 | 二次普查 | 测土配方 | 二次普查 | 测土配方 | 二次普查 | 测土配方 | 二次普查 | 测土配方 |
| 郑州市 | 16.15 | | | 0.91 | 5.0 | 12.2 | | 114.5 | | 8 |
| 开封市 | 13.05 | | 0.49 | 0.85 | 4.1 | 14.8 | | 103.1 | | 8.2 |
| 洛阳市 | 16.99 | | | 1.01 | 6.3 | 12.5 | | 145.6 | | 7.8 |
| 平顶山市 | 17.16 | | | 0.97 | 4.8 | 13.7 | | 106.1 | | 7.0 |
| 安阳市 | 16.56 | | | 0.95 | 6.4 | 16.3 | | 121 | | 7.9 |
| 鹤壁市 | 16.79 | | | 0.98 | 4.7 | 14.4 | | 121.9 | | 8 |
| 新乡市 | 15.16 | | | 0.93 | 5.6 | 15.7 | | 124.3 | | 8.2 |
| 焦作市 | 17.13 | | | 1.00 | 6.5 | 16.5 | | 149.6 | | 8 |
| 濮阳市 | 13.76 | | 0.55 | 0.87 | 4.8 | 16.3 | | 102.7 | | 8.2 |
| 许昌市 | 15.58 | | | 0.97 | 4.9 | 12.1 | | 121.4 | | 7.9 |
| 漯河市 | 14.89 | | | 0.92 | 4.5 | 18 | | 118.4 | | 7.1 |
| 三门峡市 | 15.27 | | | 0.95 | 6.5 | 14.7 | | 161.1 | | 7.9 |
| 南阳市 | 15.40 | | | 0.97 | 5.4 | 17.3 | | 123.3 | | 6.7 |
| 商丘市 | 14.93 | | 0.60 | 0.93 | 3.3 | 16.0 | | 117.9 | | 8.1 |
| 信阳市 | 18.47 | | | 1.06 | 5.6 | 11.8 | | 76.7 | | 6.2 |
| 周口市 | 15.43 | | | 0.95 | 6.0 | 16.9 | | 135.0 | | 7.8 |
| 驻马店市 | 15.27 | | | 0.91 | 4.8 | 17.8 | | 103.8 | | 6.5 |
| 全省 | 15.98 | | | 0.96 | 5.9 | 15.3 | | 121.9 | | 7.5 |

注：数据来自文献52、87

### 7.1.2.2　耕地养分分级

为更好地表示耕地养分变化，长期生产实践中，通常采用养分分级指标法。河南省耕地土壤养分分级指标见表7-7。

表7-7　河南省耕地土壤养分分级指标

| | | 一级 | 二级 | 三级 | 四级 | 五级 | 六级 |
|---|---|---|---|---|---|---|---|
| 测土配方施肥 | pH 值 | >8.5 | 8.5~7.5 | 7.5~6.5 | 6.5~5.5 | 5.5~4.5 | ≤4.5 |
| | 全氮（g/kg） | >1.5 | 1.5~1.25 | 1.25~1 | 1~0.75 | 0.75~0.5 | ≤0.5 |
| | 有机质（g/kg） | >30 | 30~20 | 20~15 | 15~10 | 10~6 | ≤6 |
| | 有效磷（mg/kg） | >40 | 40~25 | 25~20 | 20~15 | 15~10 | ≤10 |
| | 速效钾（mg/kg） | >150 | 150~120 | 120~100 | 100~80 | 80~50 | ≤50 |
| | 缓效钾（mg/kg） | >1 500 | 1 500~1 200 | 1 200~900 | 900~750 | 750~500 | ≤500 |
| | | 极高 | 高 | 中 | 低 | 偏低 | 极低 |
| 第二次土壤普查 | 全氮（g/kg） | >2 | 2~1.5 | 1.5~1 | 1~0.75 | 0.75~0.5 | ≤0.5 |
| | 有机质（g/kg） | >40 | 40~30 | 30~20 | 20~10 | 10~5 | ≤5 |
| | 有效磷（mg/kg） | >40 | 40~20 | 20~10 | 10~5 | 5~3 | ≤3 |
| | 速效钾（mg/kg） | >200 | 200~150 | 150~100 | 100~50 | 50~30 | ≤30 |

　　利用上述分级标准，河南省全省土壤 pH 值、全氮、有机质、有效磷、速效钾、缓效钾各级比例见表7-8。表7-8 中全省全氮含量有所增加，五级、六级比例在降低，四级比例升高幅度较大，但也应该看到一级、二级的比例在下降。有机质含量有增加趋势，与二普比较，五级、六级比例降低；有效磷含量增加幅度较大，二普四级、五级、六级之和为 85.23%（相当于测土配方施肥的六级水平），而测土配方施肥六级仅为 13.98%。

表7-8　河南省耕地土壤养分分级结果

| | | 一级 | 二级 | 三级 | 四级 | 五级 | 六级 |
|---|---|---|---|---|---|---|---|
| 测土配方施肥 | pH 值 | 3.22 | 48.24 | 26.64 | 20.28 | 1.61 | 0 |
| | 全氮（%） | 1.3 | 5.51 | 28.57 | 55.04 | 7.67 | 1.92 |
| | 有机质（%） | 2.79 | 8.23 | 38.22 | 45.03 | 4.31 | 1.43 |
| | 有效磷（%） | 0.6 | 5.06 | 9.85 | 37.72 | 32.79 | 13.98 |
| | 速效钾（%） | 18.55 | 28.44 | 18.24 | 21.34 | 12.17 | 1.26 |
| | 缓效钾（%） | 2.99 | 0.79 | 10.46 | 17.74 | 43.66 | 24.37 |
| | | 极高 | 高 | 中 | 低 | 偏低 | 极低 |
| 第二次土壤普查 | 全氮（%） | 5.25 | 5.87 | 15.85 | 28.78 | 33.66 | 11.59 |
| | 有机质（%） | 5.52 | 4.01 | 8.42 | 47.86 | 28.09 | 6.01 |
| | 有效磷（%） | 0.22 | 2.72 | 11.43 | 22.90 | 28.63 | 34.1 |
| | 速效钾（%） | 15.6 | 21.5 | 30.6 | 29.0 | 2.4 | 0.9 |

　　根据第二次土壤普查养分分级划定的标准，各地级市全氮、有机质、有效磷各级比例分布情况如下。

　　各市全氮分级总的趋势为四级、五级为主。安阳市、洛阳市、商丘市、鹤壁市、开封市、三门峡市、焦作市、濮阳市、驻马店市、平顶山市、信阳市、漯河市、新乡市、许昌市、周口市、南阳市、郑州市全氮三级、四级比例之和分别为 53.78%、45.45%、73.28%、66.22%、66.30%、56.28%、35.75%、63.00%、77.74%、66.17%、61.71%、88.51%、67.92%、86.98%、73.28%、58.14%和45.82%。另外，洛阳市一级土壤面积比例为 18.86%，在全省中最高，许昌市、开封市、商丘市和周口市无一级土壤，郑州市、濮阳市、开封市、商丘市和新乡市的六级土壤面积所占比例较高，分别为 37.15%、36.10%、33.20%、26.41%和20.62%，名列全省前五位，其他城市土壤六级土壤面积比例在 1.87%～19.74%。

　　全省各市土壤有机质含量分级趋势为四级、五级为主，其次为六级。安阳市、洛阳市、商丘市、鹤壁市、开封市、三门峡市、焦作市、濮阳市、驻马店市、平顶山市、信阳市、漯河市、新乡市、许昌市、周口市、南阳市、郑州市全氮三级、四级比例之和分别为 64.47%、54.06%、87.46%、67.37%、67.19%、74.82%、47.96%、79.85%、91.25%、84.45%、74.82%、99.46%、84.28%、94.65%、96.03%、68.83%和82.59%。另外，洛阳市、鹤壁市、焦作市一级比例分别为 22.33%、16.47%和11.26%，名列全省前三，濮阳市、商丘市、开封市、许昌市、周口市和漯河市无一级土壤分布，开封市、濮阳市和安阳市的六级土壤面积比例分别为 32.72%、20.15%和15.13%，位居全省前三，六级比例不足 1%的城市有平顶山市（0.1%）和漯河市（0.27%），其他城市六级土壤面积比例在 1.16%～12.51%。

　　全省各市速效磷含量分级趋势为三级、四级为主。安阳市、洛阳市、商丘市、鹤壁市、开封市、三门峡市、焦作市、濮阳市、驻马店市、平顶山市、信阳市、漯河市、新乡市、许昌市、周口市、南阳市、郑州市速效磷三级四级土壤面积比例之和分别为 87.46%、65.09%、82.52%、97.32%、85.46%、77.02%、89.91%、97.16%、35.41%、80.34%、47.40%、89.26%、94.73%、94.22%、87.99%、45.91%和90.11%。另外，洛阳市、三门峡市一级土壤面积比例分别为 10.60%、5.57%，名列全省前二，驻马店市、濮阳市、鹤壁市和焦作市无一级土壤面积，安阳市、濮阳市、鹤壁市、新乡市、开封市、郑州市、许昌市、漯河市、平顶山市、周口市和商丘市无六级土壤分布。

又根据测土配方施肥工程养分分级划定的标准，各地级市 pH、全氮、有机质、有效磷、速效钾各级比例分布情况如下。

各市 pH 分级中，安阳市、洛阳市、商丘市、鹤壁市、开封市、三门峡市、焦作市、濮阳市、许昌市、周口市、郑州市以二级为主，上述各市中二级比例最少占 79.23%（洛阳市），最高占 100%（濮阳市）；平顶山市、漯河市、新乡市、南阳市以三级为主，信阳市四级占 68.52%。开封市、郑州市一级点位比例分别为 6.83 和 2.45%，其他各市基本无一级点位；各市基本无五级、六级点位。

各市全氮分级总的趋势为三级、四级为主。安阳市、洛阳市、商丘市、鹤壁市、开封市、三门峡市、焦作市、濮阳市、驻马店市、平顶山市、信阳市、漯河市、新乡市、许昌市、周口市、南阳市、郑州市全氮三级、四级比例之和分别为 71.31%、93.71%、94.22%、87.67%、59.86%、92.78%、78.41%、84.96%、83.24%、83.58%、82.20%、98.3%、60.58%、95.45%、84.78%、91.47%和 78.18%。另外，驻马店市一级比例为 4%，在全省中最高，许昌市、开封市无一级点位，开封市、新乡市和郑州市的五级比例分别为 27.48%、25.63%和 19.02%，名列全省前三；鹤壁市、三门峡市、漯河市、许昌市、周口市无六级点位。

全省各市有机质含量分级趋势为三级、四级为主。安阳市、洛阳市、商丘市、鹤壁市、开封市、三门峡市、焦作市、濮阳市、驻马店市、平顶山市、信阳市、漯河市、新乡市、许昌市、周口市、南阳市、郑州市全氮三级、四级比例之和分别为 95.95%、86.75%、96.53%、89.34%、71.65%、89.07%、76.28%、95.85%、78.2%、60.2%、65.08%、98.01%、73.6%、97.15%、90.69%、88.06%和 83.04%。另外，驻马店市、平顶山市、焦作市一级比例分别为 21.67%、3.31%和 2.37%，名列全省前三，安阳市、濮阳市、商丘市、许昌市、周口市无一级点位，开封市、新乡市和南阳市的五级比例分别为 20.98%、12.68%和 6.85%位居全省前三，洛阳市、商丘市、三门峡市、焦作市、濮阳市、驻马店市、平顶山市、许昌市、周口市无六级点位。

全省各市速效磷含量分级趋势为四级、五级为主，其次为六级。安阳市、洛阳市、商丘市、鹤壁市、开封市、三门峡市、焦作市、濮阳市、驻马店市、平顶山市、信阳市、漯河市、新乡市、许昌市、周口市、南阳市、郑州市速效磷四级、五级比例之和分别为 76.34%、57.5%、73.09%、82.81%、60.69%、50.94%、73.45%、79.86%、100%、57.18%、56.78%、96.39%、77.21%、58.53%、80.81%、58.06%和 57.97%。另外，濮阳市、南阳市一级比例分别为 2.78%、1.81%，名列全省前二，驻马店市、许昌市无一级点位，许昌市、洛阳市、信阳市、郑州市、平顶山市、开封市、安阳市的六级比例依次为 41.16%、37.51%、35.83%、33.88%、29.41%、19.6% 和16.61%，位居全省前七位，驻马店市无六级点位。

全省各市速效钾含量分级除信阳市、南阳市分别有 5.44%、3.88% 的点位为六级外，其他地级市六级点位较少，洛阳市、三门峡市、焦作市、周口市、南阳市以一二级为主，分别占总点位数的 89.79%、95.43%、93.02%、68.12%、61.13%，其中三门峡市以一级为主，其他地级市一级至五级分布较为均匀（表 7-9）。应该指出的是，济源市的肥力情况在焦作市中统计。

表 7-9 各地级市速效钾分级情况 单位:%

| 区域名称 | 一级 | 二级 | 三级 | 四级 | 五级 | 六级 |
|---|---|---|---|---|---|---|
| 郑州市 | 10.63 | 31.34 | 25.06 | 16.86 | 15.69 | 0.42 |
| 开封市 | 8.94 | 16.35 | 22.61 | 29.12 | 22.06 | 0.93 |
| 洛阳市 | 50.62 | 39.17 | 7.02 | 2.03 | 1.12 | 0.05 |
| 平顶山市 | 6.56 | 18.63 | 26.43 | 34.28 | 14.03 | 0.07 |
| 安阳市 | 13.41 | 29.76 | 23.94 | 22.21 | 10.67 | 0.02 |
| 鹤壁市 | 21.00 | 29.18 | 19.63 | 16.73 | 13.31 | 0.15 |
| 新乡市 | 19.94 | 19.28 | 25.50 | 24.16 | 10.70 | 0.43 |
| 焦作市 | 50.56 | 42.46 | 6.52 | 0.42 | 0.04 | 0.00 |
| 濮阳市 | 3.44 | 12.92 | 21.09 | 47.18 | 15.27 | 0.1 |
| 许昌市 | 4.73 | 44.49 | 43.1 | 7.67 | 0.01 | 0.00 |
| 漯河市 | 2.43 | 29.18 | 40.00 | 27.71 | 0.68 | 0.00 |
| 三门峡市 | 82.84 | 12.59 | 1.90 | 1.84 | 0.82 | 0.00 |
| 南阳市 | 30.8 | 30.35 | 20.08 | 12.00 | 2.89 | 3.88 |
| 商丘市 | 15.76 | 38.84 | 25.77 | 13.89 | 5.71 | 0.03 |
| 信阳市 | 1.80 | 1.65 | 5.57 | 24.51 | 61.04 | 5.44 |
| 周口市 | 34.39 | 33.73 | 24.22 | 6.30 | 1.34 | 0.01 |
| 驻马店市 | 0.00 | 44.69 | 0.00 | 55.31 | 0.00 | 0.00 |

注：数据来自文献 87

## 7.1.3 土壤重金属污染

为较全面获取 2007—2017 年河南省土壤重金属污染的信息，本研究在中国知网等数据库以"作者单位（河南省）+主题词（土壤重金属）"为关键词进行搜索，剔除其中存在的点位重复、定性描述、仅有摘要、市区土壤调查、无调查点位数量、无重金属质量分数平均值以及不能确定点位所属区域等文献，仅保留一般农田、工矿企业或工业园区（含油田、矿区、工业园区）及其周边农田重金属污染文献，共获取25个研究实例，其中14个实例为一般农田（含大田、菜地等），其他11个实例为工矿企业或工业园区及其周边农田。记录相应的统计数据：平均值、最大值、最小值以及样品处理和分析方法、文献发表年份等。

一个地级市确定为一个评价单元。某评价单元重金属元素质量分数平均值采用加权平均算法，即在该评价单元内，用每个案例内该重金属元素样本数乘以该重金属对应的元素质量分数平均值之总和，除以该重金属元素在该评价单元的样本数（见方程7-1）。

$$HM_i = \frac{\sum S_{ij}HM_{ij}}{\sum S_{ij}} \qquad 7-1$$

方程7-1中，$HM_i$为某评价单元重金属$i$的质量分数平均值，$S_{ij}$为重金属$i$的$j$文献的样本数，$HM_{ij}$为某评价单元某重金属$i$的$j$文献测定质量分数平均值。

### 7.1.3.1 分析方法

评价农田土壤重金属污染的方法较多，根据收集到的数据情况，从单个重金属元素、评价单元角度出发，选用污染因子、单因子指数法、修订的污染程度和污染负荷法等四种方法进行河南省重金属污染评价。

污染因子法是各个重金属元素质量分数平均值与背景值的比值，表示土壤重金属元素积累情况，也可用来评价单个土壤重金属污染程度，计算见方程7-2。本文采用文献中的河南省土壤各元素的平均值作为背景值。

$$CF = \frac{HM_i}{C_b^i} \qquad 7-2$$

方程7-2中，$CF$为污染因子，$HM_i$意义同上文，$C_b^i$为元素i的土壤背景值。$CF<1$，低污染因子；$1 \leqslant CF<3$，中等污染因子；$3 \leqslant CF<6$，较高污染因子；$CF \geqslant 6$，高污染因子。

单因子指数法是质量分数平均值与国家标准值的比值，用以直接对各个重金属元素的达标及污染情况进行评价；计算模型见方程7-3。

$$SPI = \frac{HM_i}{C_l^i} \qquad 7-3$$

方程 7-3 中，$SPI$ 为单因子指数，$HM_i$ 意义见上文，$C_i^i$ 为元素 i 的国家二级标准值。本文采用国家土壤环境质量标准中的二级标准值。当 $SPI<1$ 时，达标无污染；当 $1<SPI\leqslant2$ 时，轻微污染；当 $2<SPI\leqslant3$ 时，轻度污染；当 $3<SPI\leqslant5$ 时，中度污染；当 $SPI>5$ 时，重度污染。

修订的污染饱和度法。该法是所有污染因子的算术平均值，可用于综合评价点位（区域）土壤重金属污染情况，计算见方程 7-4。

$$mCd = \frac{\sum_{i=1}^{n} CF_i}{n} \qquad 7-4$$

方程 7-4 中，$mCd$ 为修订的污染饱和度值，$n$ 为评价元素个数，$CF$ 意义同上文。$mCd<2$，低度污染；$2\leqslant mCd<4$，中等程度污染；$4\leqslant mCd<8$，较高程度污染；$8\leqslant mCd<16$，高程度污染；$16\leqslant mCd<32$，很高程度污染；$mCd\geqslant32$，极高程度污染。

污染负荷指数法：污染负荷指数法由 Tom linson 提出，可用于评价点位（区域）土壤重金属污染综合性评价。

$$PLI = \sqrt[n]{CF_1 \times CF_2 \times \cdots CF_n} \qquad 7-5$$

方程 7-5 中，$PLI$ 为污染负荷指数，$CF$、$n$ 意义见上文。当 $PLI<1$ 时，无污染；当 $1\leqslant PLI<2$ 时，中等污染；当 $2\leqslant PLI<3$ 时，强污染；当 $PLI\geqslant3$ 时，极强污染。

### 7.1.3.2 结果与分析

（1）基本数据信息。本研究所获得的 25 个研究实例以及本文作者 2015 年在河南省采集的 16 个土壤样本，覆盖了河南省 17 个省辖市，其中漯河市没有信息；鉴于 Cu、Zn 分别有 6 个、7 个评价单元没有测试信息，因此本文只分析 As、Pb、Cr、Ni、Cd、Hg 六种元素（表 7-10），其中空白处表示无测试信息。所有文献中采样点位布设方法多样，主要为随机布点或网格布点方法，均取表层 0~20cm 土壤样本；各研究人员采用的测试方法并不一致，但都是按照国家标准或者常用方法进行的，测定结果间差异忽略不计。

表 7-10　各评价单元测定的重金属元素数量统计　　　　单位：个

| 区域名称 | Cr | As | Ni | Cd | Pb | Hg |
|---|---|---|---|---|---|---|
| 郑州市 | 194 | 3 | 3 | 191 | 191 | 3 |
| 开封市 | 323 | 64 | 265 | 307 | 317 | 54 |
| 洛阳市 | 174 | 174 | 6 | 188 | 188 | 174 |

（续表）

| 区域名称 | Cr | As | Ni | Cd | Pb | Hg |
|---|---|---|---|---|---|---|
| 平顶山市 | 27 | 27 | 27 | 185 | 185 | 27 |
| 安阳市 | 8 | 4 | 4 | 4 | 4 | 8 |
| 鹤壁市 | 2 | 2 | 2 | | | 2 |
| 新乡市 | 198 | 98 | 133 | 165 | 165 | 98 |
| 焦作市 | 72 | 50 | 72 | | 69 | 3 |
| 濮阳市 | 92 | 6 | 52 | 92 | 92 | 6 |
| 许昌市 | 5 | 1 | 1 | 4 | 4 | 5 |
| 三门峡市 | 5 | 5 | 5 | 40 | 40 | 5 |
| 南阳市 | 31 | 31 | 31 | 25 | 25 | 31 |
| 商丘市 | 251 | 65 | 65 | 249 | 249 | 42 |
| 信阳市 | 8 | 8 | 8 | | | 8 |
| 周口市 | 43 | 43 | 43 | 35 | 35 | 43 |
| 驻马店市 | 8 | 4 | 4 | 4 | 4 | 8 |
| 济源市 | 52 | 328 | 52 | 327 | 327 | 52 |
| 全省 | 1493 | 913 | 773 | 1816 | 1895 | 569 |

注：根据文献 27、29、30、32、65、69、72、78、79、96、98、101、104、109、112、106、1125、126 等整理而成

（2）污染因子法。河南省各重金属元素背景值依次为 As 11.4mg/kg、Cd 0.074mg/kg、Cr 63.8mg/kg、Hg 0.034mg/kg、Ni 26.74mg/kg、Pb 19.6mg/kg。应用方程7-2计算的 17 个评价单元各重金属元素 CF 分布情况见图7-1。从图 7-1 中可以看出，Cr、As 和 Ni 的积累情况不明显，Cr、As、Ni 的质量分数平均值分别有 17.7%、29.4%和 17.78%的单元略高于背景值，CF 最大值分别为 1.75（新乡市）、1.42（焦作市）、3.51（济源市），3 个重金属元素污染处于低或者中等等级；Cd、Pb、Hg 的质量分数平均值分别有 100%、80.0%和 64.7%的单元高于背景值，Cd 积累情况最为明显，CF 全部处于中等、较高及高污染等级，最为突出的是新乡市、济源市、开封市、洛阳市，CF 值分别为 388.38、23.97、14.46 和 6.01；Pb 积累情况较为突出的是洛阳市、济源市，CF 值分别为 11.74 和 8.66；Hg 积累情况较为突出的是济源市，CF 值为 13.70。

（3）单因子指数。方程7-3 计算结果表明，6 个重金属元素中，17 个评价单元的 Cr、As、Pb、Hg 元素皆达标，且 Cr、As 单因子指数均不足 0.5；济源市 Hg、Pb 单因子指数分别为 0.93、0.57，洛阳市 Pb 单因子指数为 0.77，

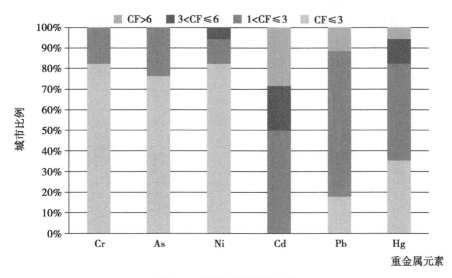

图 7-1 污染因子分布统计

除此外，其他城市这 2 个重金属元素的单因子指数也不足 0.5。17 个评价单元中，仅有新乡市 Ni 超标，且处于轻微污染等级；新乡市、济源市、开封市、洛阳市、许昌市、三门峡市的 Cd 超标，其他 8 个评价单元 Cd 不超标；超标的评价单元中，新乡市、济源市 Cd 处于重污染等级，开封市 Cd 处于中度污染等级，洛阳市、许昌市、三门峡市为轻微污染等级（图 7-2）。

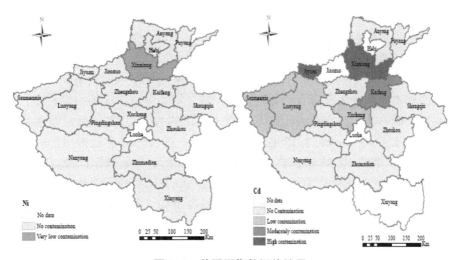

图 7-2 单因子指数评价结果

（4）修订的污染饱和度。17 个评价单元的 mCd 法评价结果见图 7-3，从图中可以看出，新乡市重金属处于极高程度污染，济源市处于高程度污染，开封市、洛阳市处于中等程度污染，其他评价单元皆处于低度污染状态。

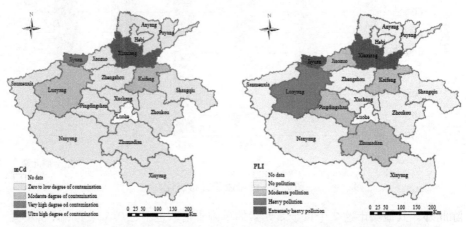

图 7-3　修订的污染饱和度评价结果　　　图 7-4　污染负荷指数评价结果

（5）污染负荷指数。17 个评价单元的 PLI 法评价结果见图 7-4，从图中可以看出，新乡市、济源市重金属处于极强污染等级，洛阳市处于强污染等级，开封市、焦作市、平顶山市和驻马店市为中等污染等级，其他评价单元皆处于无污染状态。

本书收集的数据中，新乡市、济源市、焦作市、洛阳市、濮阳市、开封市、三门峡市以及商丘市 8 个评价单元有来自工矿企业或园区及其周边的农田的案例。数据分析表明，上述评价单元中，来自工矿企业或园区及其周边农田的样本其重金属元素含量往往高于远离工矿企业或园区的一般农田，以新乡市为例，其工矿企业或园区及其周边农田的 Ni、Cd 的质量分数平均值分别为 134.42mg/kg 和 51.12mg/kg，分别是一般农田对应元素质量分数平均值的 6.11 倍和 10.31 倍；再比如济源市，其工矿企业或园区及其周边农田的 Ni 的质量分数平均为 42.84mg/kg，是一般农田对应元素质量分数平均值的 3.17 倍。应用单因子评价法，仅有新乡市和许昌市的一般农田 Cd 超标，其他评价单元其他重金属元素均不超标，而 8 个评价单元内的工矿企业或园区及其周边农田，除濮阳市、焦作市外，其他 6 评价单元 Cd 全部超标，最大超标倍数 170.4 倍，新乡市 Ni 超标 2.7 倍。应用修订的污染饱和法，只有新乡市的一般农田为高程度污染，其他评价单元均处于低度污染，而 8

个评价单元内的工矿企业或园区及其周边农田，新乡市处于极高程度污染等级、济源市处于高程度污染等级，开封市、洛阳市处于较高程度污染等级；应用污染负荷指数法，只有新乡市的一般农田处于高强度污染，焦作市等4个评价单元为中等污染，其他评价单元均为无污染，而8个评价单元内的工矿企业或园区及其周边农田，新乡市、洛阳市及济源市均为极强度污染，开封市、三门峡市处于强污染，其他评价单元为中等污染。可见，工矿企业或园区内工厂排放的污染物增加了周边一定范围内农田的有关重金属含量，提高了评价单元的重金属污染等级。

根据收集到的 Cr、As、Ni、Hg、Pb、Cd 6 个重金属元素有效数据，污染因子法评价结果表明，17 个评价单元（漯河市除外）中，Cr、As、Ni 的质量分数平均值分别有 3 个、5 个和 3 个评价单元略高于背景值，Cr、As 和 Ni 的 CF 最大值分别为 1.75（新乡市）、1.42（焦作市）、3.51（济源市），Cd、Hg 和 Pb 的质量分数平均值分别有 14 个、11 个和 12 个评价单元高于背景值，Cd、Hg 和 Pb 的 CF 最大值分别为 388.39（新乡市）、13.70（济源市）和 11.74（洛阳市）；单因子指数评价结果表明，Cr、As、Pb 整体处于无污染等级，Ni 有 1 个评价单元处于轻微污染等级，Cd 有 4 个评价单元、Hg 有 1 个评价单元处于轻度污染以上等级，Cd 和 Hg 是河南省农田的主要污染物；应用修订的污染饱和度法及污染负荷指数评价分别有 4 个和 7 个评价单元处于中等污染及其以上等级，两种方法均表明所有评价单元中，新乡市、济源市、洛阳市和开封市均为中等及其以上污染等级。

# 7.2　水资源环境

## 7.2.1　水资源量预测

研究表明，河南省降水量年际变化大，丰水年和干旱年降水量相差达 2.5~3.5 倍。据温季等对河南省的郑州市、开封市、安阳市、鹤壁市、濮阳市、焦作市、漯河市、许昌市、驻马店市和新乡市的水平衡预测结果表明（表 7-11），10 个城市 2020 年总需水量 114.85 亿 m³，用水总量指标为 147.39 亿 m³；2030 年需水量 119.19 亿 m³，用水总量指标为 158.58 亿 m³。供水能力已经可以完全满足未来社会经济的需水量。

表 7-11　河南省部分城市水资源供需情况　　　　　单位：万 m³

| 城市名称 | 年份（年） | 需水总量 | 用水总量指标 | 供水能力 | 余缺水量 |
|---|---|---|---|---|---|
| 郑州 | 2020 | 157 300 | 245 000 | 246 200 | 88 900 |
| | 2030 | 170 900 | 275 300 | 286 600 | 115 700 |
| 开封 | 2020 | 137 200 | 179 100 | 173 300 | 36 100 |
| | 2030 | 139 800 | 194 200 | 182 800 | 43 000 |
| 安阳 | 2020 | 145 400 | 173 600 | 177 800 | 32 400 |
| | 2030 | 150 900 | 185 800 | 185 300 | 34 400 |
| 鹤壁 | 2020 | 44 300 | 56 800 | 53 200 | 8 900 |
| | 2030 | 48 300 | 61 100 | 54 600 | 6 300 |
| 新乡 | 2020 | 174 900 | 215 000 | 214 500 | 39 600 |
| | 2030 | 176 900 | 224 100 | 227 700 | 50 800 |
| 焦作 | 2020 | 121 600 | 148 600 | 164 900 | 43 300 |
| | 2030 | 123 700 | 156 600 | 173 000 | 49 300 |
| 濮阳 | 2020 | 151 000 | 163 500 | 180 500 | 29 500 |
| | 2030 | 150 800 | 171 100 | 188 100 | 37 300 |
| 许昌 | 2020 | 74 100 | 106 900 | 98 600 | 24 500 |
| | 2030 | 78 300 | 116 500 | 116 600 | 38 300 |
| 漯河 | 2020 | 43 500 | 56 100 | 58 000 | 14 500 |
| | 2030 | 47 100 | 60 800 | 63 000 | 15 900 |
| 驻马店 | 2020 | 99 300 | 129 200 | 132 100 | 32 800 |
| | 2030 | 105 200 | 140 400 | 143 600 | 38 400 |

注：根据文献 93 整理而成

　　运用模糊综合评价法对上述 10 城市的水资源承载力进行分析，依据承载力分级标准（表 7-12）可知，上述 10 个城市中，承载力在准不可承载等级即四级的依次为新乡市、开封市、焦作市、濮阳市，即以上 4 个城市的水资源承载能力较差但基本满足用水需求。处于三级可承载的依次有鹤壁、安阳、漯河、许昌、郑州及驻马店，以上 6 个城市的水资源承载状况为水环境质量有所提高，区域缺水问题得到解决；其中鹤壁市和安阳市虽然是在三级范围内，但非常接近四级准不可承载的范围，因此形势也很严峻；而郑州市、驻马店市的综合评价结果分别为 0.422 和 0.481，比较接近二级良好可承载状况。

**表 7-12　水资源承载力评价指数分级标准**

| 等级 | 取值范围 | 承载状况 | 承载程度描述 |
|---|---|---|---|
| Ⅴ级 | 0 | 不可承载 | 水资源矛盾极为突出，承载能力差，无法满足用水需求 |
| Ⅳ级 | [0，0.25] | 准不可承载 | 承载能力较差但基本满足用水需求 |
| Ⅲ级 | [0.25，0.5] | 可承载 | 水资源较丰富，区域缺水问题得到解决 |
| Ⅱ级 | [0.5，0.75] | 良好可承载 | 水资源丰富，水利设施齐全 |
| Ⅰ级 | [0.75，1] | 理想可承载 | 水资源与生态、经济、社会协调发展，成为该区域发展的优势资源 |

## 7.2.2　废水及主要污染物排放情况

2015 年，全省工业和城镇生活废水排放量为 43.35 亿 t，其中工业废水排放量为 12.98 亿 t，城镇生活废水排放量为 30.35 亿 t，主要污染物化学需氧量排放量为 128.72 万 t，比 2014 年削减 2.4%，其中农业化学需氧量排放量 75.32 万 t，比 2014 年削减 1.8%；氨氮排放量为 13.43 万 t，比 2014 年削减 3.1%，其中农业氨氮排放量 5.77 万 t，比 2014 年削减 2.9%。农村生活污水净化沼气池 521 个。各地级市水污染物排放情况见表 7-13。

**表 7-13　2015 年河南省各地级市废水及水污染排放强度**　　单位：t/hm$^2$

| | 废水 | COD | 氨氮 |
|---|---|---|---|
| 郑州市 | 2 384.50 | 0.30 | 0.04 |
| 开封市 | 514.01 | 0.19 | 0.02 |
| 洛阳市 | 697.99 | 0.15 | 0.02 |
| 平顶山市 | 687.49 | 0.23 | 0.02 |
| 安阳市 | 471.05 | 0.19 | 0.02 |
| 鹤壁市 | 823.18 | 0.36 | 0.03 |
| 新乡市 | 722.62 | 0.17 | 0.02 |
| 焦作市 | 1 563.74 | 0.25 | 0.02 |
| 濮阳市 | 583.09 | 0.17 | 0.01 |
| 许昌市 | 577.22 | 0.16 | 0.02 |
| 漯河市 | 676.98 | 0.21 | 0.02 |
| 三门峡市 | 874.51 | 0.13 | 0.02 |
| 南阳市 | 288.36 | 0.10 | 0.01 |

（续表）

| | 废水 | COD | 氨氮 |
|---|---|---|---|
| 商丘市 | 326.82 | 0.16 | 0.01 |
| 信阳市 | 201.69 | 0.09 | 0.01 |
| 周口市 | 327.93 | 0.14 | 0.02 |
| 驻马店市 | 222.85 | 0.14 | 0.01 |
| 济源市 | 1 038.51 | 0.22 | 0.03 |
| 全省 | 533.45 | 0.16 | 0.02 |

注：根据文献 46 数据计算得出

### 7.2.3 地表水环境

2015 年，全省地表水水质级别为中度污染。全省 83 个地表水省控监测断面中，水质符合Ⅰ~Ⅲ类标准的断面为 36 个，占 43.4%；符合Ⅳ类标准的断面有 20 个，占 24.1%；符合Ⅴ类标准的断面有 8 个，占 9.6%；水质为劣Ⅴ的断面有 19 个，占 22.9%。与 2014 年相比，Ⅰ~Ⅲ类监测断面减少 1 个，Ⅳ类水质监测断面减少 2 个，Ⅴ类水质监测断面增加 4 个，劣Ⅴ类水质断面减少 1 个。

#### 7.2.3.1 淮河流域

该流域水质级别为中度污染，主要污染因子为化学需氧量、总磷和五日生化需氧量。竹竿河、臻头河、沙河、北汝河、澧河水质级别为优；淮河干流、狮河、史灌河、涡河水质级别为良好；潢河、白露河、汝河、泉河、黑茨河、大沙河水质级别为轻度污染；洪河、颍河、大沙河、贾鲁河、清潩河水质级别为中度污染；双泊河、黑河、惠济河、包河、沱河仍为重度污染。

在 46 个监测断面中，水质符合Ⅰ~Ⅲ类标准的断面为 17 个，占 37.0%；符合Ⅳ类标准的断面有 13 个，占 28.3%；符合Ⅴ类标准的断面有 6 个，占 13.0%；水质为劣Ⅴ类的断面有 10 个，占 21.7%。与 2014 年相比，Ⅰ~Ⅲ类监测断面减少 2 个，Ⅳ类水质监测断面持平，Ⅴ类水质监测断面增加 4 个，劣Ⅴ类水质断面减少 2 个。

#### 7.2.3.2 海河流域

该流域水质级别为重度污染，主要污染因子为氨氮、总磷和五日生化需氧量。淇河水质级别继续保持"优"，安阳市河水质级别为轻度污染，马颊河水质级别为重度污染，卫和、汤河、共产主义渠水质污染级别为重度污染。

在 11 个监测断面中，水质符合 I ~ III 类标准的断面为 2 个，占 18.2%；无符合 IV 类水质标准的断面；符合 V 类标准的断面有 2 个，占 18.2%；水质为劣 V 类的断面有 7 个，占 63.6%。与 2014 年相比，I ~ III 类、劣 V 类水质监测断面持平，IV 类水质监测断面减少 2 个；V 类水质监测断面增加 2 个。

### 7.2.3.3 黄河流域

该流域水质级别为轻度污染，主要污染因子为石英类、化学需氧量和氨氮。黄河干流、洛河、伊河水质级别为优；宏农涧河、天然文岩渠、蟒河、沁河水质级别为轻度污染；金堤河水质级别为重度污染。

19 个监测断面中，水质符合 I ~ III 类标准的断面为 12 个，占 63.2%；符合 IV 类水质标准的断面有 5 个，占 26.3%；无符合 V 类标准的断面；水质为劣 V 类的断面有 2 个，占 10.5%。与 2014 年相比，I ~ III 类水质监测断面增加 1 个，IV 类水质监测断面持平；V 类水质监测断面减少 2 个，劣 V 类水质监测断面增加 1 个。

### 7.2.3.4 长江流域

该流域水质级别为良好，老灌河水质级别为优，白河、唐河、湍河水质级别为良好。

7 个监测断面中，水质符合 I—III 类标准的断面为 5 个，占 71.4%；符合 IV 类水质标准的断面有 2 个，占 28.6%；无符合 V 类、劣 V 类标准的断面。与 2014 年相比，I ~ III 类、IV 类、V 类、劣 V 类水质监测断面持平。

### 7.2.3.5 城市集中式饮用水源地

2015 年全省省辖市、省直管县（市）共监测 55 个集中式饮用水源地，其中省辖市地表地表型饮用水源地 15 个，地下型饮用水水源地 26 个，省直管县（市）地表型饮用水源地 4 个，地下型饮用水水源地 10 个。根据国家有关标准，全省省辖市集中饮用水源地水质级别为良好，驻马店市、信阳市、许昌市、三门峡市、鹤壁市、周口市、南阳市 7 个城市集中饮用水源地水质级别为优；濮阳市、平顶山市、商丘市、郑州市、洛阳市、新乡市、开封市、济源市、安阳市、焦作市、漯河市 11 个城市集中饮用水源地水质级别为良。与 2014 年相比，省辖市集中饮用水源地水质基本稳定，其中周口市、南阳市水质级别由良变优，其他 16 个省辖市水质级别无变化。

2015 年全省省直管县（市）集中饮用水源地水质级别为良好，新蔡县、巩义市、邓州市、长垣县 4 直管县（市）集中饮用水源地水质级别为优；汝州市、兰考县、永城市、滑县、固始县、鹿邑县 6 个直管县（市）集中饮用水源地水质级别为良。与 2014 年相比，省辖市集中饮用水源地水质基本稳定，其中巩义、长垣水质级别由良变优，兰考由优变良，其他 7 个直管县（市）水质级别无变化。

### 7.2.3.6　水库

2015 年，全省水库总体水质较好。在监控的 23 座大中型水库中，洛阳市故县水库水质达到 I 类标准；洛阳市陆浑水库、白龟山水库、南阳市鸭河口水库、丹江口水库、鲇鱼山水库、信阳市南湾水库、驻马店市板桥水库等水质复合 II 类水质标准；郑州市尖岗水库、白沙水库，平顶山市昭平台水库、孤石滩水库、石漫滩水库、济源市小浪底水库、三门峡市窄口水库、泼河水库、五岳水库，石山口水库、薄山水库、宋家场水库 20 座水库水质达到 III 类标准；三门峡市水库水质符合 IV 类标准；安阳市彰武水库、五岳水库水质为 V 类标准；驻马店市宿鸭湖水库水质为劣 V 类标准。应该指出的是，安阳市彰武水库总磷为 V 类标准外，其他均为 II 类标准；三门峡市水库除化学需氧量、总磷为 IV 类外，其他均复合 III 类标准；五岳水库总磷为 V 类标准外，其他均为 III 类标准；宿鸭湖水库水质总磷劣 V 类、石油类为 IV 类外，其他因子均符合 III 类标准。

### 7.2.4　地下水硝酸盐污染

2007 年，对河南省全省范围内 223 个点位的地下水硝酸盐含量进行了调查，硝酸盐含量最高达到 222.4mg/kg，平均为 9.5mg/kg，I 类、II 类、III 类、IV 类和 V 类分布频率依次为 42.2%、9.4%、36.8%、4.9% 和 6.7%，大约有 50% 的点位不可用作生活饮用水。

# 7.3　大气环境

根据我国环境空气质量标准 GB 3095—2012，农业生产区域空气需要满足二级标准。但由于受监测点位等影响，县、乡监测点极少，鉴于空气的流动性，城市大气污染监测点也可部分代表农业生产区域大气情况。空气质量是否达标采用方程 7-7 计算。

$$I_{ij} = C_i / C_s \qquad\qquad 7\text{-}7$$

式中：$I_{ij}$ 为某环境因子指数，$C_i$ 为某一环境因子实测值，$C_s$ 为某一环境因子的标准值，根据《环境影响评价技术导则——大气环境》的相关要求，若 $I_{ij} > 1$，则为超标。

## 7.3.1 大气环境质量

2015 年，按照《环境空气质量标准》（GB3095—2012）标准中细颗粒物 $PM_{2.5}$、可吸入颗粒物 $PM_{10}$、二氧化硫、二氧化氮、臭氧和一氧化碳六项因子进行评价，全省城市空气环境质量首要污染物为 $PM_{2.5}$。省辖市城市环境空气质量级别总体为中污染，其中信阳市环境空气质量级别为轻污染，其他 17 个城市均为中污染。省直管县（市）环境空气质量总体为轻污染，其中永城、鹿邑、兰考、邓州、新蔡、长垣、固始 7 个县市均为轻度污染，其他 3 个县市环境空气质量级别为中污染。

18 个省辖市的 $PM_{2.5}$ 浓度年均值均超二级标准，年均浓度由低到高依次为鹤壁市、信阳市、洛阳市、开封市、南阳市、三门峡市、驻马店市、济源市、商丘市、漯河市、濮阳市、许昌市、周口市、焦作市、平顶山市、安阳市、新乡市、郑州市。10 个直管县（市）$PM_{2.5}$ 浓度年均值均超二级标准，年均浓度由低到高依次为新蔡、邓州、永城、长垣、固始、鹿邑、兰考、滑县、汝州、巩义。

18 个省辖市的 $PM_{10}$ 浓度年均值均超二级标准，年均浓度由低到高依次为信阳市、商丘市、鹤壁市、周口市、洛阳市、济源市、驻马店市、开封市、漯河市、许昌市、三门峡市、南阳市、濮阳市、平顶山市、焦作市、安阳市、新乡市、郑州市。10 个省直管县（市）的 $PM_{10}$ 浓度年均值均超二级标准，年均浓度由低到高依次为鹿邑、新蔡、长垣、兰考、永城、邓州、固始、滑县、巩义、汝州。

18 个省辖市城市中，二氧化硫浓度年均值达到一级标准的为信阳市、周口市 2 个城市，达到二级标准的为南阳市、商丘市、濮阳市、开封市、许昌市、郑州市、漯河市、驻马店市、洛阳市、鹤壁市、新乡市、三门峡市、焦作市、平顶山市、安阳市 15 个城市，超二级标准的为济源市。10 个省直管县（市）城市中，二氧化硫浓度年均值达到一级标准的为兰考，达到二级标准为邓州、永城、滑县、固始、鹿邑、长垣、新蔡、汝州 8 个城市，超二级标准的为巩义市。

全省 18 省辖市城市中，二氧化氮浓度年均值达到二级标准的城市（年均浓度由低到高排序）依次为周口市、南阳市、信阳市、驻马店市、商丘市、漯河市、济源市 7 个城市，超二级标准的城市（浓度由低到高排序）依次为开封市、洛阳市、濮阳市、三门峡市、平顶山市、许昌市、鹤壁市、焦作市、安阳市、新乡市、郑州市 11 个城市。所有省直管县（市）城市中，二氧化氮浓度年均值达到二级标准（年均浓度由低到高排序）依次为永城、鹿邑、邓州、固始、滑县、长垣、汝州、兰考、新蔡9个县（市），超二级标准的为巩义市。

鉴于空气的流动性和监测结果，河南省全省省辖市和省直管县（市）的$PM_{2.5}$、$PM_{10}$均超过国家二级标准值，这意味着该省大气环境质量成为限制该省农业、尤其是发展有机种植业的重要限制因子。

## 7.3.2 大气污染物排放量

2015年河南省废气排放量为36 292.45亿 $m^3$，二氧化硫排放量为114.43万 t，较2014年减排4.5%；氮氧化物排放量为126.24万 t，较2014年减排11.2%；烟（粉）尘排放量为84.61万 t，较2014年减排4.1%（表7-14）。

**表7-14  2015年河南省各地级市大气污染物排放强度**  单位：$t/hm^2$

| 区域名称 | $SO_2$ | NOx | 烟（粉）尘 |
| --- | --- | --- | --- |
| 郑州市 | 0.39 | 0.52 | 0.29 |
| 开封市 | 0.15 | 0.10 | 0.09 |
| 洛阳市 | 0.34 | 0.27 | 0.13 |
| 平顶山市 | 0.37 | 0.26 | 0.34 |
| 安阳市 | 0.26 | 0.27 | 0.37 |
| 鹤壁市 | 0.36 | 0.34 | 0.16 |
| 新乡市 | 0.13 | 0.16 | 0.07 |
| 焦作市 | 0.28 | 0.47 | 0.23 |
| 濮阳市 | 0.09 | 0.19 | 0.09 |
| 许昌市 | 0.14 | 0.18 | 0.07 |
| 漯河市 | 0.09 | 0.10 | 0.04 |
| 三门峡市 | 0.57 | 0.37 | 0.22 |
| 南阳市 | 0.06 | 0.08 | 0.03 |
| 商丘市 | 0.05 | 0.07 | 0.06 |
| 信阳市 | 0.04 | 0.05 | 0.03 |
| 周口市 | 0.03 | 0.10 | 0.03 |
| 驻马店市 | 0.04 | 0.05 | 0.03 |
| 济源市 | 0.68 | 0.82 | 1.02 |
| 全省 | 0.14 | 0.16 | 0.10 |

注：根据文献46数据计算得出

# 7.4 工业固体废物

2015 年全省一般工业固体废物产生量为 14 722.47 万 t，较 2014 年降低 7.5%，综合利用量为 11 456.11 万 t，一般工业固体废物综合利用率为 77.8%，较 2014 提高 1%。2014 年一般工业固体废物处置量为 2 786.10 万 t，一般工业固体废物贮存量为 561.23 万 t，无一般工业固体废物丢弃。

# 7.5 生态环境

河南省森林覆盖率呈现逐年增加趋势，由 2005 年的 16.2%增加到 2010 年的 20.2%，2015 年更是达到 23.6%；但湿地面积减少速度较快，由 2005 年的 110.87 万 $hm^2$ 降低到 2015 年的 62.79 万 $hm^2$。

全国主体功能区规划按照开发方式，分为优先开发区域、重点开发区域、限制开发区域和禁止开发区域。优先开发区域和重点开发区域都属于城市化地区，开发内容总体上相同，只不过是开发强度和开发方式不同。限制开发区域分为农产品主产区和重点生态功能区，其中农产品主产区耕地较多，农业发展条件较好，增强农业综合生产能力作为其主要任务；重点生态功能区的生态系统脆弱或者生态功能重要，资源环境承载力较低，增强生态产品生产能力为其主要任务。禁止开发区是依法设立的各级各类自然文化资源保护区域，以及其他禁止进行工业化城镇化开发，需要特殊保护的重点生态功能区。因此本书主要介绍河南省的重点生态功能区和禁止开发区。

## 7.5.1 重点生态功能区

江河源头区、重要水源涵养区、水土保持的重点预防保护区和重点监督区、江河洪水调蓄区、防风固沙区和重要渔业水域等重要生态功能区，在保护流域、区域生态平衡，减轻自然灾害，确保国家和地区生态环境安全方面具有重要作用。在全国生态功能区划里划定的 50 个重要生态功能区中，河南省有 4 个，分别为大别山水源涵养重要区、桐柏山淮河源水源涵养重要区、丹江口库区水源涵养重要区和太行山地土壤保持重要区，占地面积达到 22 343.43 $km^2$。在重要生态功能保护区内，有选择地划定一定面积予以重点保护和限制开发建设的区域。建立生态功能保护区，保护区域重要生态功能，对于防止和减轻自然灾害、协调流域及区域生态保护与经济社会发展、保障国家和地方生态安全具有重要意义。

河南省重点生态功能区包括国家级和省级 2 个层面，包括 13 个县市区，该区域国土面积 3.15 万平方公里，占全省国土面积的 19.02%。

国家级重点生态功能区包括大别山土壤侵蚀防治区范围内的新县、商城县 2 县全域。该区域国土面积 0.37km²，占全省国土面积的 2.21%，该区域人口 115.27 万人，占全省总人口的 1.0%。

省级重点生态功能区包括淅川县、西峡县、卢氏县、栾川县、内乡县、邓州市、桐柏县、嵩县、罗山县、光山县、信阳市浉河区 11 个县市区，该区域国土面积 2.78 万平方公里，占全省国土总面积的 16.81%。该区域人口 772.39，占全省总人口的 7.2%。省级重点生态功能区分为水源涵养型、水土保持型和生物多样性维护型三种。具体分为太行山生态功能区（水土保持型）、伏牛山生态功能区（生物多样性维护型）、大别山水土保护生态功能区（水土保持型）、丹江口水库水源涵养区（水源涵养型）、桐柏山水源涵养功能区（水源涵养型）。

## 7.5.2 禁止开发区

禁止开发区要依据法律法规规定和相关规划实施强制性保护，严格控制人为因素对自然生态和文化自然遗产原真性、完整性的干扰，严禁不符合主体功能定位的开发活动，引导人口逐步有序转移，实现污染物"零排放"，提高环境质量。禁止开发区包括自然保护区、世界文化自然遗产、风景名胜区、森林公园、地质公园等。

### 7.5.2.1 自然保护区

截至 2015 年，河南省共有国家级、省级、县级自然保护区 33 个，面积为 740 679.88hm²，其中县级 2 个，占地 1 400hm²；省级 19 个，占地面积 302 364.38hm²；国家级 12 个，占地面积 436 915.5hm²。河南省自然保护区个数占全国 2 740 个的 1.2%，保护面积占全国总面积 147 万 km² 的 0.5%，自然保护区面积占辖区总面积比重为 4.5%。自然保护区分布情况见图 7-5。

### 7.5.2.2 风景名胜区

截至日前，国家共批准成立国家级风景名胜区 244 处。河南省有 10 个，面积达到 1 285.69km²。另外还有省级风景名胜区 23 个。涉及的资源类型有山岳类、生物景观类、纪念地类、壁画石窟类、历史圣地类、特殊地貌类、江河类、特殊地貌类、湖泊类。风景名胜区的分布情况见图 7-6。

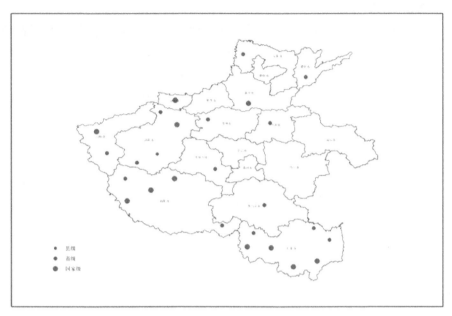

**图 7-5  河南省自然保护区分布**

（数据来自文献 47、123）

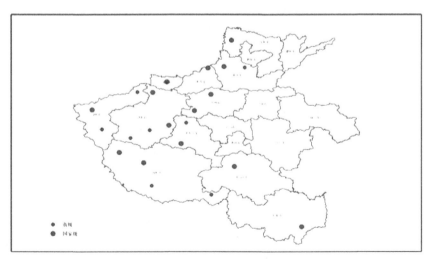

**图 7-6  河南省风景名胜区分布**

（数据来自文献 47、123）

### 7.5.2.3  森林公园

截至 2015 年底, 国家共批准成立国家森林公园 826 处, 其中河南省有 31 处, 全国国家森林公园占地面积 10 845 491.71hm², 河南省省级森林公园 78 个, 占地面积 133 331.63hm²。森林公园分布情况见图 7-7。

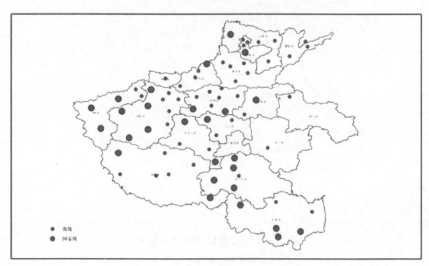

**图 7-7  河南省森林公园分布**

(数据来自文献 42、47)

### 7.5.2.4  地质公园

中国国家地质公园是以具有国家级特殊地质科学意义, 较高的美学观赏价值的地质遗迹为主体, 并融合其他自然景观与人文景观而构成的一种独特的自然区域, 由国家行政管理部门组织专家审定, 由国土资源部正式批准授牌的地质公园。截至 2015 年年底, 中国国土资源部分七批批准建立国家地质公园 204 个, 其中河南省有 15 个, 另外还有省级地质公园 8 个。地质公园分布情况见图 7-8。

### 7.5.2.5  世界文化遗产

2000 年 11 月 世界遗产大会通过河南省洛阳市龙门石窟入选世界文化遗产名录。洛阳市龙门石窟位于洛阳市东南, 分布于伊水两岸的崖壁上, 南北长达 1km。龙门石窟始凿于北魏年间, 先后营造 400 多年。现存窟龛 2 300 多个, 雕像 10 万余尊, 是我国古代雕刻艺术的典范之作。占地面积 13.73km²。

2006 年 7 月 13 日, 第 30 届世界遗产大会通过中国安阳市殷墟入选世界文化遗产名录。中国安阳市殷墟即中国商代后期都城遗址, 包括商代宗庙宫

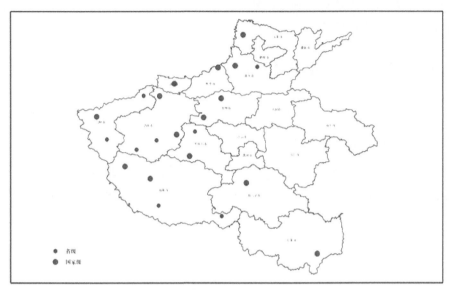

**图7-8 河南省地质公园分布**

(数据来自文献42)

室遗址、王陵遗址和商城遗址等部分。殷墟位于河南省安阳市区西北小屯村一带，距今已有3 300多年历史，其占地面积约24km²，是中国历史上有文献可考、并为甲骨文和考古发掘所证实的最早的古代都城遗址。

2010年7月31日世界文化遗产大会通过河南省登封天地之中古建筑群入选世界文化遗产名录。登封"天地之中"历史建筑群包括周公测景台和登封观星台、嵩岳寺塔、太室阙和中岳庙、少室阙、启母阙、嵩阳书院、会善寺、少林寺建筑群等8处11项优秀历史建筑，历经汉、魏、唐、宋、元、明、清，绵延不绝。登封"天地之中"历史建筑群占地面积158.3km²。

### 7.5.2.6　国家重要湿地

根据《中国重要湿地名录》，河南省有2个重要湿地，分别是豫北黄河故道沼泽区湿地和三门峡市库区湿地。

## 7.5.3　外来生物入侵

根据国家公布的外来入侵生物物种名单，现在在河南省可以见到的外来物种约有17种，其中植物物种有12种，即反枝苋、钻叶紫菀、三叶鬼针草、小蓬草（加拿大飞蓬）、一年蓬、刺苍耳、园叶牵牛、垂序商陆、藿香蓟、大狼杷草、野燕麦、刺苋；外来动物有5种，即巴西龟、罗非鱼、悬铃木方翅网蝽、克氏原螯虾、强大小蠹。

# 7.6 农业环境评价初步结果

本书分别用第二章介绍的两种权重确定法对河南省农业环境进行评价。

## 7.6.1 基于层次分析法农业环境评价

本书将农业环境评价分为三个层次，即目标层、准则层和指标层。

### 7.6.1.1 构造判断矩阵，计算一致性指标（$CI$）和一致性比率（$CR$)

（1）目标层—准则层

$CI = 0.027$，$CR = 0.046 < 0.1$。

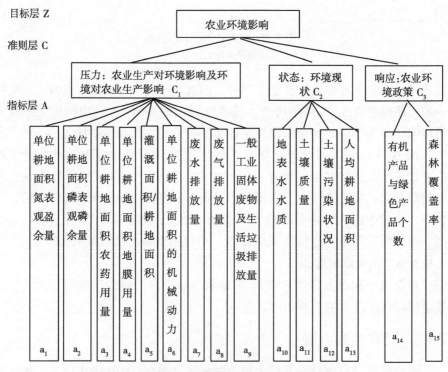

图7-9 研究区水资源承载能力评价的层次结构

表 7-15　Z—C 判断矩阵

| Z | $C_1$ | $C_2$ | $C_3$ | W |
|---|---|---|---|---|
| $C_1$ | 1 | 3 | 3 | 0.594 |
| $C_2$ | 1/3 | 1 | 2 | 0.249 |
| $C_3$ | 1/3 | 1/2 | 1 | 0.157 |

（2）准则层—指标层

$CI = 0.087$，$CR = 0.059 < 0.1$。

表 7-16　C1—A 判断矩阵

| $C_1$ | $a_1$ | $a_2$ | $a_3$ | $a_4$ | $a_2$ | $a_6$ | $a_7$ | $a_8$ | $a_9$ | W |
|---|---|---|---|---|---|---|---|---|---|---|
| $a_1$ | 1 | 2 | 2 | 1 | 1 | 1 | 2 | 2 | 2 | 0.159 |
| $a_2$ | 1/2 | 1 | 2 | 1 | 1 | 1 | 2 | 2 | 2 | 0.137 |
| $a_3$ | 1/2 | 1/2 | 1 | 1 | 1 | 1 | 2 | 2 | 2 | 0.117 |
| $a_4$ | 1 | 1 | 1 | 1 | 1 | 1 | 2 | 2 | 2 | 0.137 |
| $a_2$ | 1 | 1 | 1 | 1 | 1 | 1 | 0.5 | 0.5 | 0.5 | 0.086 |
| $a_6$ | 1 | 1 | 1 | 1 | 1 | 1 | 0.5 | 0.5 | 0.5 | 0.086 |
| $a_7$ | 0.5 | 0.5 | 0.5 | 0.5 | 2 | 2 | 1 | 1 | 1 | 0.093 |
| $a_8$ | 0.5 | 0.5 | 0.5 | 0.5 | 2 | 2 | 1 | 1 | 1 | 0.093 |
| $a_9$ | 0.5 | 1/2 | 0.5 | 0.5 | 2 | 2 | 1 | 1 | 1 | 0.093 |

$CI = 0.040$，$CR = 0.045 < 0.1$。

表 7-17　C2—A 判断矩阵

| $C_2$ | $A_{11}$ | $A_{12}$ | $A_{13}$ | $A_{14}$ | W |
|---|---|---|---|---|---|
| $a_{10}$ | 1 | 1 | 1 | 1 | 0.243 |
| $a_{11}$ | 1 | 1 | 2 | 2 | 0.343 |
| $a_{12}$ | 1 | 1/2 | 1 | 2 | 0.243 |
| $a_{13}$ | 1 | 1/2 | 1/2 | 1 | 0.172 |

至于响应指标的有机及绿色产品个数和森林覆盖率指标，我们认为同等重要，对于二阶矩阵不进行一致性检验。

表 7-18　层次总排序权值

| $C$ $a$ | $C_1$ 0.594 | $C_2$ 0.249 | $C_3$ 0.157 | 总权重 |
|---|---|---|---|---|
| $a_1$ | 0.159 | 0.000 | 0.000 | 0.094 |
| $a_2$ | 0.137 | 0.000 | 0.000 | 0.081 |
| $a_3$ | 0.117 | 0.000 | 0.000 | 0.069 |
| $a_4$ | 0.137 | 0.000 | 0.000 | 0.081 |
| $a_2$ | 0.086 | 0.000 | 0.000 | 0.051 |
| $a_6$ | 0.086 | 0.000 | 0.000 | 0.051 |
| $a_7$ | 0.093 | 0.000 | 0.000 | 0.055 |
| $a_8$ | 0.093 | 0.000 | 0.000 | 0.055 |
| $A_9$ | 0.093 | 0.000 | 0.000 | 0.055 |
| $A_{10}$ | 0.000 | 0.243 | 0.000 | 0.061 |
| $A_{11}$ | 0.000 | 0.343 | 0.000 | 0.085 |
| $A_{12}$ | 0.000 | 0.243 | 0.000 | 0.061 |
| $A_{13}$ | 0.000 | 0.172 | 0.000 | 0.043 |
| $A_{14}$ | 0.000 | 0.000 | 0.500 | 0.079 |
| $A_{15}$ | 0.000 | 0.000 | 0.500 | 0.079 |

总排序的一致性检验：$CR = 0.083/0.906 = 0.092 < 0.1$，满足一致性要求。

### 7.6.1.2　综合评价结果

为了消除指标量纲的影响，运用层次分析法获得权重进行综合评价时候，要对数据进行标准化处理，标准化处理方法见方程 2-11、方程 2-12。本书将压力类指标称为农业环境的负向指标，而状态类指标、响应类指标为农业环境的正向指标。

应用上述获得的权重进行评价，结果见表 7-19。从表 7-19 中可以看出，郑州市、平顶山市、焦作市、安阳市面临的农业环境压力较大，驻马店市、信阳市、洛阳市的农业环境压力较小；从农业环境现状来看，新乡市、焦作市农业环境现状较好，郑州市、开封市、濮阳市、许昌市的农业环境相对较差；周口市、漯河市、开封市对农业环境保护重视程度还有待于提高；总体上看，南阳市、洛阳市、三门峡市、信阳市、驻马店市的农业环境状况总体较好，郑州市、安阳市、平顶山市和焦作市的农业环境保护工作还需要进一步努力。

**表 7-19　2015 年河南省各地级市农业环境评价结果**

| 区域名称 | 压力指数 | 状态指数 | 响应指数 | 综合指数 |
|---|---|---|---|---|
| 郑州市 | 0.467 | 0.395 | 0.523 | 0.458 |
| 开封市 | 0.651 | 0.474 | 0.077 | 0.516 |
| 洛阳市 | 0.726 | 0.648 | 0.479 | 0.668 |
| 平顶山市 | 0.433 | 0.514 | 0.213 | 0.419 |
| 安阳市 | 0.495 | 0.615 | 0.121 | 0.466 |
| 鹤壁市 | 0.602 | 0.590 | 0.131 | 0.525 |
| 新乡市 | 0.553 | 0.759 | 0.221 | 0.552 |
| 焦作市 | 0.441 | 0.703 | 0.289 | 0.483 |
| 濮阳市 | 0.569 | 0.475 | 0.194 | 0.487 |
| 许昌市 | 0.649 | 0.491 | 0.197 | 0.538 |
| 漯河市 | 0.654 | 0.581 | 0.099 | 0.549 |
| 三门峡市 | 0.670 | 0.694 | 0.373 | 0.629 |
| 南阳市 | 0.679 | 0.669 | 0.875 | 0.707 |
| 商丘市 | 0.604 | 0.578 | 0.160 | 0.528 |
| 信阳市 | 0.735 | 0.537 | 0.431 | 0.638 |
| 周口市 | 0.699 | 0.644 | 0.082 | 0.588 |
| 驻马店市 | 0.769 | 0.652 | 0.161 | 0.644 |

## 7.6.2　基于熵权法农业环境评价

运用熵权法计算的熵值和权重见表 7-20，测算的各个区域农业环境综合指数见表 7-21。从表 7-21 中可以看出南阳市、新乡市、洛阳市的农业环境综合评价数值较大，即农业环境较好，郑州市、平顶山市、安阳市和焦作市的农业环境指数值较小，综合评价结果稍差。

**表 7-20　评价指标的熵权法权重**

| 指标 | $a_1$ | $a_2$ | $a_3$ | $a_4$ | $a_2$ | $a_6$ | $a_7$ | $a_8$ |
|---|---|---|---|---|---|---|---|---|
| 熵值 $e_j$ | 0.969 | 0.971 | 0.961 | 0.972 | 0.917 | 0.931 | 0.972 | 0.921 |
| 权重 $w_j$ | 0.030 | 0.028 | 0.038 | 0.028 | 0.081 | 0.068 | 0.027 | 0.077 |

| 指标 | $a_9$ | $a_{10}$ | $a_{11}$ | $a_{12}$ | $a_{13}$ | $a_{14}$ | $a_{15}$ |
|---|---|---|---|---|---|---|---|
| 熵值 $e_j$ | 1.000 | 1.000 | 0.945 | 0.729 | 0.952 | 0.840 | 0.899 |
| 权重 $w_j$ | 0.000 | 0.000 | 0.054 | 0.265 | 0.047 | 0.157 | 0.099 |

**表 7-21　河南省各地市农业环境评价结果**

| 区域名称 | 农业环境指数 | 区域名称 | 农业环境指数 | 区域名称 | 农业环境指数 |
|---|---|---|---|---|---|
| 郑州市 | 0.299 | 新乡市 | 0.569 | 南阳市 | 0.568 |
| 开封市 | 0.339 | 焦作市 | 0.268 | 商丘市 | 0.319 |
| 洛阳市 | 0.538 | 濮阳市 | 0.305 | 信阳市 | 0.475 |
| 平顶山市 | 0.294 | 许昌市 | 0.345 | 周口市 | 0.340 |
| 安阳市 | 0.257 | 漯河市 | 0.313 | 驻马店市 | 0.412 |
| 鹤壁市 | 0.265 | 三门峡市 | 0.467 | | |

与层次分析法预测结果比较，熵权法对新乡市和三门峡市的评价结果稍有变化，但两种权重确定法都认为郑州市、平顶山市、安阳市和焦作市的农业环境稍差，南阳市和洛阳市农业环境较好，表明评价结果还是可靠的。另外，农业环境的好坏具体分级指标，还没有统一认识。因此本书也仅是基于农业环境指数值的高低进行简单描述，具体分级指标还需要进一步研究确定。

# 8 农业环境保护法律政策研究

"一种奇怪的寂静笼罩了这个地方。比如说鸟儿都到那儿去了呢？许多人谈论着它们，感到迷惑和不安。院中鸟儿寻食的地方冷落了。在一些地方仅能见到的几只鸟儿也气息奄奄，它们战栗得很厉害，飞不起来……"

雷彻尔·卡逊《寂静的春天》

## 8.1 我国农业环境保护政策的演变

1962 年，美国作家 Carson 出版了《寂静的春天》一书，唤起了政府、公众、科学研究等各界人士对农业环境保护的重视，我国也不例外。本文试从国内环境保护政策以及国外农业生产发展角度阐述我国农业环境保护政策的演变过程。我国农业环境保护政策演变可分为 3 个阶段。

### 8.1.1 农业环境政策的萌芽阶段（1949—1978）

新中国成立后，随着国民经济的恢复和发展，环境问题也日趋严重。1958 年到 1960 年的"大跃进"时期，由于不顾环境条件发展工业，加上防治措施没有跟上，一些地方的环境受到污染，自然资源特别是森林资源遭到了比较严重的破坏。1966 年到 1976 年的"文化大革命"不仅使国民经济到了崩溃的边缘，环境污染和生态破坏也达到了严重程度。周恩来总理在听取了我国参加联合国第一次人类环境会议代表团的汇报之后，针对我国当时的环境状况指出，对环境问题再也不能放任不管了，应当把它提到国家的议事日程上来。1973 年中华人民共和国国务院成立环保领导小组及其办公室，同年召开第一次全国环境保护会议，提出了"全面规划、合理布局、综合利用、化害为利、依靠群众、大家动手、保护环境、造福人民"的环境保护工作方针，颁布了新中国第一个环境保护文件《关于保护和改善环境的若干规定（试行草案）》，提出了关于植树造林、土壤和植物保护、环境监测、环境保护科学研究以及宣传教育等多项关于环境保护的政策措施，会议还通过了我国第一个环境标准《工业"三废"排放试行标准》。1974 年 5 月，国务院成立了环境保护领导小组。此后，国家又陆续颁布了一些治理环境污染的规章、制度，在全国开展"三废"治理和环保教育。1974 年 12 月 15 日，国务院环境保护领导小组发出（74）国环办字 1 号文件。该文件要求农林部组织制定污水灌溉和渔业用水的水质标准，组织制定安全、合理使用农药的规定，组织各地区制定绿化造林规划等资源的管理、制定或修改保护条例。1978 年 3 月 5 日颁布的《宪法》明确规定"国家保护环境和资源资源，防治污染和其他公害。"总体上说，该阶段的环境保护更多地是关注工业化生产废物利用，对于农业环境污染问题已有初步认识，环境保护工作进入了法制建设时期。

## 8.1.2　农业环境保护逐步重视阶段（1979—2001）

该阶段以农业部于 1979 年 7 月 1 日发出《农业部关于农业环境污染情况和加强农业环境保护工作的意见》和 1979 年 9 月 13 日五届人大常委会第十一次会议通过《中华人民共和国环境保护法》（试行）为起始标志，以 2001 年 11 月 10 日我国签立《中华人民共和国加入 WTO 议定书》、农业生产发展与国际接轨以及正式实施《中华人民共和国环境影响评价法》为结束标志。

该阶段我国农产品市场供求关系发生重大变化，粮食等主要农产品由长期短缺转化为总量基本平衡，丰年有余，卖方市场转化为买方市场。由于经济发展，人民生活水平的提高，人们的消费结构发生了较大的变化，农产品出现了结构性剩余。该阶段我国农业生产以追求农产品数量、解决农产品短缺为目标，强调以发展生产为主；对农业环境问题有所认识，且对农业环境治理的迫切性认识逐步深化。如《中华人民共和国国民经济和社会发展第六个五年规划》指出，1985 年的粮食、棉花、油料、糖料、烤烟、肉类产量要达到 36 000 万 t、360 万 t、1 050 万 t、4 670 万 t、130 万 t 和 1 460 万 t，分别较 1980 年增加 12.3%、33%、36.5%、60.4%、80.1%和 21%，且明确指出要增加施肥数量，也提出了要进行环境保护工作，但主要是针对工业领域的。《中华人民共和国国民经济和社会发展第七个五年规划》指出，1990 年的粮食、油料、糖料、肉类、奶类和蛋类产量较 1985 年增长 12.0%、42.0%、40.0%、19.7%、1.97%和 65.0%，此次发展规划明确提出保护江河、湖泊、水库和沿海水质和保护农村环境，而不是整个农业环境。《中华人民共和国国民经济和社会发展第八个五年规划》指出，1995 年的粮食、棉花、油料、糖料产量达到 4.55 亿 t、475 万 t、1 800 万 t 和 7 500 万 t，分别较"七五"时期年增加 820 万 t、12 万 t、56 万 t、250 万 t，1995 年肉类产量达到 3 000 万 t、较 1990 年增加 200 万 t。1982—1986 年连续 5 年每年发布的中共中央国务院一号文件（简称中央一号文件，全书同）都是为了解放农业生产力，满足人们生活需求为主。5 个文件中"环境"一词出现 7 处，要求进行农业资源调查工作。1986 年的中央一号文件提出了"制定严格控制非农建设占用耕地的条例，小城镇规划、建设、管理条例，以及水土保持和农村环境保护的具体措施"。

### 8.1.2.1　出台了体系比较完善的农业环境保护法律法规

该阶段我国出台了体系比较完善的农业环境保护法律法规（表 8-1）、涉及农业环境保护的立法基础、土地、水、森林、草原、野生动物、渔业、农业固体废物利用、农业环境保护技术推广、破环环境的刑事犯罪处罚等。1979年 9 月，中国颁布了建国以来第一部综合性的环境保护基本法——《中华人民共和国环境保护法（试行）》，该法没有设置农业环境条款，其第二章、第三章中涉及土壤、水、森林、草原、野生动植物保护、农药利用等。该法指出，在进行新建、改建和扩建过程中，必须提出环境影响报告书，经环境保护主管部门和其他有关部门审查批准后才能进行设计，这标志着我国环境影响评价制度正式确立。1989 年 12 月颁布的《中华人民共和国环境保护法》第二十条规定：各级人民政府应当加强对农业环境的保护，防治土壤污染、土地沙化、盐渍化、贫瘠化、沼泽化、地面沉降和防治植被破坏、水土流失、水源枯竭、种源灭绝以及其他生态失调现象的发生和发展，推广植物病虫害的综合防治、合理使用化肥、农药和植物激素。1982 年《中华人民共和国宪法》规定：国家保障自然资源的合理利用，保护珍贵的动物和植物。禁止任何组织或者个人用任何手段侵占或者破坏自然资源。国家保护和改善生活环境和生态环境，防治污染和其他公害。这为农业环境及其环境因子的保护立法奠定了基础。而 1979 年 7 月 1 日通过的《中华人民共和国刑法》专设破坏环境资源保护罪，为环境保护保驾护航。1983 年 12 月，国务院召开了第二次全国环境保护会议，明确提出保护环境是我国的一项基本国策。

表 8-1　我国 1979—2001 年颁布实施主要的农业环境保护法律法规

| 序号 | 法律名称 | 发布（修订）时间 |
| --- | --- | --- |
| 1 | 中华人民共和国宪法 | 1982 年 12 月 4 日 |
| 2 | 中华人民共和国刑法 | 1979 年 12 月 26 日 |

| 序号 | 法律名称 | 发布（修订）时间 |
|---|---|---|
| 3 | 中华人民共和国环境保护法（试行） | 1979 年 9 月 13 日 |
| 4 | 中华人民共和国环境保护法 | 1989 年 7 月 1 日 |
| 5 | 中华人民共和国草原法 | 1985 年 6 月 18 日 |
| 6 | 中华人民共和国防沙治沙法 | 2001 年 8 月 31 日 |
| 7 | 中华人民共和国固体废物污染环境防治法 | 1995 年 10 月 30 日 |
| 8 | 中华人民共和国森林法 | 1984 年 9 月 20 日<br>1998 年 4 月 29 日（修订） |
| 9 | 中华人民共和国水法 | 1988 年 1 月 21 日 |
| 10 | 中华人民共和国水土保持法 | 1991 年 6 月 29 日 |
| 11 | 中华人民共和国水污染防治法 | 1984 年 5 月 11 日<br>1996 年 5 月 15 日（修订） |
| 12 | 中华人民共和国农业法 | 1993 年 7 月 2 日 |
| 13 | 中华人民共和国土地管理法 | 1986 年 6 月 25 日<br>1998 年 8 月 29 日（修订） |
| 14 | 中华人民共和国野生动物保护法 | 1988 年 11 月 8 日 |
| 15 | 中华人民共和国渔业法 | 1986 年 1 月 20 日<br>1989 年 12 月 26 日（修订） |
| 16 | 中华人民共和国自然保护区条例 | 1994 年 9 月 2 日 |
| 17 | 中华人民共和国矿产资源法 | 1986 年 3 月 19 日<br>1996 年 8 月 29 日（修订） |
| 18 | 基本农田保护条例 | 1998 年 12 月 27 日 |
| 19 | 中华人民共和国农业技术推广法 | 1993 年 7 月 2 日 |
| 20 | 中华人民共和国河道管理条例 | 1988 年 6 月 3 日 |
| 21 | 农药管理条例 | 1997 年 5 月 8 日 |

### 8.1.2.2 密集出台了一系列农业环境保护政策、部门规章

1982 年 6 月农牧渔业部、卫生部发布了第一个农业环境规章《农药安全使用规定》，将农药分为高毒、中等毒、低毒 3 类。1984 年 5 月国务院做出关于环境保护工作的决定，指出"要认真保护农业生态环境，积极推广生态农业，防止农业环境的污染和破坏。"1988 年 12 月国务院发布了《国务院关于重视和加强有机肥料工作的指示》（国发〔1988〕83 号）。1989 年国家环境保护局制定《化学农药环境安全评价试验准则》。1992 年我国开始

有计划有组织实行农村生态环境保护目标责任制，对农药、化肥、秸秆都有明确的控制标准和相应措施。1995 年农业部起草了部门规章《农药环境安全管理办法》，1996 年起草了《化学农药环境安全评价准则》。其后，国家环保总局、农业部等 6 部联合发布了《关于严禁焚烧秸秆保护生态环境的通知》《秸秆焚烧和综合利用管理办法》，与多市联合签订《农作物秸秆综合利用和禁烧协议书》。2000 年 6 月农业部发布了《肥料登记管理办法》。国家环境保护总局于 2001 年先后发布了《畜禽养殖污染防治管理办法》等。

### 8.1.2.3 相继出台了农业环境相关国家标准

1983 年颁布国家《地面水环境质量标准》，规定 V 类水可用于农业区。1984 年公布了国家《农用污泥中污染物控制标准》，1985 年公布了国家《农田灌溉水水质标准》，1987 年实行的国家《农用粉煤灰中污染物控制标准》，1988 年公布国家《保护农作物的大气污染物最高允许浓度》，1989 年出台国家《农药安全使用标准》，1992 颁布了国家《渔业水质标准》，1995 年出台了国家《土壤环境质量标准》等。国家环境保护总局于 2001 年先后发布了《畜禽养殖业污染防治技术规范》《畜禽养殖业污染物排放标准》。

### 8.1.2.4 我国农业环境政策开始与国际接轨

2001 年 11 月 10 日，世界贸易组织第四届部长级会议（卡塔尔多哈会议）审议通过了中国加入世贸组织的申请，我国正式成为世贸组织成员。世贸组织乌拉圭回合农业协定将农业政策分为"绿箱""黄箱"和"蓝箱"三类，其中"绿箱"政策是不会引起贸易扭曲被免于消减承诺的措施，分为由公共基金或财政开支所提供的一般性农业生产服务、自然灾害救济补贴等 10 种，其中就包括环境科研、环保项目、农业生产条件改善、病虫害控制、农业技术推广等。

## 8.1.3 农业环境保护高度重视阶段（2002 至今）

此阶段我国粮食等主要农产品由长期短缺转化为总量基本平衡，丰年有余，人民生活水平不断提高，人们的消费结构发生了较大的变化，农产品出现了结构性剩余；同时，耕地减少、土地沙化、水资源紧张、生态环境恶化等制约农业和农村可持续发展的环境问题越来越突出。该阶段重视农业生产，让"中国人的饭碗要端在自己手上"，也高度重视农业环境保护工作，由上阶段农业环境保护以行政、法律手段为主变为行政、法律、技术、经济等多种手段并用。

### 8.1.3.1 对1979—2001年制定的农业环境保护法律法规进行了修订，并补充了一些新的法律法规，使得农业环境保护法律法规体系更加完善

对1979—2001年制定的农业环境保护法律法规进行了修订，并补充了一些新的法律法规，使得农业环境保护法律法规体系更加完善（表8-2），涉及土地、水、森林、草原、野生动物、渔业、农业固体废物利用、农业环境保护技术推广等，还增加了环境影响评价以及畜牧、畜禽养殖等。2014年4月颁布的《中华人民共和国环境保护法》第三十三条规定：各级人民政府应当加强对农业环境的保护，促进农业环境保护新技术的使用，加强对农业污染源的监测预警，统筹有关部门采取措施，防治土壤污染和土地沙化、盐渍化、贫瘠化、石漠化、地面沉降以及防治植被破坏、水土流失、水体富营养化、水源枯竭、种源灭绝等生态失调现象，推广植物病虫害的综合防治。第四十九条规定：各级人民政府及其农业等有关部门和机构应当指导农业生产经营者科学种植和养殖，科学合理施用农药、化肥等农业投入品，科学处置农用薄膜、农作物秸秆等农业废弃物，防止农业面源污染。禁止将不符合农用标准和环境保护标准的固体废物、废水施入农田。施用农药、化肥等农业投入品及进行灌溉，应当采取措施，防止重金属和其他有毒有害物质污染环境。畜禽养殖场、养殖小区、定点屠宰企业等的选址、建设和管理应当符合有关法律法规规定。从事畜禽养殖和屠宰的单位和个人应当采取措施，对畜禽粪便、尸体和污水等废弃物进行科学处置，防止污染环境。县级人民政府负责组织农村生活废弃物的处置工作。该法第五十条规定：各级人民政府应当在财政预算中安排资金，支持农村饮用水水源地保护、生活污水和其他废弃物处理、畜禽养殖和屠宰污染防治、土壤污染防治和农村工矿污染治理等环境保护工作。更为重要的是明确了保护环境是国家的基本国策，并将生态文明建设列为该法的立法目的，强调了生态保护红线，该法第二十九条规定：国家在重点生态功能区、生态环境敏感区和脆弱区等区域划定生态保护红线，实行严格保护。各级人民政府对具有代表性的各种类型的自然生态系统区域，珍稀、濒危的野生动植物自然分布区域，重要的水源涵养区域，具有重大科学文化价值的地质构造、著名溶洞和化石分布区、冰川、火山、温泉等自然遗迹，以及人文遗迹、古树名木，应当采取措施予以保护，严禁破坏。该法第三十条规定：开发利用自然资源，应当合理开发，保护生物多样性，保障生态安全，依法制订有关生态保护和恢复治理方案并予以实施。引进外来物种以及研究、开发和利用生物技术，应当采取措施，防止对生物多样性的破坏。第三十一条规定：国家建立、健全生态保护补偿制度。

国家加大对生态保护地区的财政转移支付力度。有关地方人民政府应当落实生态保护补偿资金，确保其用于生态保护补偿。国家指导受益地区和生态保护地区人民政府通过协商或者按照市场规则进行生态保护补偿。

表 8-2  我国 2001 至今年颁布（修订）实施主要的农业环境保护法律法规

| 序号 | 法律名称 | 发布时间 |
|------|----------|----------|
| 1 | 中华人民共和国环境影响评价法 | 2002 年 10 月 28 日<br>2016 年 7 月 2 日（修订） |
| 2 | 中华人民共和国环境保护法 | 2014 年 4 月 24 日（修订） |
| 3 | 中华人民共和国清洁生产促进法 | 2002 年 6 月 29 日 |
| 4 | 中华人民共和国水法 | 2002 年 8 月 29 日（修订）<br>2009 年 8 月 27 日（修订）<br>2016 年 7 月 2 日（修订） |
| 5 | 中华人民共和国水土保持法 | 2010 年 12 月 25 日（修订） |
| 6 | 中华人民共和国水污染防治法 | 2008 年 2 月 28 日（修订） |
| 7 | 中华人民共和国循环经济促进法 | 2008 年 8 月 29 日 |
| 8 | 中华人民共和国野生动物保护法 | 2004 年 8 月 28 日（修订）<br>2016 年 7 月 2 日（修订） |
| 9 | 中华人民共和国渔业法 | 1989 年 12 月 26 日（修订） |
| 10 | 中华人民共和国固体废物污染环境防治法 | 2004 年 12 月 29 日（修订）<br>2013 年 6 月 29 日（修订） |
| 11 | 土地复垦条例 | 2011 年 2 月 22 日 |
| 12 | 中华人民共和国草原法 | 2002 年 12 月 28 日（修订） |
| 13 | 中华人民共和国环境保护税法 | 2016 年 12 月 25 日 |
| 14 | 中华人民共和国城乡规划法 | 2007 年 10 月 28 日 |
| 15 | 中华人民共和国农业法 | 2002 年 12 月 28 日（修订）<br>2009 年 8 月 27 日（修订）<br>2012 年 12 月 28 日（修订） |
| 16 | 中华人民共和国农业技术推广法 | 2012 年 8 月 31 日（修订） |
| 17 | 中华人民共和国畜牧法 | 2005 年 12 月 29 日 |
| 18 | 畜禽规模养殖污染防治条例 | 2013 年 10 月 8 日 |
| 19 | 风景名胜区条例 | 2006 年 9 月 6 日 |
| 20 | 全国污染源普查条例 | 2007 年 10 月 9 日 |

### 8.1.3.2 相继出台了一系列农业环境部门规章和保护政策

2007 年 11 月 13 日，环保总局、国家发改委、农业部、建设部、卫生部、水利部、国土资源部、林业局《关于加强农村环境保护工作的意见》（国办发〔2007〕63 号）指出，着力解决农村饮用水水源地环境保护和水质改善、农村生活污染治理、农村地区工业污染、畜禽与水产养殖污染、农业面源污染、农村土壤污染和村自然生态保护农村环境等农村突出环境问题。2011 年 11 月 15 日，环境保护部印发《关于进一步加强农村环境保护工作的意见》（环发〔2011〕29 号）。2013 年 3 月 28 日国家林业局令第 32 号公布、2017 年 12 月 5 日国家林业局令第 48 号修改的《湿地保护管理规定》第二十九条规定：除法律法规有特别规定的以外，在湿地内禁止从事下列活动：（一）开（围）垦、填埋或者排干湿地；（二）永久性截断湿地水源；（三）挖沙、采矿；（四）倾倒有毒有害物质、废弃物、垃圾；（五）破坏野生动物栖息地和迁徙通道、鱼类洄游通道，滥采滥捕野生动植物；（六）引进外来物种；（七）擅自放牧、捕捞、取土、取水、排污、放生；（八）其他破坏湿地及其生态功能的活动。第三十条规定：建设项目应当不占或者少占湿地，经批准确需征收、占用湿地并转为其他用途的，用地单位应当按照"先补后占、占补平衡"的原则，依法办理相关手续。临时占用湿地的，期限不得超过 2 年；临时占用期限届满，占用单位应当对所占湿地限期进行生态修复。2017 年 9 月 25 日环境保护部、农业部共同制定了《农用地土壤环境管理办法（试行）》，该管理办法第十六条规定：省级农业主管部门会同环境保护主管部门，按照国家有关技术规范，根据土壤污染程度、农产品质量情况，组织开展耕地土壤环境质量类别划分工作，将耕地划分为优先保护类、安全利用类和严格管控类，划分结果报省级人民政府审定，并根据土地利用变更和土壤环境质量变化情况，定期对各类别农用地面积、分布等信息进行更新，数据上传至农用地环境信息系统。2005 年国务院出台的《关于落实科学发展观加强环境保护的规定》（国发〔2005〕39 号）指出：开展全国土壤污染状况调查和超标耕地综合治理，污染严重且难以修复的耕地应依法调整；合理使用农药、化肥，防治农用薄膜对耕地的污染；积极发展节水农业与生态农业，加大规模化养殖业污染治理力度。推进农村改水、改厕工作，搞好作物秸秆等资源化利用，积极发展农村沼气，妥善处理生活垃圾和污水，解决农村环境"脏、乱、差"问题，创建环境优美乡镇、文明生态村。2010 年 2 月 8 日，环境保护部发布《农村生活污染防治技术政策》（环发〔2010〕20 号），旨在推动社会主义新农村建设，保护和改善农村环境，防治农村生活污染。2015 年年初，农业部印发了《农业部关于打好农业面源污染防治攻坚战的实施意见》（农科教发［2015］1 号），从源头削减、过程控制、末端治理的全过程入手，提出了 7 项重点任务、6 项治理措施，明确了 8 项保障措施。2015 年 3 月 18 日，农业部印发《到 2020 年化肥使用量零增长行动方案》（农农发［2015］2 号）和《到 2020 年农药使用量零增长行动方案》（农农发［2015］2 号）。2015 年 11 月 6 日，农业部印发《耕地质量保护与提升行动方案》（农农发［2015］2 号）。2013 年 9 月 10 日，国务院印发了《大气污染防治行动计划》（国发［2013］37 号）。2015 年 4 月 2 日，国务院印发了《水污染防治行动计划》（国发［2015］17 号）。2016 年 5 月 28 日，国务院印发了《土壤污染防治行动计划》（国发［2016］31 号）。

　　2004 年，中共中央再一次以 1 号文件的形式强调"三农问题"是全党工作的重中之重，此后连续 14 年的中央 1 号文件都是关于"三农问题"的，与时俱进地强调农业环境保护重点。例如，2004 年强调"要着力支持主产区特别是中部粮食产区重点建设旱涝保收、稳产高产基本农田。扩大沃土工程实施规模，不断提高耕地质量。加强大宗粮食作物良种繁育、病虫害防治工程建设，强化技术集成能力，优先支持主产区推广一批有重大影响的优良品种和先进适用技术。围绕农田基本建设，加快中小型水利设施建设，扩大农田有效灌溉面积，提高排涝和抗旱能力"和"要实行世界上最严格的耕地保护制度"。2005 年强调坚决实行最严格的耕地保护制度，切实提高耕地质量；加大土壤肥力调查和监测工作力度，尽快建立全国耕地质量动态监测和预警系统，为农民科学种田提供指导和服务。改革传统耕作方法，发展保护性耕作。推广测土配方施肥，推行有机肥综合利用与无害化处理，引导农民多施农家肥，增加土壤有机质；加强农田水利建设。2006 年要大力开发节约资源和保护环境的农业技术，重点推广废弃物综合利用技术、相关产业链接技术和可再生能源开发利用技术。制定相应的财税鼓励政策，组织实施生物质工程，推广秸秆气化、固化成型、发电、养畜等技术，开发生物质能源和生物基材料，培育生物质产业。积极发展节地、节水、节肥、节药、节种的节约型农业，鼓励生产和使用节电、节油农业机械和农产品加工设备，努力提高农业投入品的利用效率。加大力度防治农业面源污染，首次提出防治农业面源污染。2007 年鼓励发展循环农业、生态农业，有条件的地方可加快发展有机农业。继续推进天然林保护、退耕还林等重大生态工程建设，进一步完善政策、巩固成果。启动石漠化综合治理工程，继续实施沿海防护林工程。完善森林生态效益补偿基金制度，探索建立草原生态补偿机制。加快实施退牧还草工程。加强森林草原防火工作。加快长江、黄河上中游和西南石灰岩等地区水土流失治理，启动坡耕地水土流失综合整治工程。加强农村环境保护，减少农业面源污染，搞好江河湖海的水污染治理。2009年提出把粮食生产、农民增收、耕地保护、环境治理、和谐稳定作为考核地方特别是县（市）领导班子绩效的重要内容。2017年实施耕地、草原、河湖休养生息规划。开展土壤污染状况详查，深入实施土壤污染防治行动计划，继续开展重金属污染耕地修复及种植结构调整试点。扩大农业面源污染综合治理试点范围。加大东北黑土地保护支持力度。推进耕地轮作休耕制度试点，合理设定补助标准。支持地方重点开展设施农业土壤改良，增加土壤有机质。扩大华北地下水超采区综合治理范围。加快新一轮退耕还林还草工程实施进度。上一轮退耕还林补助政策期满后，将符合条件的退耕还生态林分别纳入中央和地方森林生态效益补偿范围。继续实施退牧还草工程。推进北方农牧交错带已垦草原治理。实施湿地保护修复工程。

### 8.1.3.3　提高和拓展了我国环境影响评价制度

一是制订了《中华人民共和国环境影响评价法》，根据该法，对土地利用规划、设区的市级以上农业发展规划、全国渔业发展规划、全国畜牧业发展规划以及全国草原建设利用规划等应该编制环境影响篇章或者环境影响说明，未编写有关环境影响篇章的或者说明的规划草案，审批机关不予审批；而设区的市级以上种植业规划、省级及设区的市级渔业发展规划、省级及设区的市级渔业发展规划、省级及设区的市级草原建设利用规划等应该编制环境影响报告书；根据建设项目对环境的影响程度，对建设项目的环境影响评价实行分类管理。建设单位应当按照规定组织编制环境影响报告书、环境影响报告表或者填报环境影响登记表，其中对年出栏生猪 5 000 头（其他畜禽种类折合猪的养殖规模）及以上或涉及环境敏感区的的建设项目；或者年屠宰生猪 10 万头（或者 100 万只禽类）及以上的、年加工 20 万吨及以上的乳制品、生活垃圾（含餐厨废弃物）集中处置、垦殖 5 000 亩以上或垦殖涉及环境敏感区、新建 5 万亩及以上或改造 30 万亩及以上的灌区工程等建设项目应该编制环境影响报告书。

二是自 2004 年 4 月 1 日起在全国实施环境影响评价工程师职业资格制度，对从事环境影响评价工作的有关人员提出了更高的要求，环境影响评价工程师共分 11 个类别，其中就有农林水利类别。

#### 8.1.3.4 生态文明建设受到前所未有的重视

在前期实施退耕还林还草、退田还湖、天然林保护、草原建设等生态工程，在 2000 年 11 月 26 日，国务院就公布了《全国生态环境保护纲要》（国发〔2000〕38 号），2008 年环境保护总局颁布了《全国生态功能区划》（环发〔2008〕92 号）、《全国生态脆弱区保护规划纲要》《国家重点生态功能保护区规划纲要》（环发〔2007〕165 号）。2012 年 11 月召开的党的十八大，把生态文明建设纳入中国特色社会主义事业"五位一体"总体布局，首次把"美丽中国"作为生态文明建设的宏伟目标。党的十八大审议通过的《中国共产党章程（修正案）》将"中国共产党领导人民建设社会主义生态文明"写入党章，作为行动纲领；党的十八届三中全会提出加快建立系统完整的生态文明制度体系，确定建立生态环境损害责任追究制；党的十八届四中全会要求用严格的法律制度保护生态环境。2015 年 4 月 25 日，中共中央、国务院发布了《中共中央国务院关于加快推进生态文明建设的意见》（中发〔2015〕12 号），强调树立底线思维，设定并严守资源消耗上限、环境质量底线、生态保护红线，将各类开发活动限制在资源环境承载能力之内，合理设定资源消耗的"天花板"，加强能源、水、土地等战略资源管控，继续实施水资源开发利用控制、用水效率控制、水功能区限制纳污三条红线管理。划定永久基本农田，严格实施永久保护，对新增建设用地占用耕地规模试行总量控制，落实耕地占补平衡，确保耕地数量不下降、质量不降低，2015 年 9 月 11 日，中共中央政治局会议审议通过的《生态文明体制改革总体方案》指出，建立以绿色生态为导向的农业补贴制度，加快制订和完善相关技术标准和规范，加快推进化肥、农药、农膜减量化以及畜禽养殖废弃物资源化和无害化，鼓励生产使用可降解地膜。完善农作物秸秆综合利用制度，健全化肥农药包装物、农膜回收贮运加工网略。采取财政和村集体补贴、住户付费、社会资本参与的投入运营机制，加强农村污水和垃圾处理等环保设施建设。采取政府购买服务等多种扶持措施，培育发展各类形式的农业面源污染治理、农村污水垃圾处理市场主体。2017 年 10 月 18 日召开的党的十九大指出，要加快生态文明体制改革，建设美丽中国，具体措施是：推进绿色发展，着力解决土壤、农业面源等突出环境问题，加大生态系统保护力度和改革生态环境监管体制。

#### 8.1.3.5 实施了农业环境保护补贴

2014 年 4 月颁布的《中华人民共和国环境保护法》第三十一条规定：国家建立、健全生态保护补偿制度。国家加大对生态保护地区的财政转移支付力度。有关地方人民政府应当落实生态保护补偿资金，确保其用于生态保护补偿。国家指导受益地区和生态保护地区人民政府通过协商或者按照市场规则进行生态保护补偿。

2016 年国家强农惠农政策共有 52 项，涉及农业环境保护的政策有种养业废弃物资源化利用支持政策、农村沼气建设支持政策、渔业资源保护补助政策、退耕还林还草支持政策、畜牧标准化规模养殖支持政策、草原生态保护补助奖励政策、加强高标准农田建设支持政策、耕地保护与质量提升补助政策、化肥与农药零增长支持政策、耕地轮作休耕试点政策、测土配方施肥补助政策，约占总农业政策的 20%。2017 年国家强农惠农政策共有 31 项，涉及农业环境保护的政策有草原生态保护补助奖励、发展南方现代草地畜牧业、耕地保护与质量提升、农作物秸秆综合利用试点、渔业增殖放流和减船转产、畜禽粪污资源化处理、推广地膜清洁生产技术、果菜茶有机肥替代化肥行动、河北地下水超采综合治理、湖南重金属污染耕地综合治理等 10 项。2018 年国家强农惠农政策共有 37 项，涉及农业环境保护的政策有草原生态保护补助奖励、发展南方现代草地畜牧业、耕地保护与质量提升、东北黑土地保护利用、农作物秸秆综合利用试点、渔业增殖放流和减船转产、长江流域重点水域禁捕、畜禽粪污资源化处理、推广地膜清洁生产技术、果菜茶有机肥替代化肥行动、河北地下水超采综合治理、重金属污染耕地综合治理等12 项。

为更好利用农业资源与生态保护补助资金，2014 年 6 月，国家财政部、农业部出台了《中央财政农业资源及生态保护补助资金管理办法》。2017 年财政部、农业部对上述办法进行了修订，出台了《农业资源及生态保护补助资金管理办法》，该法第四条确定农业资源及生态保护补助资金主要用于耕地质量提升、草原禁牧补助与草畜平衡奖励（直接发放给农牧民，下同）、草原生态修复治理、渔业资源保护等支出方向。第五条确定耕地质量提升支出主要用于支持东北黑土地保护利用、测土配方施肥、农作物秸秆综合利用等方面。

### 8.1.3.6 制订了相对完善的环境监管体制

一是 2014 年 4 月颁布的《中华人民共和国环境保护法》专设"信息公开和公众参与"一章，另法律责任得到强化。信息公开和公众参与的主要内容有 6 条。第五十三条规定：公民、法人和其他组织依法享有获取环境信息、参与和监督环境保护的权利。各级人民政府环境保护主管部门和其他负有环境保护监督管理职责的部门，应当依法公开环境信息、完善公众参与程序，为公民、法人和其他组织参与和监督环境保护提供便利。第五十四条规定：国务院环境保护主管部门统一发布国家环境质量、重点污染源监测信息及其他重大环境信息。省级以上人民政府环境保护主管部门定期发布环境状况公报。县级以上人民政府环境保护主管部门和其他负有环境保护监督管理职责的部门，应当依法公开环境质量、环境监测、突发环境事件以及环境行政许可、行政处罚、排污费的征收和使用情况等信息。县级以上地方人民政府环境保护主管部门和其他负有环境保护监督管理职责的部门，应当将企业事业单位和其他生产经营者的环境违法信息记入社会诚信档案，及时向社会公布违法者名单。第五十五条规定：重点排污单位应当如实向社会公开其主要污染物的名称、排放方式、排放浓度和总量、超标排放情况，以及防治污染设施的建设和运行情况，接受社会监督。第五十六条规定：对依法应当编制环境影响报告书的建设项目，建设单位应当在编制时向可能受影响的公众说明情况，充分征求意见。负责审批建设项目环境影响评价文件的部门在收到建设项目环境影响报告书后，除涉及国家秘密和商业秘密的事项外，应当全文公开；发现建设项目未充分征求公众意见的，应当责成建设单位征求公众意见。第五十七条规定：公民、法人和其他组织发现任何单位和个人有污染环境和破坏生态行为的，有权向环境保护主管部门或者其他负有环境保护监督管理职责的部门举报。公民、法人和其他组织发现地方各级人民政府、县级以上人民政府环境保护主管部门和其他负有环境保护监督管理职责的部门不依法履行职责的，有权向其上级机关或者监察机关举报。接受举报的机关应当对举报人的相关信息予以保密，保护举报人的合法权益。第五十八条规定：对污染环境、破坏生态，损害社会公共利益的行为，符合下列条件的社会组织可以向人民法院提起诉讼：（一）依法在设区的市级以上人民政府民政部门登记；（二）专门从事环境保护公益活动连续五年以上且无违法记录。符合前款规定的社会组织向人民法院提起诉讼，人民法院应当依法受理。提起诉讼的社会组织不得通过诉讼牟取经济利益。

二是国家开始环境保护督察。我国环境督查改为督察，习近平总书记2015年7月主持召开中央全面深化改革领导小组第十四次会议时强调，建立环保督察工作机制是建设生态文明的重要抓手，要强化环境保护党政同责和一岗双责的要求，对问题突出的地方追究有关单位和个人责任。2015年7月1日，中央全面深化改革领导小组第十四次会议审议通过了《环境保护督察方案（试行）》。2016年1月4日，由环保部牵头，中纪委、中组部的相关领导参加的中央环保督察组亮相，首站选择河北进行督察。2016年7

月 19 日，经党中央、国务院批准，2016 年第一批中央环境保护督察工作全面启动。

### 8.1.4 不足之处

#### 8.1.4.1 农业生态环境保护立法不足

虽然说我国在生态环境保护工作取得了突出成绩，但是也应该看到，涉及农业环境保护建设的部分内容散见于农业、森林、草原、矿藏、河流、土地等环境要素或自然资源保护和污染防治的立法中，基本体现孤立保护单一环境要素的原则，并未协调形成保护农业环境的法律规范体系。这种分散立法与农业环境的整体性和系统性的特征不相适应。目前，吉林省、江苏省、黑龙江省、江西省、甘肃省、广东省、云南省、安徽省、山东省、湖北省、福建省、青海省等都颁布了农业环境保护管理条例（办法），表明已具备一定的立法基础，但还缺乏国内统一的农业生态环境保护法律，故建议国家层面制订《中华人民共和国农业环境保护法》。同时制订肥料养分、农药等施用标准。

#### 8.1.4.2 农业生态保护与环境污染治理投入不足

由于我国长期实行"谁污染，谁治理"的原则，导致在农业生态保护和环境污染治理过程中，国家把更多的责任放在污染的主体——业主身上，而忽略了其他主体的责任，这使得农业生态保护与环境污染防治的投入很难真正落实。而政府每年的生态保护和环境污染治理资金投入，主要用于城市和重工业企业的污染，划拨到农业生态保护和环境污染治理的投入甚少，而且这部分补贴一是涵盖范围小，二是不固定，年际间变化较大，难以实现全覆盖。国家需要建立相对稳定的、逐步增加的投入机制。

#### 8.1.4.3 农业生态环境保护意识薄弱

虽然习近平总书记多次就生态文明建设做出一系列陈述，"绿水青山就是金山银山"也耳熟能详，但是应该看到各级政府追求 GDP 的动力还在，如何正确处理经济发展与生态保护、环境污染治理的关系还存在一定误区，一些地方和部门对生态环境保护认识不到位，责任落实不到位，环境保护督察后的整改存在阳奉阴违、虚假瞒报等各种现象；即便是普通群众，由于追求生活富裕，认为环境保护和自己不想干，环境保护意识更加淡薄。也应该看到，《中华人民共和国环境保护法》专设"信息公开与公众参与"一章，对公众参与生态保护与环境污染治理、监督做出了规定，但实际上公众参与意识仍然淡薄，积极性不高，为此国家还应该加大生态保护与环境污染治理宣传，尤其是在中小学设立生态环境保护课程；鼓励公众举报生态环境违法事件；严格执法，对造成生态环境破坏的要公开审理、从严从快审结，达到"处罚一人、警示一群"的目的。

#### 8.1.4.4　农业生态环境保护政策与农业生产关系还有待于提高

农业生态环境保护政策应该与农业生产相互协调，即根据农业生产对生态环境影响程度确定相应的农业环境保护政策，或者说农业环境保护政策应该反映农业生产情况，可目前我国生态环境保护政策与农业生产之间的关系还有待于进一步改善，如我国蔬菜的施肥量是大田作物的数倍，是农业面源污染的重要源头，也是我国耕地发生次生障碍的重要类型区域，可我国却缺乏蔬菜化肥减施环境补贴支持；再如我国西南山地的坡耕地种植，为了减少水土流失面积，虽然国家采取了退耕还林，但仍有大量耕地存在，这些仍作为耕地的区域却缺少相应的农业环境支持保护政策。在未来，应该密切两者之间的关系，做到有的放矢。

## 8.2　河南省农业环境保护政策

改革开放以来，随着经济持续快速发展，河南省资源环境制约凸显，一些地方开发过度，导致耕地减少过快、生态系统整体功能退化，水资源的制约日益突出。南水北调等大型水利工程、西气东输、交通主干线等国家基础设施建设项目需要占用的国土空间越来越多。大气与地表水环境质量总体状况较差，污染物排放强度总体偏高，部分地方主要污染物排放量超过环境容量。河南省和全国一样，近年来对农业环境保护越来越重视，为保护农业环境，在执行国家法律法规的前提下，河南省近年来根据河南省的实际情况制订并颁布了一些地方法规和规章（表8-3）。例如，2015年制订的《河南省高标准粮田保护条例》专设"保护"一章，其第二十五条规定：县级以上人民政府应当采取以下措施，引导和鼓励农民种粮，保护高标准粮田面积不减少，提高粮食产量和种粮收益。（一）落实国家和省对种粮农民的各项惠农保粮政策，提高农民种粮积极性；（二）加大对高标准粮田项目县（市、区）的财政扶持力度；（三）完善土地流转办法，规范土地流转程序，鼓励适度规模生产，提高规模效益；（四）增加粮食产业科技投入，完善农技推广体系，鼓励和支持粮食应用性技术开发和推广；（五）加强粮食产业化经营，发展订单农业；（六）加强粮食生产社会化服务，在统防统治、统一供种、深耕深松、大型机械作业和秸秆处理等方面给予补贴支持；（七）推进农业金融保险支持粮食生产；（八）其他惠农保粮措施。第二十六条规定：县级人民政府应当对高标准粮田划定保护区，设立标志予以公告。任何单位和个人不得破坏或者擅自改变高标准粮田标志。第二十八条规定：高标准粮田一经确定，不得擅自改变用途。禁止任何单位和个人闲置、荒芜高标准粮田。第二十九条规定：禁止在高标准粮田内从事以下活动：（一）建窑、建房、采矿、取土、堆放固体废弃物；（二）盗窃、损毁高标准粮田内的水利、电力、道路、气象等设施；（三）擅自砍伐高标准粮田内的防护林；（四）发展林果业、从事规模化畜禽养殖和挖塘养鱼等活动；（五）排放可能造成污染的废水、废气和废渣。第三十条规定：在高标准粮田从事粮食生产的单位和个人应当科学施用农业投入品，保持和培肥地力。高标准粮田施用的肥料和作为肥料的垃圾、污泥应当符合国家有关标准。第三十一条规定：高标准粮田灌溉用水应当符合相应的水质标准。县级以上人民政府环境保护行政主管部门应当会同水行政主管部门加强对高标准粮田灌溉用水的水质监测。鼓励推广节水灌溉和水肥一体化等先进适用的农业生产技术。第三十三条规定：县级以上人民政府农业部门应当逐步建立高标准粮田地力长期定位监测网点，定期向本级人民政府提出高标准粮田地力变化状况报告以及相应的地力保护措施，并为农业生产者提供技术服务。第三十四条规定：县级以上人民政府农业部门应当会同同级环境保护主管部门对高标准粮田环境污染状况进行监测和评价，并向本级人民政府提出环境质量与发展趋势的报告。

表 8-3　河南省 2007 至今年颁布（修订）地方性的农业环境保护法规和规章

| 序号 | 法规和规章名称 | 发布时间 |
|------|----------------|----------|
| 1 | 河南省畜牧业条例 | 2016 年 4 月 7 日 |
| 2 | 河南省建设项目环境保护条例 | 1990 年 10 月 27 日<br>2006 年 12 月 1 日（修订）<br>2016 年 3 月 29 日（修订） |
| 3 | 河南省实施《中华人民共和国防洪法》办法 | 2000 年 7 月 29 日<br>2012 年 11 月 29 日（修订）<br>2016 年 3 月 29 日（修订） |
| 4 | 河南省实施《中华人民共和国种子法》办法 | 2012 年 11 月 29 日<br>2016 年 3 月 29 日（修订） |
| 5 | 河南省基本农田保护条例 | 1994 年 11 月 1 日<br>1999 年 9 月 24 日（修订）<br>2010 年 7 月 30 日（修订） |

（续表）

| 序号 | 法规和规章名称 | 发布时间 |
|---|---|---|
| 6 | 河南省高标准粮田保护条例 | 2015 年 5 月 27 日 |
| 7 | 河南省水污染防治条例 | 2009 年 11 月 27 日 |
| 8 | 河南省大气污染防治条例 | 2017 年 12 月 1 日 |
| 9 | 河南省减少污染物排放条例 | 2013 年 9 月 26 日 |
| 10 | 河南省固体废物污染环境防治条例 | 2011 年 9 月 28 日 |
| 11 | 河南省实施《土地管理法》办法 | 1999 年 9 月 24 日<br>2004 年 11 月 26 日（修订）<br>2009 年 11 月 27 日（修订） |
| 12 | 河南省节约用水管理条例 | 2004 年 5 月 28 日 |
| 13 | 河南省实施《中华人民共和国水土保持法》办法 | 2014 年 9 月 26 日 |

## 8.2.1　生态保护政策

在生态保护领域，《河南省人民政府办公厅关于健全生态保护补偿机制的实施意见》（豫政办〔2016〕184 号）明确了生态保护补偿主要领域和重点任务，指出建立以绿色生态为导向的农业生态治理补贴制度，对在地下水漏斗区、重金属污染区、生态严重退化地区实施耕地轮作休耕的农民给予资金补助。开展提升农田地力生态补偿试点，严格控制农药、化肥等投入量，鼓励引导农民施用有机肥料和低毒生物农药，防止耕地退化和土壤污染。开展耕地地力评价，优先对生产能力低、耕地质量差、污染严重的耕地进行投入品管控。扩大新一轮退耕还林规模，逐步将 25 度以上陡坡地、重要水源地 15~25 度坡耕地和严重沙化耕地退出基本农田，纳入退耕还林补助范围。还提出了建立生态保护补偿稳定投入机制、创新生态保护补偿政策协同机制、健全生态保护补偿长效机制和完善生态保护补偿保障机制。

河南省人民政府《关于公布河南省重点保护植物名录的通知》（豫政〔2005〕1 号）指出，河南省重点保护植物有团羽铁线蕨、蛾眉蕨、过山蕨、荚果蕨、东方荚果蕨、巴山冷杉、铁杉、白皮松、高山柏、三尖杉、中国粗榧、湖北鹅耳枥、铁木、华榛、米心水青冈、石栎、胡桃楸、青钱柳、大果榉、青檀、大果榆、领春木、河南省蓼、紫斑牡丹、杨山牡丹、矮牡丹、金莲花、铁筷子、灵宝翠雀、河南翠雀、黄连、黄山木兰、望春花、朱砂玉兰、野八角、黄心夜合、猴樟、川桂、天竺桂、大叶楠、紫楠、竹叶楠、山楠、天目木姜子、黄丹木姜子、豹皮樟、黑壳楠、河南山胡椒、枫香、山白树、杜仲、红果树、椤木石楠、太行花、河南海棠、金钱槭、枫叶槭、重齿槭、飞蛾槭、七叶树、天师栗、珂楠树、暖木、铜钱树、河南省猕猴桃、紫茎、陕西紫茎、银鹊树、刺楸、大叶三七、河南杜鹃、太白杜鹃、灵宝杜鹃、玉铃花、芬芳安息香、蝟实、太行菊、万年青、七叶一枝花、延龄草、扇脉杓兰、毛杓兰、大花杓兰、天麻、独花兰、霍山石斛、细茎石斛、细叶石斛、曲茎石斛、河南石斛、建兰、多花兰、绞股蓝、大果冬青、冬青、独根草等96种。

河南省人民政府印发《河南省主体功能区划规划的通知》（豫政办〔2014〕12号）指出，构建以"三区十基地"为主体的农产品主产区战略格局。构建以城市近郊都市高效农业区、黄淮海平原和南阳盆地优质粮食生产核心区、豫南豫西豫北山丘区生态绿色农业区为主体，以区域特色农业基地为依托的现代农业布局。大力发展京广铁路沿线、南阳盆地、豫东平原和豫西、豫南浅山丘陵区的生猪产业基地，豫西南和豫东平原肉牛产业基地，沿黄地区和豫东、豫西南"一带两片"奶业基地，豫北、豫东肉禽和豫南水禽产业基地。建设形成郑州、许昌、洛阳、豫东开封商丘、豫南南阳信阳、豫北濮阳安阳花卉产业基地，中心城市郊区、传统优势区域和重要交通干线沿线地区蔬菜产业基地，大别桐柏和伏牛丹江茶产业基地，豫西、豫南高标准林果产业基地，沿黄河、淮河、淇河水产基地，豫西和豫西南中药材基地。构建以"四区三带"为主体的生态安全战略格局。建设桐柏大别山地生态区、伏牛山地生态区、南太行生态区、平原生态涵养区，构建横跨东西的黄河滩区生态涵养带、沿淮生态走廊和纵贯南北的南水北调中线生态保护带，形成"四区三带"的区域生态格局。

## 8.2.2 土壤保护政策

在土壤保护领域，河南省人民政府《关于印发河南省清洁土壤行动计划的通知》（豫政〔2017〕13号）指出，要严格监管各类土壤污染源，包括强化工矿企业环境监管、加强工业固体废物处理处置、防治农业面源污染和加强生活污染控制；从建设农用地分类管理清单、优先保护质量较好耕地、积极推进耕地安全利用、全面实施耕地严格管控和加强林地园地土壤环境管理等方面着手，保障农用地土壤环境保护与安全利用。同时提出了未污染土地保护、土壤污染治理与修复等方面的措施。

河南省人民政府令第152号《河南省耕地质量管理办法》第十条规定：县级以上人民政府应当组织有关行政主管部门和单位，开展中低产田改造、农业综合开发、土地整治、土地复垦、土壤修复、地力培肥、防风固土固沙农田防护林建设等工作，逐步提高耕地质量。第十三条规定：鼓励和支持耕地使用者采用测土配方施肥、施用有机肥、种植绿肥、水肥一体化、秸秆还田、合理的深耕深松少免耕结合技术，提高耕地质量，增强农业综合生产能力。第十四条规定：耕地使用者应当合理利用耕地，防止耕地环境质量退化，在耕种过程中科学、合理、安全使用农业投入品，降低耕地中农药残留和重金属积累的污染风险，及时清理、回收农用薄膜等废弃物。第十五条规定：禁止向耕地及农田沟渠中排放有毒有害工业、生活废水和未经处理的养殖小区畜禽粪便；禁止占用耕地倾倒、堆放城乡生活垃圾、建筑垃圾、医疗垃圾、工业废料及废渣等废弃物。第十六条规定：生产、销售、使用的肥料等农业投入品应当达到国家或者行业标准，用作肥料或者肥料原料使用的生活垃圾、污泥应当符合国家或者地方标准。耕地灌溉用水应当符合国家农田灌溉水质标准。

## 8.2.3 水环境保护政策

在水环境保护领域，河南省人民政府办公厅《关于确保污水处理设施正常运营的意见》（豫政办〔2006〕109号）指出，严格实施城市排水许可制度。环保部门要加大对城市工业企业排放水质的监督和监测，确保其达标排放；对不能达标的企业，由环保部门加收排污费。建设部门要加强对排入城市污水处理收集系统的水质、水量进行监测和检查，严格实行排水许可制度，保证城市污水处理设施正常运营和污水处理达标排放。《河南省人民政府办公厅转发省水利厅〈关于加强农村饮水安全工程建设管理工作意见的通知〉（豫政办〔2006〕74号）》指出，加强水源保护，严格水质检测。各级环保、水利、国土资源、卫生、建设部门要认真履行职责，加强对农村饮水安全工程水源地和水质的监督管理，确保农民饮水安全。要按照有关规定，对供水水源地和供水工程设施划定明确的保护区，并设立明显的标志。在保护区内严禁从事一切可能影响供水安全的活动。在保护区内从事其他活动必须征得饮水安全工程管理者的同意并经县级环保等部门批准。各供水单位或个人除按规定进行日常水质检测外，由有资质的疾病预防控制机构每年对供水质进行一次检测。

## 8.2.4 农村环境保护政策

在农村环境保护领域，河南省人民政府《关于加强农村环境保护工作的意见》（豫政〔2010〕64号）指出农村环境保护的重点任务，其中也包括农业生态环境保护内容。

### 8.2.4.1 严格防控农村地区工业污染

结合村镇体系规划，调整优化农村产业布局，引导农村地区符合产业聚集区产业定位的工业企业向产业集聚区集中，构建循环经济链条，提高资源利用率，加快中小城镇污水处理厂、垃圾处理场、集中供热等基础设施建设，实现污染物集中治理。严格执行国家产业政策和环保标准，提高粮食生产核心区、菜篮子基地等区域工业企业的环境准入条件，坚决防止发达地区和城市落后产能向农村转移，杜绝"十五小"和"新五小"企业在农村死灰复燃。严格控制"两高一资"（高耗能、高污染、资源性）和产能过剩项目在农村地区建设，加强对农村地区工业企业的监督管理，淘汰污染严重的落后生产能力、工艺和设备，加大对皮革、造纸、肉制品、淀粉加工、酿造等农副产品加工业的污染治理和技术改造力度。

### 8.2.4.2 切实加强畜禽、水产养殖污染防治

各级政府要依据当地环境容量，制定畜禽养殖污染防治规划，合理确定畜禽养殖规模，科学划定畜禽禁养区、限养区和养殖区。鼓励建设养殖小区，引导养殖业适度规模化集中发展，坚持种养结合。以综合利用优先为原则，通过发展沼气、生产有机肥和无害化粪便还田等措施，实现养殖废弃物的减量化、资源化和无害化。加强规模化畜禽养殖污染治理，大力推广干湿分离、厌氧处理等清洁生产技术，提高畜禽养殖污水处理率。规模化畜禽养殖场建设必须严格执行环境影响评价和"三同时"（生产和环保设施同时设计、同时施工、同时使用）制度，达到国家规定规模的畜禽养殖场、养殖小区必须按照有关规定申领排污许可证。禁止在一级饮用水水源地保护区从事网箱、围栏养殖，对严重污染水体的水产养殖场所进行全面清理整顿，禁止向湖泊、库区及其支流水体投放化肥和动物性饲料。

### 8.2.4.3 加快推进粮食生产核心区污染防治

按照《河南省粮食生产核心区建设规划环境影响报告书》要求，抓好相关环保措施的落实，控制面源污染。大力推广测土配方施肥技术，指导、鼓励农民使用有机肥、生物农药或高效、低毒、低残留农药，推广病虫草害综合防治、生物防治、精准施肥和缓释、控释化肥等技术。农业、水利、气象等部门要加强合作和科研开发，切实提高化肥、农药、水的利用效率。推广废弃物资源利用、清洁能源、清洁生产等技术。加大宣传和监管力度，禁止露天焚烧秸秆。积极发展生态农业、循环农业，推进无公害、绿色和有机

农产品生产。充分利用农业污染源普查成果，着力提高农业面源污染监测能力。

### 8.2.4.4 深入开展农村生活污水垃圾治理

加快农村污水和垃圾处理设施建设，因地制宜开展农村生活污水、垃圾污染治理，提高生活污水、垃圾无害化处理水平。产业基础较好的乡镇和移民新村、迁村并点的中心村、规模较大的村庄要建设污水集中处理设施；城镇周边村镇的生活污水要纳入城镇污水收集管网。对居住比较分散、经济条件较差村庄的生活污水，可采取分散式、低成本、易管理的方式进行处理。以县（市、区）为单位，按照村镇体系规划，采取"户分类、村收集、乡运输、县处理"的方式，建设县（市）垃圾处理场、乡镇垃圾处理场（中转站）、村庄垃圾中转场、垃圾场（站）等农村生活垃圾收集处理设施。对交通不便的山区边远村庄，可根据地形特征，采取填埋、堆肥等垃圾就地处理方式。对塑料袋、农膜、农药瓶、废电池、废日光灯管等有害垃圾，县（市、区）、乡镇要定期收集处理。建立完善中转运输运营机制和卫生保洁制度。

### 8.2.4.5 稳步提升土壤污染防治水平

完成全省土壤污染状况调查，编制土壤污染防治规划，加强土壤特别是主要农产品产地、污灌区、工矿废弃地等区域的土壤环境监测和评价，建立适合河南省情的土壤环境质量监管体系。重点防范重金属、持久性有机污染，优先解决农村饮用水水源地、粮食生产核心区、矿产资源开发区等地区的土壤污染问题。开展污染土壤修复试点，实施一批土壤污染综合治理示范工程，提高土壤环境质量。

# 9 河南省农业环境保护实用技术

环境保护是指保护和改善生活环境和生态环境，合理地开发利用自然资源，防治环境污染和其他公害，使环境负荷人类的生存和发展。农业环境保护内容多、范围广、综合性强。要做好农业环境保护工作，首先要做到合理利用与保护自然资源；其次要以生态学理论为指导，发展农业生产，实现物质和资源的多级利用，防止农业生产引起的环境污染；最后应采取多种措施，防治工业及其他行业污染对农业环境产生的影响。本章主要针对河南省实际情况，给出农业面源污染防控和生态环境保护技术，供选择使用。

## 9.1 科学合理施肥技术

### 9.1.1 总体要求

科学合理施肥的技术要点是确定合理的养分用量、选择正确的肥料品种、选择正确的施肥方式、确定适宜的施肥时间和施肥位置等。

#### 9.1.1.1 确定合理的养分用量

作物养分用量推荐需要考虑土壤、气候、地形等多种因子；作物养分用量推荐采用基于土壤养分系统管理理念的设施蔬菜施肥量简便快速推荐方法。

$$养分吸收量 = 目标产量 \times 单位产量养分吸收量 \qquad (9-1)$$

$$养分推荐量 = 养分吸收量 \times 校正系数 \qquad (9-2)$$

方程（9-1）、方程（9-2）中涉及三个参数，其中目标产量的确定方法通常采用拟推荐地块（区域）近三年产量平均值的120%。作物单位养分吸收量可以通过测试分析及文献检索获得。至于校正系数，通常情况下，中等地力水平下，N、$P_2O_2$、$K_2O$校正系数分别为 $\alpha = 1.35$，$\beta = 1$，$\gamma = 1$；高肥力水平下，N、$P_2O_2$、$K_2O$校正系数分别为 $\alpha = 1.05$，$\beta = 0.8$，$\gamma = 0.8$；低肥力水平下，N、$P_2O_2$、$K_2O$校正系数分别为 $\alpha = 1.55$，$\beta = 1.2$，$\gamma = 1.2$；地力水平评价标准可参照黄绍文等确定的设施蔬菜地力评价标准，见表 9-1；河南省的大田养分分级参见表 7-3。

**表 9-1 菜地土壤养分含量分级参考标准**

| 养分项目 | 临界值 | 极低 | 低 | 中 | 较高 | 高 |
|---|---|---|---|---|---|---|
| $NO_3^-$—N（mg/kg） | 50 | <25 | 25~50 | 50~100 | 100~150 | ≥150 |
| 有机质（g/kg） | 20 | <10 | 10~20 | 20~30 | 30~40 | ≥40 |
| 速效 P（mg/kg） | 50 | <25 | 25~50 | 50~100 | 100~150 | ≥150 |
| 速效 K（mg/kg） | 150 | <100 | 100~150 | 150~200 | 200~300 | ≥300 |
| 速效 S（mg/kg） | 12 | <6 | 6~12 | 12~24 | 24~40 | ≥40 |
| 速效 Ca | 401 | | | | | |
| 速效 Mg | 122 | | | | | |
| 速效 Cu（mg/kg） | 1 | <0.5 | 0.5~1 | 1~2 | 2~4 | ≥4 |
| 速效 Fe（mg/kg） | 10 | <5 | 5~10 | 10~15 | 15~25 | ≥25 |
| 速效 Mn（mg/kg） | 5 | <2.5 | 2.5~5 | 5~10 | 10~20 | ≥20 |
| 速效 Zn（mg/kg） | 2 | <1 | 1~2 | 2~3 | 3~5 | ≥5 |
| 速效 B | 0.5 | <0.2 | 0.2~0.5 | 0.5~1 | 1~2 | ≥2 |

**表 9-2 菜田土壤酸碱性分级参考标准**

| pH 值 | <4.5 | 4.5~5.5 | 5.5~6.5 | 6.5~7.5 | ≥7.5 |
|---|---|---|---|---|---|
| 等级 | 强酸性 | 酸性 | 微酸性 | 中性 | 碱性 |

**表 9-3 菜田土壤盐分分级参考标准**

| 等级 | 非盐化 | 轻度盐化 | 中度盐化 | 重度盐化 | 盐土 |
|---|---|---|---|---|---|
| 盐分总量（g/kg） | <2 | 2~5 | 5~7 | 7~10 | ≥10 |
| 电导率（mS/cm） | <0.5 | 0.5~1.5 | 1.5~2.2 | 2.2~3.2 | ≥3.2 |

### 9.1.1.2 选择正确的肥料品种

肥料品种可分为有机肥和无机肥，有机肥又可分为堆沤腐熟的畜禽粪便、商品有机肥（含生物有机肥等）、其他有机肥（包括秸秆、草木灰、废菌渣、油渣等）；化肥又可分为传统化肥（单质肥、复合肥、中微量元素等）和新型化肥（水溶肥、缓控释肥、氨基酸肥、腐植酸肥料等）。各种肥料各有优点，正确选择肥料有助于提高肥料利用率。

（1）根据养分需求规律选择肥料品种。作物同时需要氮、磷、钾大量元素，还需要钙、镁、锌、硼等其他中微量元素，各种元素必须合理搭配施用，才能获得理想的收益。在确定作物的施肥推荐量后，可将作物的养分吸收比例作为品种选择依据。例如，设施果菜类对氮钾的吸收量高，对磷的吸收量低，对氮磷钾的吸收比例为 1∶0.30~0.50∶1.50~2.00。根据每个生育时期的养分需求量、肥料养分含量来计算每次每种肥料使用总量，同时可逐次记录每次肥料的用量（包括有机肥、商品有机肥等）；由于肥料养分比例与作物吸收比例并不一致，因此每次施肥量可略做调整；鉴于磷吸收比例较低，因此追肥应该使用低磷复合肥（冲施肥）甚至不施磷肥。确定作物氮磷钾肥料品种的同时，还应该根据作物对中微量元素的需求以及土壤中微量元素含量适当选择硅、镁、钙、锌等中微量元素肥料。

（2）根据施肥方式选择肥料品种。不同的肥料品种，施入土壤后的转化和当季有效性不同，故应根据肥料的养分释放规律，研究其适用于哪种施肥方式。

（3）有机无机配合施用。有机肥具有培肥地力、肥效稳而长、养分含量低等特点；化肥养分含量高、释放快、缺乏后劲等特点，选择肥料时候应该有机无机配合施用。

### 9.1.1.3　正确的施肥方式

作物施肥方式有基施、开沟施肥、灌溉施肥和根外施肥等多种方式。其中基施适用于基肥，后三种适用于追肥。

（1）基施：基肥一般是在定植前结合土壤翻耕或者整地时进行施用，辅以少量的化肥。有机肥以畜禽粪便和秸秆等比例混合物，或者高碳有机肥为佳；化肥养分投入量约占总投入化肥养分量的20%~30%；对于退化土壤也可以配施适量的土壤调理剂，以起到改土、促进根系生长的作用。基肥施用方式有撒施、条施等；肥料撒施是在未整地开沟前完成，将肥料撒到地表，随着翻耕将肥料混入土中，这种方法简单、省力、肥料使用均匀，适用于施用量大，养分含量低的粗有机肥料（腐熟的畜禽粪便等）。化学肥料、生物有机肥等适用于沟施。

（2）追施：根据作物不同，可采用开沟施肥、灌溉施肥、根外施肥等方式。

### 9.1.1.4　正确的施肥时间和施肥位置

施肥时间应该和作物养分需求关键时期相符合，这样才能满足作物生长需求，提高肥料肥料利用率，为高产打下基础。

作物根系是吸收养分的主要器官，因此肥料施用既不能离根太远也不能离根太近。沟施肥料时候一般根据作物根系分布特点确定离根距离，将肥料施入土中，而后覆土封沟培垄。虽然生产上农户习惯传统的灌溉施肥技术，但不提倡采用此种方式，若采用灌溉施肥，则推荐采用喷灌、滴灌等水肥一体化技术。

## 9.1.2 设施蔬菜推荐施肥技术模式

调查表明，我国设施蔬菜每 $667m^2$ 平均化肥养分（$N+P_2O_2+K_2O$）用量 90.3kg，是全国农作物平均化肥用量的 4.2 倍，主要设施蔬菜 $667m^2$ 平均肥料（有机肥+化肥）养分总用量 158.0kg，其中 N、$P_2O_2$、$K_2O$ 施用总量分别为 56.7kg、48.4kg 和 52.9kg，平均分别超出各自推荐量的 1.2、5.3 和 0.9 倍。鉴于设施蔬菜肥料施用与土壤质量方面的突出问题，设施蔬菜的施肥技术必须加以改进，亟待建立全程精准施肥技术体系。从化肥减量、协调化肥养分比例、调整化肥基追肥比例、优化肥水等方面加以改进。

### 9.1.2.1 设施黄瓜施肥技术

（1）施肥总量的推荐方法。按照上文确定的施肥量推荐方法，按设施黄瓜单位产量（1 000kg）N、$P_2O_2$ 和 $K_2O$ 吸收量分别为（2.15±0.40)kg、(1.10±0.30)kg 和（2.75±0.56)kg，以及设施蔬菜水肥一体化下中肥力水平土壤的 N、$P_2O_2$ 和 $K_2O$ 吸收量校正系数分别为 1.35、1.0 和 1.0 计算，设施秋冬茬和冬春茬黄瓜每 $667m^2$ 目标产量 8 000~10 000kg，水肥一体化下中肥力土壤的 N、$P_2O_2$ 和 $K_2O$ 适宜用量范围分别为 23~29kg、9~11kg 和 22~28kg；设施越冬长茬黄瓜每 $667m^2$ 目标产量 15 000~18 000kg，水肥一体化下中肥力土壤的 N、$P_2O_2$ 和 $K_2O$ 适宜用量范围分别为 44~52kg、17~20kg 和 41~50kg。以优化灌溉（如基于灌溉减量的膜下沟灌）下肥料用量相对于滴灌水肥一体化增加 15% 计算，设施秋冬茬和冬春茬黄瓜每 $667m^2$ 目标产量 8 000~10 000kg，膜下沟灌下中肥力土壤的 N、$P_2O_2$ 和 $K_2O$ 适宜用量范围分别为 26~33kg、10~13kg 和 25~32kg；设施越冬长茬黄瓜每 $667m^2$ 目标产量 15 000~18 000kg，膜下沟灌下中肥力土壤的 N、$P_2O_2$ 和 $K_2O$ 适宜用量范围分别为 51~60kg、20~23kg 和 47~58kg。按照设施菜田不同肥力水平土壤养分管理策略，相对于中肥力土壤施肥总量，高肥力土壤减施肥料（养分）用量的 20%，低肥力土壤增施肥料（养分）用量的 20%。

（2）基肥用量的确定方法。设施黄瓜定植前科学施用有机肥是高产优质的基础，提高土壤 C/N 比、供肥平稳、抗逆性强、高产稳产。按合理施肥条件下设施蔬菜有机肥/有机物料（或高碳有机肥）替代化肥 50%（以 N 为基准）的比例和养分（化肥+有机肥）施用总量，确定有机肥/有机物料（或高碳有机肥）用量；依据设施蔬菜适宜的基肥化肥养分用量占化肥（基肥+追肥）养分总量的 15%~20% 的比例及化肥养分（基肥化肥+追肥化肥）施用总量，确定基肥化肥用量。例如，设施秋冬茬和冬春茬黄瓜每 667m² 目标产量水平 8 000~10 000kg，施腐熟有机肥 4~5m³（或商品有机肥 1 000~1 200kg），化肥 15~20kg（尽量选用低磷化肥品种）；越冬长茬黄瓜每 667m² 目标产量水平 15 000~18 000kg，施腐熟有机肥 5~7m³（或商品有机肥 1 500~2 000kg），化肥 25~30kg 作基肥（尽量选用低磷化肥品种）。针对次生盐渍化、酸化等障碍土壤，每 667m² 补施 100kg 的生物有机肥或土壤调理剂。

（3）沟灌水量的运筹方案。重点推广应用基于灌溉减量的膜下沟灌技术，该技术是目前设施蔬菜生产应用的主体，具有节水、成本低、操作简单、易大面积推广等优点。根据黄瓜长势、需水规律、天气情况、棚内湿度、实时土壤水分状况，以及黄瓜不同生育阶段对土壤含水量的要求（如秋冬茬黄瓜苗期、开花坐果后、进入冬季后保持土壤含水量分别为土壤最大持水量的 75%~90%、80%~95% 和 75%~85%），调节沟灌水量和次数（一般每 667m² 每次沟灌水量为 15~20m³，根据具体情况调节沟灌水量），使黄瓜不同生育阶段获得适宜需水量。

（4）沟灌追肥的运筹方案。设施黄瓜生育期间追肥结合水分沟灌同步进行。设施秋冬茬、冬春茬黄瓜全生育期分 7~9 次随水追肥，一般在初花期和结瓜期根据采果情况每 7~10d 追肥 1 次，每次追施高浓度化肥（N+$P_2O_2$+$K_2O$≥50%，尽量选用高钾高氮低磷型冲施肥、水溶性肥料等品种）8~10kg，或尿素 4~5kg 和硫酸钾 4~5kg；越冬长茬黄瓜全生育期分 12~14 次随水追肥，一般在初花期和结瓜期根据采果情况每 7~10d 追肥 1 次，每次追施高浓度化肥（N+$P_2O_2$+$K_2O$≥50%，尽量选用高钾高氮低磷型冲施肥、水溶性肥料等品种）8~10kg，或尿素 4~5kg 和硫酸钾 4~5kg。如使用低浓度化肥（尽量选用高钾高氮低磷型冲施肥、水溶性肥料等品种），则化肥用量需要相应增加。

### 9.1.2.2　设施番茄施肥技术

（1）施肥总量的推荐方法。按照上文确定的施肥量推荐方法，按设施番茄单位产量（1 000kg）N、$P_2O_2$ 和 $K_2O$ 吸收量分别为 2.27kg±0.32kg、

$(1.00\pm0.32)$ kg 和 $(4.37\pm1.13)$ kg，以及设施蔬菜水肥一体化下中肥力水平土壤的 N、$P_2O_2$ 和 $K_2O$ 吸收量校正系数分别为 1.35、1.0 和 1.0 计算，设施秋冬茬和冬春茬番茄每 667m² 目标产量 6 000~8 000kg，水肥一体化下中肥力土壤的 N、$P_2O_2$ 和 $K_2O$ 适宜用量范围分别为 18~25kg、6~8kg 和 26~35kg；设施越冬长茬番茄每 667m² 目标产量 10 000~12 000kg，水肥一体化下中肥力土壤的 N、$P_2O_2$ 和 $K_2O$ 适宜用量范围分别为 31~37kg、10~12kg 和 44~52kg。以优化灌溉（如基于灌溉减量的膜下沟灌）下肥料用量相对于滴灌水肥一体化增加 15% 计算，设施秋冬茬和冬春茬番茄每 667m² 目标产量 6 000~8 000kg，膜下沟灌下中肥力土壤的 N、$P_2O_2$ 和 $K_2O$ 适宜用量范围分别为 21~29kg、7~9kg 和 30~40kg；设施越冬长茬番茄每 667m² 目标产量 10 000~12 000kg，膜下沟灌下中肥力土壤的 N、$P_2O_2$ 和 $K_2O$ 适宜用量范围分别为 36~43kg、12~14kg 和 51~60kg。按照设施菜田不同肥力水平土壤养分管理策略，相对于中肥力土壤施肥总量，高肥力土壤减施肥料（养分）用量的 20%，低肥力土壤增施肥料（养分）用量的 20%。

（2）基肥用量的确定方法。施番茄定植前科学施用有机肥是高产优质的基础，提高土壤 C/N 比、供肥平稳、抗逆性强、高产稳产。按合理施肥条件下设施蔬菜有机肥/有机物料（或高碳有机肥）替代化肥 50%（以 N 为基准）的比例和养分（化肥+有机肥）施用总量，确定有机肥/有机物料（或高碳有机肥）用量；依据设施蔬菜适宜的基肥化肥养分用量占化肥（基肥+追肥）养分总量的 15%~20% 的比例及化肥养分（基肥化肥+追肥化肥）施用总量，确定基肥化肥用量。例如，设施秋冬茬和冬春茬番茄每 667m² 目标产量水平 6 000~8 000kg，施腐熟有机肥 3~4m³（或商品有机肥 800~1 000kg），化肥 15~20kg（尽量选用低磷化肥品种）；越冬长茬番茄每 667m² 目标产量水平 10 000~12 000kg，施腐熟有机肥 4~6m³（或商品有机肥 1 200~1 500kg），化肥 20~30kg 作基肥（尽量选用低磷化肥品种）。针对次生盐渍化、酸化等障碍土壤，每 667m² 补施 100kg 的生物有机肥或土壤调理剂。

（3）沟灌水量的运筹方案。重点推广应用基于灌溉减量的膜下沟灌技术，该技术是目前设施蔬菜生产应用的主体，具有节水、成本低、操作简单、易大面积推广等优点。根据番茄长势、需水规律、天气情况、棚内湿度、实时土壤水分状况，以及番茄不同生育阶段对土壤含水量的要求（如秋冬茬番茄苗期、开花坐果后、进入冬季后保持土壤含水量分别为土壤最大持水量的 75%~90%、80%~95% 和 75%~85%），调节沟灌水量和次数（一般每 667m² 每次沟灌水量为 12~18m³，根据具体情况调节沟灌水量），使番茄不同生育阶段获得适宜需水量。

（4）沟灌追肥的运筹方案。设施番茄生育期间追肥结合水分沟灌同步进行。设施秋冬茬、冬春茬番茄一般每株保留 4~5 穗果，每穗果膨大到乒乓球大小时（直径达 3~4cm）进行追肥，全生育期分 4~5 次随水追肥，每次追施高浓度化肥（N+P₂O₂+K₂O≥50%，尽量选用高钾低磷型冲施肥、水溶性肥料等品种）12~15kg，或尿素 5~6kg 和硫酸钾 6~8kg；越冬长茬番茄一般每株保留 7~9 穗果，每穗果膨大到乒乓球大小时进行追肥，全生育期分 7~9 次随水追肥，每次追施高浓度化肥（N+P₂O₂+K₂O≥50%，尽量选用高钾低磷型冲施肥、水溶性肥料等品种）10~13kg，或尿素 4~5kg 和硫酸钾 5~6kg。如使用低浓度化肥（尽量选用高钾低磷型冲施肥、水溶性肥料等品种），则化肥用量需要相应增加。

### 9.1.2.3　设施蔬菜有机肥/秸秆替代化肥技术

（1）施肥总量的推荐方法。采用上文推荐的施肥量计算方法计算目标产量水平下的氮磷钾推荐量。例如，设施番茄每 667m² 目标产量 6 000~8 000kg，按设施番茄单位产量（1 000kg）N、P₂O₂ 和 K₂O 吸收量分别为 2.27kg±0.32kg、1.00kg±0.32kg 和 4.37kg±1.13kg，以及设施蔬菜水肥一体化下中肥力水平土壤的 N、P₂O₂ 和 K₂O 吸收量校正系数分别为 1.35、1.0 和 1.0 计算，中肥力土壤的 N、P₂O₂ 和 K₂O 适宜用量范围分别为 18~25kg、6~8kg 和 26~35kg；设施黄瓜每 667m² 目标产量 8 000~10 000kg，按设施黄瓜单位产量（1 000kg）N、P₂O₂ 和 K₂O 吸收量分别为 2.15kg±0.40kg、1.10kg±0.30kg 和 2.75kg±0.56kg，以及设施蔬菜水肥一体化下中肥力水平土壤的 N、P₂O₂ 和 K₂O 吸收量校正系数分别为 1.35、1.0 和 1.0 计算，中肥力土壤的 N、P₂O₂ 和 K₂O 适宜用量范围分别为 23~29kg、9~11kg 和 22~28kg。按照设施菜田不同肥力水平土壤养分管理策略，相对于中肥力土壤施肥总量，高肥力土壤减施肥料（养分）用量的 20%，低肥力土壤增施肥料（养分）用量的 20%。

（2）基肥用量（有机肥/有机物料及化肥）的确定方法。针对河南省不同设施蔬菜优势产区，采用设施蔬菜有机肥+秸秆（鸡粪或猪粪中加入作物碎秸秆，按 1∶1 或加入更多秸秆共同沤制，充分腐熟）替代化肥、有机肥替代化肥、沼肥替代化肥、秸秆生物反应堆替代化肥、绿肥替代化肥、有机基质替代化肥等技术，有针对性选择适于不同生态区养分资源特点的设施蔬菜有机肥/有机物料替代化肥技术模式。按合理施肥条件下设施蔬菜有机肥/

有机物料（或高碳有机肥）替代化肥 50%（以 N 为基准）的比例和养分（化肥+有机肥）施用总量，确定有机肥/有机物料（或高碳有机肥）用量；依据设施蔬菜适宜的基肥化肥养分用量占化肥（基肥+追肥）养分总量的 15%~20% 的比例及化肥养分（基肥化肥+追肥化肥）施用总量，确定基肥化肥用量。例如，设施秋冬茬和冬春茬番茄目标产量水平 6 000~8 000kg/667m²，每 667m² 施腐熟有机肥 3~4m³（或商品有机肥 800~1 000kg），化肥 10~15kg（尽量选用低磷化肥品种）；设施秋冬茬和冬春茬黄瓜目标产量水平 8 000~10 000kg/667m²，每 667m² 施腐熟有机肥 4~5m³（或商品有机肥 1 000~1 200kg），化肥 10~15kg（尽量选用低磷化肥品种）。针对次生盐渍化、酸化等障碍土壤，每 667m² 补施 100kg 的生物有机肥或土壤调理剂。

（3）滴灌追肥运筹方案。依据设施蔬菜适宜的追肥化肥养分用量占化肥（基肥+追肥）养分总量的 80%~85% 的比例及化肥养分（基肥化肥+追肥化肥）施用总量，确定追肥化肥用量。设施蔬菜生育期间追肥结合水分滴灌同步进行。根据设施蔬菜不同生育期、不同生长季节的需肥特点，按照平衡施肥的原则，在设施蔬菜生育期分阶段进行合理施肥。以设施果菜（如番茄、黄瓜）为例，首先，定植至开花期间，选用高氮型滴灌专用肥，（如 $N-P_2O_2-K_2O=22-12-16+TE+BS$，TE 指螯合态微量元素，BS 指植物刺激物；或氮磷钾配方相近的完全水溶性肥料），每 667m² 每次 4~6kg，定植后 7~10d 第 1 次滴灌追肥，之后 15d 左右 1 次（温度较高季节 7d 左右 1 次）。其次，开花后至拉秧期间，选用高钾型滴灌专用肥（如 $N-P_2O_2-K_2O=19-6-25+TE+BS$，或氮磷钾配方相近的完全水溶性肥料），每 667m² 每次 5~7.5kg（产量更高情况下 7.5~10kg），温度较低季节 15d 左右 1 次，温度较高季节 7~10d 1 次。滴灌专用肥尽量选用含氨基酸、腐植酸、海藻酸等具有促根抗逆作用功能型完全水溶性肥料。根据蔬菜长势、气候条件、土壤水分、棚内湿度等因素调节滴灌追肥时间和用量。另外，逆境条件下需要加强叶面肥管理，如花蕾期、花期和幼果期叶面喷施硼肥 2~3 次，第一穗果前期叶面喷施钙肥 3~4 次，开花期至果实膨大前叶面喷施镁肥 2~3 次。

# 9.2 科学合理施药技术

## 9.2.1 总体要求

综合应用农业、生物、化学、物理方法进行防治，减少农药施用量和范围，施用生物农药、利用天敌等的生物防治方法，人工捕杀，灯光诱杀，高温闷棚灭菌等物理防治方法和合理使用农药的化学方法有机结合，统一规划，综合运用，以达到经济、安全、有效地控制病虫害，减少农药污染、保护农业生态环境的目的。其次，大力推广使用高效、低毒、低残留的新型农药，以取代高毒、高残留、低中效、污染大的农药品种，这是开发及使用农药的发展方向，也是保护农业生态环境的需要。另外，合理安全的使用农药，普及农药和农药使用知识，对症下药，适时、适量使用农药，做到科学、合理安全地使用农药，充分发挥药效，减少用药量。同时，严格遵守施药安全间隔期，确保产品农药残留符合标准。

## 9.2.2 合理施用农药技术模式

### 9.2.2.1 绝对减量技术

（1）选用高效药剂品种。一种农药不是对所有的病虫害都有效，针对某种病虫害，即使有作用的药剂，其防治效果也有很大差异，在同样的条件下，有的品种防治效果好，有的品种则效果较差。因此，在生产上选择农药品种时，要针对具体病虫，选择高效、速效、持效的药剂品种。由于高效药剂单位面积用量少，有的品种每亩只需要 1~2 克（有效成分）就可以到达理想的防治效果，速效和持效药剂的作用速度快，效力持续时间较长，可以快速杀死病虫，并在作物上保持十几天甚至近 1 个月的杀伤作用，可以有效地减少农药使用次数和用量，起到事半功倍的作用。

（2）选用靶标对症药剂品种。选择农药要根据作物、靶标对象的作用特点等多种因素进行选择，如根据害虫的形态特征，昆虫口器的不同，使用农药的种类也不同，咀嚼式口器的害虫选用触杀剂或胃毒剂，刺吸式口器的害虫需要选用内吸剂；根据害虫为害方式，防治蛀茎类害虫应选用内吸剂或胃毒剂，食叶性害虫可以选用触杀剂或胃毒剂。防治害螨应选择杀螨剂，杀虫剂通常对螨类没有作用。防治病害时，也要根据病害的种类确定杀菌剂品种，细菌性病害要选用对细菌高效的品种，真菌性病害则要选用杀真菌剂，防治线虫要选择杀线虫剂，错误选用则没有效果，病毒病则要根据其传播途径选择抗病毒制剂以及对传毒媒介昆虫高效的杀虫剂协同使用。在生产中，选择农药比较简便的方法即按照说明书标注的防治对象、应用作物来选择农药品种，对说明书上没有标明的防治对象或应用作物，应尽量避免选用，防止药剂不对症或对作物产生药害。

（3）保护天敌和生态环境，提高自然控害能力。在农田生态系统中，除了农作物外，还有大量的生物如杂草、昆虫、微生物、软体动物、哺乳动物等在作物的不同阶段与农作物共存，同时，还存在一类对有害生物相克或抑制的自然因子，通过寄生、捕食、致病、竞争等途径控制有害生物的种群数量，减轻有害生物对农作物的危害，成为有害生物的自然天敌，如瓢虫、蜘蛛、寄生蜂、食蚜蝇、青蛙、鸟类、猫、蛇等天敌广泛存在于不同的作物生态系统中，对病虫草鼠害起到自然控制作用，使病虫草鼠危害维持在一个较低的水平。因此，并不是病虫草鼠一发生就需要施用农药，当自然天敌可以控制病虫草鼠危害时，人们无须使用农药，不仅能有效控制危害，还可以节约大量的农药。保护自然天敌的主要方法有：不捕捉青蛙、蛇、猫头鹰等天敌；增加作物生境中的生物多样性，创造天敌繁殖、栖息和避难的场所，如在稻田保留田埂和稻田周围的杂草，保护蜘蛛和寄生蜂；作物生长季节寄生蜂的增殖及助迁，采集有寄生蜂寄生的叶片置于网袋内放在田间，让羽化的寄生蜂从纱网袋内飞出寻找寄主寄生；越冬越夏保护，在不利于寄生蜂繁殖生存的季节，采取增殖寄主、覆盖保暖及室内辅助越冬等措施提高天敌越冬越夏存活率；种植蜜源植物，在田埂种植开花作物或杂草，或与作物间作套种蜜源植物，为天敌提供食料营养，提高天敌的寿命及寄生力；减少用药，合理使用杀虫剂，减少对天敌的杀伤。

（4）人工释放天敌，控制病虫草鼠害。在有害生物防治中，采取非化学防治措施是节约农药的最有效手段，如人工释放天敌防治病虫草鼠害就是一种广泛应用的生物防治措施。目前，技术比较成熟且应用比较广泛的有：释放赤眼蜂防治玉米螟，释放捕食螨防治果树、蔬菜、棉花害螨和蔬菜蓟马，释放瓢虫防治果树和蔬菜蚜虫，释放丽蚜小蜂防治烟粉虱，释放稻螟赤眼蜂防治水稻螟虫和稻纵卷叶螟，释放周氏啮小蜂防治美国白蛾和天牛，释放肿腿小蜂防治天牛等。在鼠害防治方面，饲养家猫捕食老鼠，饲养驯化狐狸捕食鼢鼠。

（5）农艺及物理措施控制病虫害。除了保护利用自然天敌和人工释放天敌，应用农业防治和物理防治措施，也可以替代农药有效防治病虫害。农业防治包括种植抗性品种，轮作，协调运用水、肥、温、光管理、农事操作压低病虫种群数量。物理防治有很多种，如灯光诱杀、色板诱杀、昆虫信息素诱杀、食物气味诱杀、遮蔽、昆虫辐射不育、紫外线照射和高温消毒等，这些都是利用害虫对特定的光波、颜色、气味或化合物的趋性来诱集、驱避、干扰交配等行为，达到减轻危害的目的。当单一使用一种农业防治或物理防治、生物防治措施难以取得满意的效果时，生产上常会在作物的不同生育期，协调运用多项措施，以求达到控制病虫种群量、减轻危害的目的。在综合采取农业防治、物理防治和生物防治措施后，仍不能有效控制病虫危害时，才选择使用农药，这是节约农药最有效和最安全、环保的途径。

### 9.2.2.2　提高农药药效和利用率

（1）正确选用施药器械。选用适宜的施药器械可以使农药的药效正常发挥。选择施药器械的依据，一是根据农药的特性，如剂型、作用方式、用量、物理性状等，粉剂、粉尘剂需要喷粉机施用，烟雾剂和挥发性强的乳油等剂型则用于熏蒸。二是根据作业的方式，如喷雾、喷粉、烟雾，喷雾又有常量、弥雾、低容量、超低容量喷雾等。三是根据作业的规模，如大田作物、设施栽培等；农田大面积集中连片作业时，可以用机动喷雾器、无人机及飞机喷洒等，设施栽培时，可选用手动喷雾器、电动喷雾器等。

（2）正确的施药方法。不同的病虫发生在作物的不用部位，施药时，特别是使用胃毒和触杀作用的药剂时，要有针对性地将药液喷洒在病虫着生的部位或虫体上，提高药效。蚜虫、螨类通常在叶片的背面，喷药时要将药液喷到叶背，提高利用率。在对蔬菜和棉花等垄作作物喷洒农药时，喷洒出的雾滴呈锥形，要将喷头置于作物顶端，使锥形雾滴罩在作物上，减少农药漂移污染，提高利用率。掌握正确的施药适期，也可以有效减少用药。不能见病虫就喷药或定期施药、打保险药，只有在必要的时候，才根据病虫的防治指标（经济阈值）进行防治，提倡放宽防治指标，实行分类指导，可以减少农药使用次数和用量。喷雾时的喷水量也对药效的发挥起着重要的作用，应按照正确的农药勾兑比例，用足喷水量，喷水量不足时，影响雾滴在作物上均匀分布，影响防治效果。

（3）正确的混用农药。在作物的某一生长期，常常出现多种病虫混合发生的情况，这时就需要选用复配农药或混配用药，才能达到一次施药兼治多种病虫的省工节本的目的。正确的混用农药，可以扩大防治对象或虫态，提高速效性或持效性，增加防治效果。但是，如果混用不当，可造成药效降低、药害风险增加、浪费农药的后果。正确的混用农药应注意，一是严格遵守农药说明书上有关混用的规定，不要与禁忌品种和物质混用。很多农药品种对碱性物质比较敏感，一些农药品种则对酸性物质敏感，不能随意混用。二是不要为了加大有效作用成分剂量而盲目将相同作用机理的药剂混用。一些农户在防治时，混用的药剂多达五六种，其中甚至是具有相同有效成分或相同防治对象的药剂，造成不必要的浪费，增加药害风险和人畜生产性中毒的风险。三是混用农药不可放置过久，应在田间现混现用，避免两种药剂间发生反应而降低药效或分解失效。

（4）轮换用药，避免产生抗药性。一种农药在一个生长季中使用多次就会诱发病虫产生抗药性，导致药效下降甚至完全失效。因此，为了提高防治效果，减缓产生抗药性，在一个生长季中，一种药剂或相同作用机理的药剂通常要求只使用1~2次，不能长期使用单一品种药剂。轮换用药是延缓抗药性产生的有效方法之一。轮换用药的品种应尽可能选用不同作用机理的药剂，作用机理相同的药剂可产生交互抗性。一旦病虫对某种药剂已产生抗药性，应停止使用该药剂一段时间，待抗药性逐渐减退或消失后再恢复使用，这样才能保证药效。

# 9.3 秸秆综合利用技术

## 9.3.1 总体要求

秸秆作为农村固体废物，也是一种宝贵资源，有多种开发利用途径，即秸秆肥料化、饲料化、原料化、燃料化、基料化利用技术。能否根本解决农村秸秆污染问题在很大程度上取决于地方政府的准确引导、政策支持、技术培训与开发。

## 9.3.2 秸秆利用技术模式

### 9.3.2.1 秸秆肥料化利用技术

（1）秸秆直接还田技术。秆直接还田是河南省粮食主产区秸秆肥料化利用的主要技术之一，包括秸秆翻压还田、秸秆混埋还田和秸秆覆盖还田。秸秆翻压还田技术是以犁耕作业为主要手段，将秸秆整株或粉碎后直接翻埋到土壤中。秸秆混埋还田技术以秸秆粉碎、破茬、旋耕、耙压等机械作业为主，将秸秆直接混埋在表层和浅层土壤中。秸秆覆盖还田是保护性耕作的重要技术手段，包括留茬免耕、秸秆粉碎覆盖还田和秸秆整株覆盖还田。

（2）秸秆堆沤还田技术。秸秆堆沤还田是秸秆无害化处理和肥料化利用的重要途径，将秸秆与人畜粪尿等有机物质经过堆沤腐熟，不仅产生大量可构成土壤肥力的重要活性物质——腐殖质，而且可产生多种可供农作物吸收利用的营养物质如有效态氮、磷、钾等。

（3）秸秆覆盖还田技术。秸秆覆盖还田技术指在农作物收获前，套播下茬作物，将秸秆粉碎或整秆直接均匀覆盖在地表，或在作物收获秸秆覆盖后，进行下茬作物免耕直播的技术，或将收获的秸秆覆盖到其他田块，从而起到调节地温、减少土壤水分的蒸发、抑制杂草生长、增加土壤有机质的作用，而且能够有效缓解茬口矛盾、节省劳力和能源、减少投入。覆盖还田一般分五种情况：一是套播作物，在前茬作物收获前将下茬作物撒播田间，作物收获时适当留高茬秸秆覆盖于地表；二是直播作物，在播种后、出苗前，将秸秆均匀铺盖于耕地土壤表面；三是移栽作物，如油菜、红薯、瓜类等，先将秸秆覆盖于地表，然后移栽；四是夏播宽行作物，如棉花等，最后一次中耕除草施肥后再覆盖秸秆；五是果树、茶桑等，将农作物秸秆取出，异地覆盖。

（4）秸秆腐熟还田技术。秸秆腐熟还田技术是在农作物收获后，及时将收下的作物秸秆均匀平铺农田，撒施腐熟菌剂，调节碳氮比，加快还田秸秆腐熟下沉，以利于下茬农作物的播种和定植，实现秸秆还田利用。秸秆腐熟还田技术主要有两大类：一类是水稻免耕抛秧时覆盖秸秆的快腐处理；另一类是小麦、油菜等作物免耕撒播时覆盖秸秆的快腐处理。

（5）秸秆生物反应堆技术。秸秆生物反应堆技术是一项充分利用秸秆资源，显著改善农产品品质和提高农产品产量的现代农业生物工程技术，其原理是秸秆通过加入微生物菌种，在好氧的条件下，秸秆被分解为二氧化碳、有机质、矿物质等，并产生一定的热量。二氧化碳促进作物的光合作用，有机质和矿物质为作物提供养分，产生的热量有利于提高温度。秸秆生物反应堆技术按照利用方式可分为内置式和外置式两种，内置式主要是开沟将秸秆埋入土壤中，适用于大棚种植和露地种植；外置式主要是把反应堆建于地表，适用于大棚种植。

（6）秸秆有机肥生产技术。秸秆有机肥生产就是利用速腐剂中菌种制剂和各种酶类在一定湿度（秸秆持水量65%）和一定温度下（50~70℃）剧烈活动，释放能量，一方面将秸秆的纤维素很快分解；另一方面形成大量菌体蛋白，为植物直接吸收或转化为腐殖质。通过创造微生物正常繁殖的良好环境条件，促进微生物代谢进程，加速有机物料分解，放出并聚集热量，提高物料温度，杀灭病原菌和寄生虫卵，获得优质的有机肥料。

### 9.3.2.2 秸秆饲料化利用技术

（1）秸秆青（黄）贮技术。秸秆青贮就是在适宜的条件下，通过给有益菌（乳酸菌等厌氧菌）提供有利的环境，使嗜氧性微生物如腐败菌等在存留氧气被耗尽后，活动减弱及至停止，从而达到抑制和杀死多种微生物、保存饲料的目的。由于在青贮饲料中微生物发酵产生有用的代谢物，使青贮饲料带有芳香、酸、甜等的味道，能大大提高食草牲畜的适口性。

（2）秸秆碱化/氨化技术。氨化秸秆的作用机理有三个方面：一是碱化作用。可以使秸秆中的纤维素、半纤维素与木质素分离，并引起细胞壁膨胀，结构变得疏松，使反刍家畜瘤胃中的瘤胃液易于渗入，从而提高了秸秆的消化率。二是氨化作用。氨与秸秆中的有机物生成醋酸铵，这是一种非蛋白氮化合物，是反刍动物的瘤胃微生物的营养源，它能与有关元素一起进一步合成菌体蛋白质，而被动物吸收，从而提高秸秆的营养价值和消化率。三是中和作用。氨能中和秸秆中潜在的酸度，为瘤胃微生物的生长繁殖创造良好的环境。

（3）秸秆压块（颗粒）饲料加工技术。秸秆压块饲料是指将各种农作物秸秆经机械铡切或揉搓粉碎之后，根据一定的饲料配方，与其他农副产品及饲料添加剂混合搭配，经过高温高压轧制而成的高密度块状饲料。秸秆压块饲料加工可将维生素、微量元素、非蛋白氮、添加剂等成分强化进颗粒饲料中，使饲料达到各种营养元素的平衡。

（4）秸秆揉搓丝化加工技术。秸秆揉搓丝化加工技术是通过对秸秆进行机械揉搓加工，使之成为柔软的丝状物，有利于反刍动物采食和消化的一种秸秆物理化处理手段。通过秸秆揉丝加工不仅分离了纤维素、半纤维素与木质素，而且较长的秸秆丝能够延长其在反刍动物瘤胃内的停留时间，有利于牲畜的消化吸收，从而达到提高秸秆采食量和消化率的双重功效。秸秆揉丝加工是一种简单、高效、低成本的加工方式。秸秆揉丝加工的效率约为秸秆粉碎的 1.2~1.5 倍，经揉丝机加工的秸秆既可直接喂饲，也可进一步加工制作高质量的粗饲料。

### 9.3.2.3 秸秆基料化利用技术

（1）秸秆基料食用菌种植技术。秸秆基料（基质）是指以秸秆为主要原料，加工或制备的主要为动物、植物及微生物生长提供良好条件，同时也能为动物、植物及微生物生长提供一定营养的有机固体物料。麦秸、稻草等禾本科秸秆是栽培草腐生菌类的优良原料之一，可以作为草腐生菌的碳源，通过搭配牛粪、麦麸、豆饼或米糠等氮源，在适宜的环境条件下，即可栽培出美味可口的双孢蘑菇和草菇等。

（2）秸秆植物栽培基质技术。秸秆植物栽培基质制备技术，是以秸秆为主要原料，添加其他有机废弃物以调节 C/N 比、物理性状（如孔隙度、渗透性等），同时调节水分使混合后物料含水量在 60%~70%，在通风干燥防雨环境中进行有氧高温堆肥，使其腐殖化与稳定化。

#### 9.3.2.4 秸秆燃料化利用技术

（1）秸秆固化成型技术。秸秆固化成型技术是在一定条件下，利用木质素充当黏合剂，将松散细碎的、具有一定粒度的秸秆挤压成质地致密、形状规则的棒状、块状或粒状燃料的过程。其工艺流程为：首先对原料进行晾晒或烘干，经粉碎机进行粉碎，然后加入一定量水分进行调湿，利用模辊挤压式、螺旋挤压式、活塞冲压式等压缩成型机械对秸秆进行压缩成型，产品经过通风冷却后贮存。秸秆固化成型燃料可分为颗粒燃料、块状燃料和机制棒等产品。

（2）秸秆炭化技术。秸秆炭化技术是将秸秆经晒干或烘干、粉碎后，在制炭设备中，在隔氧或少量通氧的条件下，经过干燥、干馏（热解）、冷却等工序，将秸秆进行高温、亚高温分解，生成炭、木焦油、木醋液和燃气等产品，故又称为"炭气油"联产技术。当前较为实用的秸秆炭化技术主要有机制炭技术和生物炭技术两种。机制炭技术又称为隔氧高温干馏技术，是指秸秆粉碎后，利用螺旋挤压机或活塞冲压机固化成型，再经过700℃以上的高温，在干馏釜中隔氧热解炭化得到固型炭制品。生物炭技术又称为亚高温缺氧热解炭化技术，是指秸秆原料经过晾晒或烘干，以及粉碎处理后，装入炭化设备，使用料层或阀门控制氧气供应，在500~700℃条件下热解成炭。

（3）秸秆沼气生产技术。秸秆沼气生产技术是在严格的厌氧环境和一定的温度、水分、酸碱度等条件下，秸秆经过沼气细菌的厌氧发酵产生沼气的技术。按照使用的规模和形式，可分为户用秸秆沼气和规模化秸秆沼气工程两大类。目前我国常用的规模化秸秆沼气工程工艺主要有全混式厌氧消化工艺、全混合自载体生物膜厌氧消化工艺、竖向推流式厌氧消化工艺、一体两相式厌氧消化工艺、车库式干发酵工艺、覆膜槽式干发酵工艺。

（4）秸秆热解气化技术。秸秆热解气化技术是利用气化装置，以氧气（空气、富氧或纯氧）、水蒸气或氢气等作为气化剂，在高温条件下，通过热化学反应，将秸秆部分转化为可燃气的过程。秸秆热解气化的基本原理是秸秆原料进入气化炉后被干燥，随温度升高析出挥发物，在高温下热解（干馏）；热解后的气体和炭在气化炉的氧化区与气化介质发生氧化反应并燃烧，使较高分子量的有机碳氢化合物的分子链断裂，最终生成了较低分子量的 $N_2$、$CO$、$H_2$、$CO_2$、$CH_4$、$C_nH_m$ 等物质的混合气体，其中 $CO$、$H_2$、$CH_4$ 为主要的可燃气体。按照运行方式的不同，秸秆气化炉可分为固定床气化炉和流化床气化炉。固定床气化炉又分为上吸式、下吸式、横吸式和开心式等。流化床气化炉又分为鼓泡床、循环流化床、双床、携带床等。

（5）秸秆直燃发电技术。秸秆直燃发电技术主要是以秸秆为燃料，直接燃烧发电。其原理是把秸秆送入特定蒸汽锅炉中，生产蒸汽，驱动蒸汽轮机，带动发电机发电。秸秆直燃发电技术的关键包括秸秆预处理技术、蒸汽锅炉的多种原料适用性技术、蒸汽锅炉的高效燃烧技术、蒸汽锅炉的防腐蚀技术等。秸秆发电的动力机械系统可分为汽轮机发电技术、蒸汽机发电技术和斯特林发动机发电技术等。

### 9.3.2.5　秸秆原料化利用技术

（1）秸秆人造板材生产技术。秸秆人造板材生产技术是秸秆经处理后，在热压条件下形成密实而有一定刚度的板芯，进而在板芯的两面覆以涂有树脂胶的特殊强韧纸板，再经热压而成的轻质板材。秸秆人造板材的生产过程可以分为三个工段：原料处理工段、成型工段和后处理工段。原料处理工段有输送机、开捆机、步进机等设备，主要是把农作物打松散，同时除去石子、泥沙及谷粒等杂质，使其成为干净合格的原料。成型工段有立式喂料器、冲头、挤压成型机和上胶装置等设备，是人造板材生产的关键工段。后处理工段有推出辊台、自动切割机、封边机、接板辊台及封口打字和切断等设备，主要完成封边和切割任务。

（2）秸秆复合材料生产技术。秸秆复合材料生产技术是以秸秆为原料，添加竹、塑料等其他生物质或非生物质材料，利用特定的生产工艺，生产出可用于环保、木塑产品生产的高品质、高附加值功能性的复合材料。秸秆复合材料生产的工艺主要包括高品质秸秆纤维粉体加工、秸秆生物活化功能材料制备、秸秆改性碳基功能材料制备、超临界秸秆纤维塑性材料制备、秸秆/树脂强化型复合型材制备、秸秆纤维轻质复合型材制备、生物质秸秆塑料制备。

（3）秸秆清洁制浆技术。秸秆清洁制浆技术主要是针对传统秸秆制浆效率低、水耗能耗高，污染治理成本高等问题，采用新式备料、高硬度置换蒸煮+机械疏解+氧脱木素+封闭筛选等组合工艺，降低制浆蒸汽用量和黑液粘度，提高制浆得率和黑液提取率的制浆工艺。

# 9.4　养殖业污染减控技术

## 9.4.1　总体要求

根据区域资源环境承载能力，合理确定畜禽养殖数量；遵循"减量化、无害化、资源化、生态化"的原则和遵守环境影响评价及"三同时"原则；以环境功能区划为基准，因地制宜、科学规划、合理划定"三区"（禁养区、限养区、适养区）；发展清洁养殖，从源头上控制污染物产生；构建沼气工厂、大型有机（有机无机复混）肥料厂及配套的养殖粪便堆肥处理中心以及尿液（废水）储存池，实现粪便中氮磷养分在农田（作物）→饲料→生猪→粪便→农田（作物）之间循环利用（图9-1）和生产废水的全部再利用，为绿色无公害农产品生产基地提供优质无机肥。加强环境监管，从管理体制方面加以保障；依靠科学技术和科技人才，创新畜禽养殖业环境体系能力建设，促进畜禽养殖业发展与地表水及地下水、土壤、空气等重要环境要素保护协调发展。

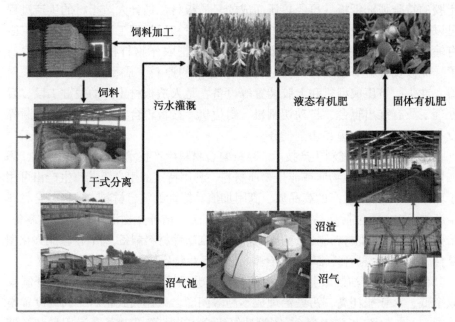

**图9-1 粪便无害化处理和资源化利用示意图**

## 9.4.2 合理确定农田畜禽承载力

### 9.4.2.1 区域农田畜禽承载力模型

粪便还田利用历史悠久，是各国家地区普遍采用的一种经济、简便的处理方式；但如果区域养殖的畜禽粪便产生量超过农地承载能力，就容易对环境造成二次污染。因此，一些学者对农地畜禽粪便承载量和适宜畜禽养殖数量开展了研究，但这些研究多从畜禽粪便中氮磷养分数量可导致环境污染风险角度出发，而基于农田养分平衡理论的适宜畜禽养殖规模方面的研究较少。本书在计算区域农田养分平衡基础上，维持一定养分盈余（养分平衡有亏缺时，容易导致土壤养分水平下降，影响作物产量；养分平衡有盈余时，土壤养分水平将会增加，但也不能过高，故维持现有养分盈余），通过设置有机无机肥合理配施参数以调整养分投入量，预测区域农田生猪总承载量（$T_{pig}$，万头）和区域农田生猪养殖新增承载量（$S_{pig}$，万头）；分别根据猪粪便中 N 和 $P_2O_2$ 养分含量，将各种畜禽数量统一折算成生猪养殖数量（猪单位），其中区域农田生猪养殖新增承载量是有机肥养分投入量变化值等量转换后的生猪养殖数量，分别用以下公式计算：

$$T_{pig} = M_{InR} * 10^6 / P_{NP} \tag{9-1}$$

$$S_{pig} = M_{balR} * 10^6 / P_{NP} \tag{9-2}$$

$$M_{balR} = M_{InR} - M_{In} \tag{9-3}$$

方程（9-1）、方程（9-2）和方程（9-3）中，$T_{pig}$ 为区域农田生猪总承载量，万头；$M_{InR}$、$M_{balR}$、$M_{In}$ 分别为按照有机无机肥合理配施比例重新计算后的有机肥源养分允许投入量、有机肥源养分增减量和实际的有机肥源养分投入量，t/a；$P_{NP}$ 为每头猪每天排泄的粪便中的氮或 $P_2O_2$ 养分量，g/d；有机肥源包括人畜粪尿、秸秆和饼肥，鉴于研究区域饼肥在有机肥资源中所占比例比较小，且作为畜禽饲料使用，秸秆多直接还田，在此忽略不计，故有机肥源仅指人畜粪尿。$M_{In}$、$M_{InR}$ 计算见方程（9-4）、（9-5）、（9-6）。

$$M_{InR} / F_{InR} = \alpha \tag{9-4}$$

$$M_{InR} * (1-A) + F_{InR} * (1-B) = C_{Out} + N_{bal} - N_{IIn} - N_{AIn} - N_{NFIn} - N_{SIn} \tag{9-5}$$

$$M_{In} = \sum A_j * M_{NPj} * 365 / 1000000 \tag{9-6}$$

$$C_{Out} = \sum C_i * C_{ni} / 10^3 \tag{9-7}$$

方程（9-4）、（9-5）、（9-6）、（9-7）中，$\alpha$ 是无机有机肥的合理配施比例，无量纲；$F_{InR}$ 为有机无机肥合理配施比例重新计算后的化肥源养分允许投入量，t/a；A、B 分别为有机肥、化肥中养分损失比例，无量纲；$A_j$ 为第 $j$ 种畜禽数量，头（只）；或人口数量，人；畜禽数量选用畜禽的年存栏量，人为农村年终人口统计数。$M_{NPj}$ 为畜禽或人每天排出的氮磷养分含量，g/d；$C_{Out}$ 为作物带走养分量，t/a；$N_{AIn}$ 为养分干湿沉降量，t/a；$N_{IIn}$ 为灌溉水中养分量，t/a；$N_{NFIn}$ 为生物固氮量，t/a；$N_{SIn}$ 为种子所含养分量，t/a。$N_{bal}$ 为用户根据当地环境条件确定允许盈余量，t/a；特殊情况下也可为现有养分盈余量。$C_{Out}$ 等于作物产量与单位产量所需氮或 $P_2O_2$ 量之积，见方程 10; $N_{IIn}$、$N_{AIn}$、$N_{NFIn}$ 等于单位耕地面积产生量与耕地面积之积, $N_{SIn}$ 等于作物播种面积、播种量及种子氮或 $P_2O_2$ 含量之积。$C_i$ 为第 $i$ 种作物产量, t/a; $C_{ni}$ 为第 $i$ 种作物单位产量所需要的养分量, kg/t。

农田养分平衡、化肥养分投入量以及有机肥养分投入量计算结果见第四章有关内容。

### 9.4.2.2 区域农田畜禽承载力预测

目前区域农田畜禽承载力的预测有基于 N 平衡的, 也有基于 $P_2O_2$ 平衡的, 考虑到作物 N 养分管理研究内容较多, 因此本书仅基于 N 进行畜禽承载力预测。已有研究结果表明, 有机肥 N 养分占总养分用量 40%~50% 的时候, 作物产量较高。河南全省有机肥 N 养分占总养分量比例平均在 35%~42% (表 9-4), 这与近年来养殖数量减少以及化肥用量增加有关, 与有机肥与化肥比例基本相符。因此本书分别设定有机肥和化肥氮养分比例为 0.4:0.6 和 0.5:0.5, 同时考虑到全省及各地级市的养分盈余量较大的实际情况 (表 4-7), 2010 年全国平均为 $60.7kg/hm^2$, 而河南省则为 $147~336kg/hm^2$, 远高于全国平均水平; 前文指出, 当养分平衡 [养分平衡 (%) = (养分投入/养分支出−1)×100] 值超过 20% 的时候, 存在环境风险, 且表 4-12 显示河南省氮养分平衡值为 30%~50%, 当设定养分盈余量为目前 50% 的时候, 则氮养分平衡值在 15%~25% 之间, 环境风险大大降低; 因此在河南省养分盈余量高值的前提下, 计算畜禽养殖承载力的时候, 养分盈余量按照减少一半计算。

表 9-4 河南省 2000—2015 年投入的有机肥 N 养分占养分比例

| 区域名称 | 2000 年 | 2005 年 | 2010 年 | 2015 年 |
| --- | --- | --- | --- | --- |
| 郑州市 | 0.36 | 0.40 | 0.37 | 0.37 |
| 开封市 | 0.48 | 0.52 | 0.43 | 0.43 |
| 洛阳市 | 0.43 | 0.50 | 0.41 | 0.41 |
| 平顶山市 | 0.39 | 0.44 | 0.36 | 0.32 |
| 安阳市 | 0.35 | 0.35 | 0.28 | 0.27 |
| 鹤壁市 | 0.44 | 0.54 | 0.50 | 0.47 |
| 新乡市 | 0.36 | 0.31 | 0.27 | 0.27 |
| 焦作市 | 0.36 | 0.38 | 0.35 | 0.31 |
| 濮阳市 | 0.38 | 0.37 | 0.31 | 0.32 |
| 许昌市 | 0.46 | 0.51 | 0.38 | 0.37 |
| 漯河市 | 0.44 | 0.37 | 0.35 | 0.41 |

（续表）

| 区域名称 | 2000 年 | 2005 年 | 2010 年 | 2015 年 |
|---|---|---|---|---|
| 三门峡市 | 0.41 | 0.49 | 0.44 | 0.43 |
| 南阳市 | 0.51 | 0.51 | 0.37 | 0.35 |
| 商丘市 | 0.50 | 0.51 | 0.36 | 0.32 |
| 信阳市 | 0.40 | 0.39 | 0.31 | 0.30 |
| 周口市 | 0.40 | 0.37 | 0.33 | 0.35 |
| 驻马店市 | 0.43 | 0.48 | 0.44 | 0.37 |
| 济源市 | 0.45 | 0.45 | 0.46 | 0.45 |
| 全省 | 0.43 | 0.44 | 0.36 | 0.35 |

（1）基于有机肥和化肥氮养分比例为 0.5∶0.5 的畜禽承载力预测结果。

设定有机和无机肥合理配施比例为 0.5∶0.5，并设定河南省及其各市的 N 盈余量减少一半，基于 N 预测了河南各市的生猪承载量和可新增养殖数量，结果见图 9-2。只有安阳市、新乡市、焦作市、濮阳市、许昌市、南阳市、商丘市、信阳市、周口市和驻马店市畜禽养殖数量是可以增加的，增加的数量分别是 297.7 万头、255.1 万头、97.9 万头、71.4 万头、3.4 万头、122.0 万头、332.6 万头、48.2 万头、277.9 万头和 41.8 万头猪单位，这与目前化肥源氮的投入量大于有机肥源氮投入量，在满足作物生长对氮需求的基础上，可以减少化肥源氮的投入量，相应地增加有机肥源氮的投入量有关。上述 10 个市有机肥源氮投入量可分别增加 36 108.1t、30 934.9t、11 872.0t、8 654.0t、410.6t、14 799.5t、40 345.0t、5 844.1t、33 706.2t 和 5 071.9t，相应地，化肥源氮投入量分别减少 111 694.9t、148 467.5t、47 474.2t、69 042.0t、54 975.6t、179 580.5t、152 669.4t、175 617.9t、141 260.7t 和 142 777.7t；而其他 8 个城市的有机肥源 N 投入量较多，应该有所减少，畜禽养殖数量相应地也有所减少，郑州市、开封市、洛阳市、平顶山市、鹤壁市、漯河市、三门峡市和济源市畜禽养殖减少量分别为 28.6 万头、55.3 万头、76.3 万头、18.4 万头、57.2 万头、19.3 万头、34.9 万头和 15.9 万头猪单位；8 个市有机肥源氮投入量可分别减少 3 472.2t、6 706.6t、9 252.4t、2 231.4t、6 935.8t、2 943.4t、4 236.2t 和 1 922.5t，相应地，化肥源氮投入量分别减少 44 790.0t、46 336.8t、42 579.3t、95 706.9t、12 269.4t、27 106.3t、15 421.9t 和 3 818.9t；全省畜禽新增养殖数量累计为 1 242.0 万头猪单位，同时化肥源氮投入量减少 1 511 591.0t。

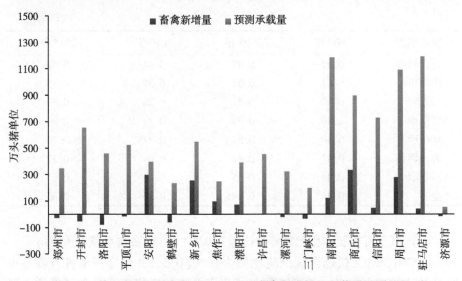

**图 9-2　基于有机肥与化肥氮 0.5∶0.5 畜禽新增量及承载量预测结果**

（2）基于有机肥和化肥氮养分比例为 0.4∶0.6 的畜禽承载力预测结果。

设定有机和无机肥合理配施比例为 0.4∶0.6，并设定河南全省及其各市的 N 盈余量减少一半，基于 N 预测了河南各市的生猪承载量和可新增养殖数量，结果见图 9-3。图中可以看出，只有安阳市、新乡市、焦作市、商丘市畜禽养殖数量是可以增加的，增加的数量分别是 127.8、66.6、13.5 和 26.8 万头猪单位，这与目前化肥源氮的投入量大于有机肥源氮投入量，在满足作物生长对氮需求的基础上，可以减少化肥源氮的投入量，相应地增加有机肥源氮的投入量有关。上述 4 个市有机肥源氮投入量可分别增加 15 504.4t、8 083.3t、1 641.0t 和 3 247.3t，相应地，化肥源氮投入量分别减少 79 888.3t、99 434.3t、53 260.2t 和 124 018.8t；而其他 14 个城市的有机肥源 N 投入量较多，应该有所减少，畜禽养殖数量相应地也有所减少，郑州市、开封市、洛阳市、平顶山市、鹤壁市、濮阳市、许昌市、漯河市、三门峡市、南阳市、信阳市、周口市、驻马店市和济源市畜禽养殖减少量分别为 109.3 万头、213.4 万头、176.2 万头、136.1 万头、102.0 万头、40.2 万头、109.5 万头、95.7 万头、75.4 万头、208.4 万头、152.0 万头、70.3 万头、267.6 万头和 26.0 万头猪单位；14 个市有机肥源氮投入量可分别减少 13 256.1t、25 881.9t、21 371.6t、12 375.0t、4 878.8t、13 277.6t、11 606.7t、9 144.2t、25 277.8t、18 432.9t、8 522.6t、32 457.1t 和 3 152.1t，相应地，化肥源氮投入量分别减少 29 531.8 t、9 157.3 t、34 741.6 t、78 590.9 t、29 143.0 t、49 175.1 t、38 591.7 t、24 032.2 t、12 995.2 t、61 530.9 t、134 823.1 t、70 910.1 t、93 613.8 t 和 53 040.4 t；全省畜禽养殖数量累计减少 1 547.3 万头猪单位，同时化肥源氮投入量减少 1 076 475.8 t。

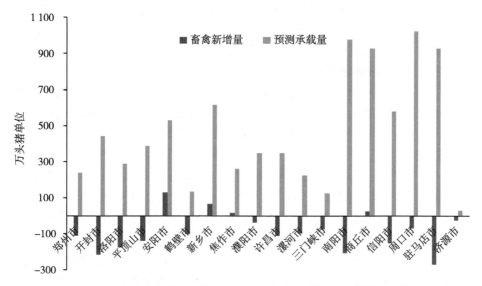

图 9-3　基于有机肥与化肥氮 0.4∶0.6 畜禽新增量及承载量预测结果

应该说明的是，上面预测结果，尤其是可新增畜禽养殖量的地市，应该按照政府划定的畜禽养殖场"三区"范围，合理进行安排布置；同时建设相应地畜禽粪便绿色储存设施、利用设施等。

## 9.4.3　养殖废弃物利用技术模式

### 9.4.3.1　养殖场合理规划和养殖过程管理

在集约化养殖场建立和发展过程中，必须对畜禽废弃物的农田负荷量、养殖场选址合理性、废弃物的环境影响和处理能力等多方面因素进行综合考虑，合理规划与布局。选址时应该考虑以下因素：①在饮用水源地、人口稠密区及环境敏感区内禁止建场，养殖场与居民区之间应设置隔离带；②远离下渗率较高的地区；③生产辅助区应建在上风向；④储粪场应选择有利于排放、运输和施用之处。

制订生产管理措施，监测原料投入和废物排放是否达标，制订环境应急管理措施。制订营养管理措施。改善饲料特性，一是降低蛋白质饲料的应用，提高氨基酸及其相关化合物的使用；二是降低磷饲料的应用，提高植酸酶和/或易消化无机磷酸盐的使用（低磷饲料配方：添加植酸酶；添加植物饲料原料中的有机磷量；减少无机磷在饲料中）的应用；其他饲料添加剂（酶制剂、生长激素、微生物）的使用；促生长物质的合理使用；增加高消化性原料的使用。在使用可消化磷和氨基酸的基础上制定具有最佳饲料转化率的平衡饲料配方（遵循理想蛋白质的理念）；对猪和家禽类而言，饲料中蛋白质减少1%，能使氮和氨产生量降低10%。分段饲养。

### 9.4.3.2　畜禽粪便资源化利用技术

（1）粪便集中收集处理利用技术。此种技术是在养殖场应用干湿分离工艺产生固体粪便的基础上，有机肥（有机无机复混肥）企业对一定半径内养殖场产生的粪便进行集中收集运输粪便，再添加秸秆、木屑、酒糟、食用菌菌渣等物料、采用自然堆肥、机械翻堆堆肥、条垛式主动供氧堆肥等堆肥技术进行堆制，再将发酵腐熟的堆肥制作成商品有机肥或者再加入化学肥料等制成有机无机复混肥。该技术的优点是养殖企业无须就地消纳养殖所产生的固体废弃物或者沼渣，仅需承担污水处理费用；缺点是要求区域内养殖业达到一定规模且分布较为集中。

（2）种养结合利用技术模式。种养结合原则是有关养殖粪污治理的各种规范共同坚持原则。此种技术模式与上一个技术模式不同之处是种植大户（合作社）直接从生猪养殖企业处收集养殖粪污，堆放在田间地头，粪污在具有防雨顶棚和防渗性能的储存池中发酵腐熟，待作物需要时，从发酵池中泵出，直接作为肥料施用。此法主要优点是养殖企业仅需具备一定的粪污贮存设施，不需要配套足够的消纳粪便的土地，更不需要承担高额的粪污处理费用，有效地解决了养殖企业缺少配套消纳粪污耕地的问题。缺点是养殖企业（合作社）周围一定半径内要有一个规模化的种植大户（合作社），并与种植大户（合作社）建立良好的对接关系。

### 9.4.3.3　畜禽粪便循环利用技术

（1）以沼气工程为纽带的循环利用技术模式。该模式是推广应用最为广泛、有效的技术模式，是种养结合利用技术模式的另一种表现，一般为种养结合的家庭农场或者拥有（土地流转）较大种植业基地的生猪养殖企业所使用。生猪养殖企业多采用干湿分离（为提高产气量，也有粪污一起收集），雨污分离；再利用沼气工程（工艺流程可参见相关文献），将粪污进行厌氧发酵处理，产生的沼气供场内或周边农户取暖、照明、做饭，沼渣、沼液做农田、经果林的基肥和灌溉用水，适时施用；沼渣制作有机肥还田，最终实现粪污循环利用。优点是资源循环利用率高，促进了农村新能源产业发展，改善农村居住环境；缺点是必须考虑到土地的消纳能力，需配套相应面积的农田或经果林地。

（2）饲料化与肥料化综合利用模式。粪便中含有大量的营养成分，如粗蛋白质、脂肪、钙、磷、维生素 $B_{12}$ 等，因此可作为其他生物的饲料来源，生物利用后剩余的废弃物再用来制作有机肥。如可利用猪粪、牛粪等作为原料并结合食用菌产业所产生的废菌棒养殖蚯蚓，通过蚯蚓及微生物技术将粪便转化成含有多种微生物菌群的蚯蚓粪，蚯蚓粪加工成有机肥，用于蔬菜花卉生产，而将蚯蚓加工成蚯蚓干，或者直接销售。

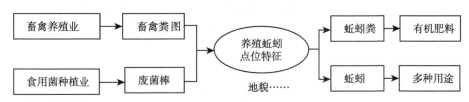

**图 9-4　粪便饲料化与肥料化综合利用技术模式**

### 9.4.3.4　生态处理技术模式

养殖粪污采用"两分技术"后，固体废弃物通常作为肥料使用，流体废污处理方式通常有三种，第一种是沼气化处理后作为液体肥料使用，详见9.4.3.3；第二种是生态处理模式；第三种是流体废污沼气化处理后再利用生态处理模式进行处理。生态处理模式是一种利用天然净化能力对污水进行处理的技术模式，该模式是将养殖场附近的土地进行适当修整，建成人工湿地、土地处理系统、氧化塘等，依靠微生物、藻类或者人工种植的狸尾藻、水葫芦、水蓝花等作物的共同作用处理污水中的污染物，使之达标排放或者用于灌溉等。

### 9.4.3.5　养殖粪污达标排放技术

养殖粪污达标排放技术简单说就是采用工厂化处理技术进行粪污治理，使其符合国家标准后排放。目前粪污处理工艺，如 SBR 工艺处理、STCC 工艺（多种介质填料的曝气生物滤池）处理都较为成熟，但粪污工厂化处理达标排放技术的优点是处理能力大，不需要配套适宜的耕地面积消纳粪污；缺点是需要较为复杂的机械设备和要求较高的构筑物，其设计、运转均需要具有较高技术水平的专业人员来执行，成本较高且浪费资源。

### 9.4.3.6　高效用水技术

高效用水即提高水分利用效率，也从源头上降低污染物排放。家禽饮水器（低容量的乳头式饮水器或高容量滴杯饮水器；水槽；圆盘饮水器）、生猪饮水器（在水槽或杯中的乳头式饮水器；水槽；鸭嘴式饮水器），需要定期校准饮水装置，以避免溢漏，通过计量耗水量还对用水量进行记录；监测和修理泄漏；单独收集雨水，并用作清洁用水。

# 9.5　地膜回收利用技术

河南省自20世纪70年代末开始，地膜覆盖技术得到大面积的推广，但同时地膜残留污染约束了农业的可持续发展。据统计，2013年、2014年、2015年全省农用地膜年使用量分别达到了16.78万 t、16.35万 t和16.20万 t，覆膜技术的广泛施用可使经济作物增产20%~60%，可增加30%的贮水量。2010年河南省第一次全国污染源普查公报数据显示地膜回收率在78%，全省地膜残留量0.78万 t。对花生、棉花种植区地膜残留量的调查表明，花生、棉花种植区地膜残留量分别为24.9kg/hm$^2$、13.5kg/hm$^2$，地膜残留系数分别为1.11%和0.71%，地膜残留主要分布在0~20cm耕层土壤中，整体地膜污染形势较轻。但在地膜覆盖技术大面积推广和农作物增产的同时实现农业的可持续发展，地膜污染也不能忽视，为此还应着手以下方面。

## 9.5.1　推进地膜覆盖减量化

加快地膜覆盖技术适宜性评估，推进地膜覆盖技术合理应用，降低地膜覆盖依赖度，减少地膜用量。加强倒茬轮作制度探索，通过粮棉、菜棉轮作，减少地膜覆盖。示范推广一膜多用、行间覆盖等技术。

## 9.5.2　推进地膜捡拾机械化

加快地膜回收机具的推广应用，加大地膜回收机具补贴力度。在有条件的地区，将地膜回收作为生产全程机械化的必需环节，推动组建地膜回收作业专业组织，全面推进机械化回收。加强地膜回收机具研发和技术集成，推动形成区域地膜机械化捡拾综合解决方案。

## 9.5.3　推进地膜回收专业化

研究制定地膜回收加工的税收、用电等支持政策，扶持从事地膜回收加工的社会化服务组织和企业，推动形成回收加工体系。引导种植大户、农民合作社、龙头企业等新型经营主体开展地膜回收，推动地膜回收与地膜使用成本联动，推进农业清洁生产。

# 9.6 水资源高效利用技术

河南省水资源占有量严重不足，且区域自身人口密集，涵盖大量不同行业的用水部门，且是国家的粮食生产基地，因此需用水量远大于区域的资产水量，要解决水资源供需问题，提高水资源承载力，需要从以下方面着手努力。

## 9.6.1 提高引调水的利用水平

河南省多年平均地表水资源折合径流深仅 183.6mm。其中，省辖海河流域地表水资源量最贫乏，折合径流深 106.6mm，黄河流域 124.4mm。驻马店市地表水资源量为 36.279 亿 $m^3$，折合径流深均超过 160mm。而北部的濮阳市地表水资源量相对最贫乏，多年平均 1.861 亿 $m^3$，折合径流深仅 44.4mm。另外，开封市、许昌市、新乡市的地表水资源量分别为 4.044 亿 $m^3$、4.190 亿 $m^3$、7.521 亿 $m^3$，折合径流深均不足 100mm。因此要从根本上解决河南省的缺水问题，实施区域外引调水工程是十分必要的。

南水北调中线一期工程分配给河南省的水量指标为 37.69 亿 $m^3$，其中刁河引丹灌区分配水量指标为 6 亿 $m^3$。扣除刁河引丹灌区分配水量和总干渠输水损失后，河南省受水区各口门分配水量指标共为 29.94 亿 $m^3$。

黄河是河南省最大的过境河流，流经三门峡市、洛阳市、济源市、焦作市、郑州市、开封市、新乡市、濮阳市 8 市 28 县（市），惠及安阳市、商丘市、许昌市、周口市等，全年平均入境水资源量占全省的 90% 以上。2012 年，河南省充分利用黄河水量调度的引水时机，进一步加大过境水资源利用力度，全年引黄水量达到 37.56 亿 $m^3$，再创新高，有力地保障了沿黄地区农业灌溉和城市生活生产生态用水需求。

随着南水北调中线工程的正式通水以及黄河沿线区域的引黄工程水量的增加，河南省的用水缺口大幅缩减，南水北调中线工程及引黄水量达到了全省地表水总用水量的一半以上，因此引调水工程对河南省供用水构成了重要的支撑作用。随着引调水工程的通水及实施，应该加强调蓄工程建设，以满足不同时段的供水需求，尤其是在农业需水季节。

## 9.6.2 水资源高效利用技术

水资源高效利用包括 4 个基本环节，一是减少渠系（管道）输水过程中的水量蒸发和渗漏损失，提高灌溉水的输水效率；二是减少田间灌溉过程中水分的深层渗漏和地表流失，提高灌溉水的利用率；三是减少来自农田土壤的水分蒸发损失，最大限度地利用天然降水和灌溉水资源；四是减少作物的水分奢侈性蒸腾消耗，提高作物水分生产效率和用水效益。要提高水资源利用效率，需要采取工程节水、农艺节水、生物节水等节水农业技术。

### 9.6.2.1 工程节水技术

主要包括高效输配水和节水灌溉技术。高效输配水主要通过渠道防渗技术和管道输水技术来实现。节水灌溉可采用多种方式，如喷灌、滴灌、管灌、微喷灌、改进地面灌溉（如膜上灌、膜下灌、波涌灌、漫灌改畦灌、大畦改小畦等）等。从节约水资源的角度，可采用非充分灌溉技术，如根际交替灌溉、控制灌溉、坐水种、间歇灌溉等。

### 9.6.2.2 农艺节水技术

农艺节水通过土壤水分高效集蓄、保水和节水生化制剂的应用等实现。具体包括土壤水库扩蓄增容技术（如有机培肥、草田轮作、土壤结构改良剂应用等）、田间微地形集水技术（如沟垄种植、等高种植等）、生物和地膜覆盖保墒技术、耕作保墒技术（如免耕、少耕、中耕、耙糖等）、保水剂和抗旱种衣剂应用等。

### 9.6.2.3 生物节水技术

生物节水技术主要包括选择抗旱节水的品种，挖掘作物生理抗旱节水潜力（如抗旱抑蒸剂生理调控技术、少量灌溉水调用土壤水），建立与区域水资源相匹配的作物区域布局结构、高效用水的作物群体结构（如合理的种植密度、作物高度控制等）和多样性的立体种植（间作、套作、混作等）模式。

## 9.6.3 水资源高效管理技术

首先，建立合理的节水灌溉制度和水资源分配制度，如作物的灌水次数、灌水定额、灌水时间；二是合理调配灌溉水资源，正确执行用水计划，实行科学用水；三是建立合理水资源补偿制度，对超过利用水资源限量的地区，要大幅度增加水资源费，同样地，对节约利用水资源的地区，要给予补偿；四是建立和完善高效节水灌溉技术服务体系，提高技术支撑和服务保障能力；加强宣传，开展节水教育。

# 9.7  水污染控制技术

除了提高水资源利用率外，还应该加强水资源质量管理，保证水体质量能够满足农业生态环境保护需要，包括农业灌溉水质、农业生态景观用水等需求。前文提到的科学合理施肥技术、科学合理施用农药技术、养殖污染物减控技术、农用地膜回收利用技术等，以及下文提到的发展有机农业等都是控制农业面源污染的有效技术。除此以外，下列技术也有助于防控水污染，改善水质。

农田径流生态拦截技术。在农田生态系统中构建成一定的沟渠，沟渠中配置多种作物，并设置透水坝、拦截坝等辅助性工程措施，对沟渠中的氮磷等物质进行拦截、吸附，从而达到净化水质的目的。沟渠中的生物应选择对氮磷等较强吸收能力、生长旺盛，具有一定经济价值或易于处置利用，并可形成良好生态景观；应该说明的是，水中植物死亡后沉积水底会腐烂，向水体释放有机物质和氮磷元素，造成二次污染，因此沟渠的水生植物要定期收获、处置和利用。

人工湿地（生态塘）生态拦截技术。在大型水体的周边，尤其是饮用水源保护区，通过建设湿地生态系统等也有助于控制农业面源污染，湿地生态构建包括生态池、水生植物选择以及人工湿地基质层物料、腐殖层物料选择等。水生植物的选择原则和农田径流生态拦截技术的相关内容一致。基质层物料也应该具有较强的吸附能力、可再利用特性等。与此相似的是，缓冲带隔离技术，该技术是在河流、水库周边设置缓冲带，在隔离带上种植生物来吸附氮磷等。

建立水功能区限制纳污体系。根据《中华人民共和国环境保护法》、《水污染防治行动计划》等法律法规，依据河南省水环境功能区划定结果，按照各水功能区水资源开发利用程度和保护目标要求，建立市、县区水功能区纳污限制指标，实现主要河流水功能区达标率和限制排污总量双控制目标。

实行环境保护设施的"三同时"制度。各省辖市的生态环境保护主管部门要加强对新建、改扩建农业示范园区、科技园区、产业园区、高新技术区以及养殖小区、农产品加工园区（厂）等的环境影响评价工作，做到水污染处理工程设施与主体工程"同时设计、同时施工、同时投入使用"，从源头上加强水污染物管理，严格新建、改建入河排污口管理。

# 9.8 耕地地力提升技术

为积极推进耕地质量提升和保护，增强农业综合生产能力，巩固和提升粮食产能，着力实现"藏粮于地，藏粮于技"战略，通过土地整理等多种方式，保证耕地面积不减少的前提下，还要培肥河南农业土壤。

## 9.8.1 建设高标准农田

根据国家高标准农田建设规划，河南省高标准农田建设任务为 424.6 万 hm²，截至目前已建设 856.93 万 hm²。要继续统筹整合全省各类涉农项目资金，确保到 2020 年建成 424.6 万 hm²、力争建成 494.67 万 hm² 高标准农田，提升农业和粮食综合生产能力。

## 9.8.2 土壤障碍修复技术

重点是化肥农药减量控污、土壤重金属污染修复和白色（残膜）污染防控。化肥农药减量控污控制技术，按照《到 2020 年化肥使用量零增长行动方案》和《到 2020 年农药使用量零增长行动方案》，调整化肥农药使用结构、改进施肥施药方式，建设有机肥厂（车间、堆沤池），推动有机肥（秸秆、绿肥）替代化肥，推广化肥减施技术体系、农药减施技术体系等（具体参见 9.1、9.2、9.4 等章节）。白色（残膜）污染防控技术，每县（市、场）设村、乡、县三级残膜回收站点（具体参见 9.5）。

土壤重金属污染阻控修复技术，首先是开展土壤污染状况详查工作，弄清楚土壤重金属污染分布、原因以及污染源等因素、划分土壤环境质量等级和重点污染区域；其次是严控污染源进入耕地，包括限量施用达标的城市污水处理厂污泥、施用重金属含量达标的有机肥，严禁将城镇生活垃圾、污泥、工业废物直接用作肥料，工业固体废物尤其是危险工业固体废物必须严格按照相关标准进行处理、加强监管、杜绝污染农田（包括二次污染）；在重金属污染较为严重地区（如洛阳市、新乡市和驻马店市）要制定污染土壤治理与修复规划，选择适宜的污染修复技术，如施用石灰和土壤调理剂调酸钝化重金属，开展秸秆还田或种植绿肥，因地制宜调整种植结构等。

## 9.8.3 土壤肥力保护提升

重点是耕层保护、秸秆还田、增施有机肥和深松整地。一是全面推进建设占用耕地耕作层剥离再利用。二是秸秆还田培肥，各县（市、场）配置大马力拖拉机及配套机具，支持开展秸秆还田（包括深翻和翻松旋轮耕）。三是增施有机肥，每县（市、场）要根据耕地畜禽承载力，建设种养结合示范区，建设畜禽粪污资源化利用基础设施，支持适度规模养殖场进行粪污处理；建设有机肥厂（车间、堆沤池），引导农民增施有机肥。四是深松整地保水保肥。各县（市、场）每3年开展一次深松整地工作。

### 9.8.4　耕地质量调查监测与评价

重点是建设耕地质量调查监测网络和耕地质量大数据平台，组织开展耕地质量调查与评价工作。一是建设耕地质量调查监测网络。根据土壤类型、作物布局、耕作制度、代表面积、管理水平、生态环境的差异，按照 1 万 $hm^2$ 耕地设置 1 个监测控制点的标准建设耕地质量长期定位监测控制点，开展耕地地力、土壤墒情和肥效监测。二是建设耕地质量大数据平台。建立省级耕地质量数据中心，完善县域耕地资源管理信息系统，及时掌握耕地质量状况，为农业行政管理、政策制定、规划编制、区划调整和生产提供决策依据。三是开展耕地质量调查与评价。在县域耕地地力调查和评价的基础上，开展省级耕地质量调查与评价，对耕地立地条件、设施保障条件、土壤理化性状、生物群系、环境状况和耕地障碍因素进行全面调查，综合评价耕地质量等级，定期发布相关报告。

# 9.9　发展有机农业

现代常规农业在给人们带来高效的劳动生产率和丰富的物质产品时，由于现代常规农业生产中大量使用化肥、农药等农用化学品，使环境受到不同程度的污染、自然生态系统遭到破坏等，为探索农业发展的新途径，各种形式的替代农业概念和措施，如有机农业、生物农业、生态农业、持久农业、再生农业等应运而生。虽然名称不同，但都是为了合理利用资源、保护环境，其中有机农业最具代表性。

联合国食品法典委员会定义的有机农业是促进和加强包括生物多样性、生物循环和土壤生物活动的农业生态系统健康的整体生产管理系统。国际上权威组织——国际有机农业运动联合会（International Federation of Organic Agriculture Movements，IFOAM）定义的有机农业是包括所有能够促进环境、社会和经济良性发展的农业生产系统。我国《有机产品国家标准 GB/T

19630.1—2011 第1部分：生产》对有机农业定义是，遵照特定的农业生产原则，在生产中不采用基因工程获得的生物及其产物，不使用化学合成的农药、化肥、生长调节剂、饲料添加剂等物质，遵循自然规律和生态学原理，协调种植业和养殖业的平衡，采用一系列可持续发展的农业技术以维持持续稳定的农业生产体系的一种农业生产方式。无论如何定义，有机农业的内涵是一致的，即有机农业是新兴的环保产业。

有机农业的环境保护功能主要体现在以下方面。

### 9.9.1 培肥土壤、降低氮磷养分损失

研究表明，有机生产的硝酸盐淋溶很低，在丹麦仅为 $27 \sim 40 kg/hm^2$，Haberg 比较了丹麦 16 个常规和 14 个有机种养结合的农场，发现常规农场的氮剩余 $242 kg/hm^2 \cdot a$，而有机农场为 $142 kg/hm^2 \cdot a$。

### 9.9.2 保护生物多样性

英国一个历时 2 年的研究试验结果表明，有机农田周围的稀有和濒危植物种类有了显著提高，除了 21 种"目标"种类外，有 11 种只在有机田里出现，8 种在有机田随处可见的种类在常规田却寥寥无几，在有机田及其周围，稀有种类的数量是常规田的 2 倍；有机农田中更大的无脊椎动物丰富度和频度以及植物食物资源、生境、耕作实践对鸟类的多样性和数量都有直接影响。

### 9.9.3 促进改善农业景观

有机农场由于促进多样化的作物轮作，以及生物多样性改变了整个景观的美学价值。

### 9.9.4 促进农业废弃物资源化利用

养殖废弃物、农作物残渣、草、秸秆和其他一些在常规农场通常被当作废弃物，但经过妥当处理后，在有机农场被当作是土壤养分和有机质的来源。

### 9.9.5 防治土壤侵蚀

有机农业提倡轮作、间作、套作、土壤覆盖等，表面有覆盖的土壤可以避免雨水的直接冲刷，减少水土流失。

有机农业生产技术中，土壤培肥和有害生物管理是其中重要的两个方面，在实际生产中也较难控制，而这两个方面改善可能是有机生产保护农业

环境关键所在。土壤肥力是衡量有机农场是否健康的重要指标，可通过适当的耕作与栽培措施维持和提高土壤肥力，采用种植豆科植物、免耕或土地休闲等措施进行土壤肥力的恢复，施用有机肥以维持和提高土壤肥力、养分平衡和土壤生物活性，有机农家肥包括粪尿类、堆沤肥料类、绿肥和饼肥，每亩施用腐熟的有机肥料不少于 5 000kg。有害生物的管理要从作物到有害生物整个生态系统出发，综合运用各种防治措施，创造不利于有害生物滋生和有利于各类天敌繁衍的环境条件，保持农业生态系统平衡和生物多样性，优先选用农业防治措施，其中包括保护性耕作、轮作或间作、土壤改良、有益生物的生境调节及作物的抗性品种选择等；还要尽量保护和利用天敌控制害虫；使用生物农药控制病虫害；利用物理方法和措施防治病虫害，如鳞翅目害虫用太阳能杀虫灯诱杀，蚜虫可用黄色粘虫板，蓟马可用蓝色粘虫板；人工捕杀或者热力（温汤浸种）杀死害虫；推广使用防虫网；人工除草。有机生产中允许施用的物料见表 9-5、表 9-6。

表 9-5  土壤培肥和改良物质（有机认证中可以使用的肥料）

| 类别 | 名称和组分 | 使用条件 |
|---|---|---|
| I.植物和动物来源 | 植物材料（秸秆、绿肥等） | — |
| | 畜禽粪便及其堆肥（包括圈肥） | 经过堆制并充分腐熟 |
| | 畜禽粪便和植物材料的厌氧发酵产品（沼肥） | — |
| | 海草或海草产品 | 仅直接通过下列途径获得：物理过程，包括脱水、冷冻和研磨；用水或酸和（或）碱溶液提取；发酵 |
| | 木料、树皮、锯屑、刨花、木灰、木炭及腐殖酸类物质 | 来自采伐后未经化学处理的木材，地面覆盖或经过堆制 |
| | 动物来源的副产品（血粉、肉粉、骨粉、蹄粉、角粉、皮毛、羽毛和毛发粉、鱼粉、牛奶及奶制品等） | 未添加禁用物质，经过堆制或发酵处理 |
| | 蘑菇培养废料和蚯蚓培养基质 | 培养基的初始原料限于本附录中的产品，经过堆制 |
| | 食品工业副产品 | 经过堆制或发酵处理 |
| | 草木灰 | 作为薪柴燃烧后的产品 |
| | 泥炭 | 不含合成添加剂。不应用于土壤改良；只允许作为盆栽基质使用 |
| | 饼粕 | 不能使用经化学方法加工的 |

（续表）

| 类别 | 名称和组分 | 使用条件 |
|---|---|---|
| | 磷矿石 | 天然来源，镉含量小于等于 90mg/kg 五氧化二磷 |
| | 钾矿粉 | 天然来源，未通过化学方法浓缩。氯含量少于 60% |
| | 硼砂 | 天然来源，未经化学处理、未添加化学合成物质 |
| | 微量元素 | 同上 |
| | 镁矿粉 | 同上 |
| II. 矿物来源 | 硫磺 | 同上 |
| | 石灰石、石膏和白垩 | 同上 |
| | 黏土（如珍珠岩、蛭石等） | 同上 |
| | 氯化钠 | 同上 |
| | 碳酸钙镁 | 同上 |
| | 石灰 | 仅用于茶园土壤 pH 值调节 |
| | 窑灰 | 未经化学处理、未添加化学合成物质 |
| | 泻盐类 | 未经化学处理、未添加化学合成物质 |
| III. 微生物来源 | 可生物降解的微生物加工副产品，如酿酒和蒸馏酒行业的加工副产品 | 未添加化学合成物质 |
| | 天然存在的微生物提取物 | 未添加化学合成物质 |

**表 9-6　植物保护产品（有机认证中可以使用的农药）**

| 类别 | 名称和组分 | 使用条件 |
|---|---|---|
| | 楝素（苦楝、印楝等提取物） | 杀虫剂 |
| | 天然除虫菊素（除虫菊科植物提取液） | 杀虫剂 |
| | 苦参碱及氧化苦参碱（苦参等提取物） | 杀虫剂 |
| | 鱼藤酮类（如毛鱼藤） | 杀虫剂 |
| | 蛇床子素（蛇床子提取物） | 杀虫、杀菌剂 |
| I. 植物和动物来源 | 小檗碱（黄连、黄柏等提取物） | 杀菌剂 |
| | 大黄素甲醚（大黄、虎杖等提取物） | 杀菌剂 |
| | 植物油（如薄荷油、松树油、香菜油） | 杀虫剂、杀螨剂、杀真菌剂、发芽抑制剂 |
| | 寡聚糖（甲壳素） | 杀菌剂、植物生长调节剂 |
| | 天然诱集和杀线虫剂（如万寿菊、孔雀草、芥子油） | 杀线虫剂 |
| | 天然酸（如食醋、木醋和竹醋） | 杀菌剂 |
| | 菇类蛋白多糖（蘑菇提取物） | 杀菌剂 |

（续表）

| 类别 | 名称和组分 | 使用条件 |
| --- | --- | --- |
| Ⅰ. 植物和动物来源 | 水解蛋白质 | 引诱剂，只在批准使用的条件下，并与本附录的适当产品结合使用 |
| | 牛奶 | 杀菌剂 |
| | 蜂蜡 | 用于嫁接和修剪 |
| | 蜂胶 | 杀菌剂 |
| | 明胶 | 杀虫剂 |
| | 卵磷脂 | 杀真菌剂 |
| | 具有趋避作用的植物提取物（大蒜、薄荷、辣椒、花椒、薰衣草、柴胡、艾草的提取物） | 趋避剂 |
| | 昆虫天敌（如赤眼蜂、瓢虫、草蛉等） | 控制虫害 |
| Ⅱ. 矿物来源 | 铜盐（如硫酸铜、氢氧化铜、氯氧化铜、辛酸铜等） | 杀真菌剂，防止过量施用而引起铜的污染 |
| | 石硫合剂 | 杀真菌剂、杀虫剂、杀螨剂 |
| | 波尔多液 | 杀真菌剂，每年每公顷铜的最大使用量不超过 6kg |
| | 氢氧化钙（石灰水） | 杀真菌剂、杀虫剂 |
| | 硫磺 | 杀真菌剂、杀螨剂、趋避剂 |
| | 高锰酸钾 | 杀真菌剂、杀细菌剂；仅用于果树和葡萄 |
| | 碳酸氢钾 | 杀真菌剂 |
| | 石蜡油 | 杀虫剂、杀螨剂 |
| | 轻矿物油 | 杀虫剂、杀真菌剂；仅用于果树、葡萄和热带作物（如香蕉） |
| | 氯化钙 | 用于治疗缺钙症 |
| | 硅藻土 | 杀虫剂 |
| | 黏土（如斑脱土、珍珠岩、蛭石、沸石等） | 杀虫剂 |
| | 硅酸盐（硅酸钠、石英） | 趋避剂 |
| | 硫酸铁（3 价铁离子） | 杀软体动物剂 |
| Ⅲ. 微生物来源 | 真菌及真菌提取物（如白僵菌、轮枝菌、木霉菌等） | 杀虫、杀菌、除草剂 |
| | 细菌及细菌提取物（如苏云金芽孢杆菌、枯草芽孢杆菌、蜡质芽孢杆菌、地衣芽孢杆菌、荧光假单胞杆菌等） | 杀虫、杀菌剂、除草剂 |
| | 病毒及病毒提取物（如核型多角体病毒、颗粒体病毒等） | 杀虫剂 |

（续表）

| 类别 | 名称和组分 | 使用条件 |
|---|---|---|
| Ⅳ. 其他 | 氢氧化钙 | 杀真菌剂 |
| | 二氧化碳 | 杀虫剂，用于贮存设施 |
| | 乙醇 | 杀菌剂 |
| | 海盐和盐水 | 杀菌剂，仅用于种子处理，尤其是稻谷种子 |
| | 明矾 | 杀菌剂 |
| | 软皂（钾肥皂） | 杀虫剂 |
| | 乙烯 | 香蕉、猕猴桃、柿子催熟，菠萝调花，抑制马铃薯和洋葱萌发 |
| | 石英砂 | 杀真菌剂、杀螨剂、驱避剂 |
| | 昆虫性外激素 | 仅用于诱捕器和散发皿内 |
| | 磷酸氢二铵 | 引诱剂，只限用于诱捕器中使用 |
| Ⅴ. 诱捕器、屏障 | 物理措施（如色彩诱捕器、机械诱捕器） | — |
| | 覆盖物（网） | — |

2014 年国家认证认可监督委员会发布了《中国有机产业发展报告》，根据累计发放的约 1 万张有机产品认证证书统计出的数据，截至 2013 年年底，获得认证的有机种植面积 128.7 万 $hm^2$，占耕地面积的 1.06%，主要包括谷物、蔬菜、水果、坚果、豆类、茶叶等，其中有机茶叶生产面积占全球的 1/2，谷物、蔬菜等占全球的 1/5~1/4。河南省作为我国第一农业大省，粮食播种面积占全国的 8.96%，位居全国第二位；蔬菜种植面积近 170 万 $hm^2$，占全国蔬菜面积的 9.74%，位居全国第二位，油料作物种植面积居全国之首；河南省还是养殖大省，养牛数量稳居全国第一位，占 9.73%；年出栏猪头数居第三位；肉类产量居全国第二（三）位，尤以牛肉产量稳居全国第一位，猪肉产量居第二（三）位。但河南省有机种植面积、有机养殖数量均排在全国十名之后，可见河南省有机农业发展弱小，存在较大的发展空间。

河南省未来发展有机生产，除了要严格执行有机产品标准外，重要的是鼓励申报有机农产品。有机农业必须符合两个条件，一是符合我国有机产品标准生产，二是经过国家认监委认可的认证机构认证。河南省目前农业产品个数以及面积、产量相对较少，这可能和生产经营单位认证积极性不高、认识不够等因素有关。为此各级政府要加大支持和引导力度，鼓励专业合作社、家庭农场、种植大户等新型农业经营主体积极地开展有机农产品申报，尤其是在水源保护区、地表水富营养化区域周边、自然保护区周围等区域，争创"国家有机产品认证示范创建示范区"，同时制定相配套的有机农业产业发展政策，促进河南省有机农业发展。鉴于无公害产品、绿色产品同样地也具有保护环境的作用，因此也应该鼓励发展无公害产品、绿色产品发展。

# 10 农业资源与生态环境
# 保护对策建议

加强农业环境保护是实现"五位一体"战略布局，形成绿色发展方式，建设美丽河南省的必然选择。在已经取得成绩基础上，根据习近平生态文明思想，坚持生态兴则文明兴、坚持人与自然和谐共生、坚持绿水青山就是金山银山、坚持良好生态环境是最普惠的民生福祉和坚持建设美丽中国全民行动，河南省农业资源与生态环境保护还应继续加强以下工作。

## 10.1 完善农业环境保护的法律法规政策和配套制度建设

虽然说我国以及河南省的生态环境保护工作取得了突出成绩，但是也应该看到，相关法律虽有涉及农业环境保护或者生态保护条款，但其基本体现孤立保护单一环境要素的原则，并未协调形成保护农业环境的法律规范体系。涉及农业环境保护建设的部分内容散见于农业、森林、草原、矿藏、河流、土地等环境要素或自然资源保护和污染防治的立法中，这种分散立法与农业环境的整体性和系统性的特征不相适应。农业环境保护还没有像海洋环境保护（见《中华人民共和国海洋环境保护法》）那样设有专门的法律，因此建议制定中华人民共和国农业农村环境保护法。

据不完全统计，吉林省、江苏省、黑龙江省、江西省、甘肃省、广东省、云南省、安徽省、山东省、湖北省、湖南省、福建省、青海省、内蒙古自治区、河北省、宁夏自治区、辽宁省等都颁布了农业环境保护管理条例（办法），河南省也要根据实际情况，科学合理地制定适合实际情况的农业环境保护管理条例（方法），使农业环境保护有法可依、有章可循。

加强农业环境保护执法能力建设，建立农业环境保护法律法规定期巡查制度。同时，也要加强农业环境保护法律法规的执行力度，开展农业环境保护督察，设立专门的（农业）环境保护法院（庭），公正司法，公审公判环境违法案件，尤其是典型农业环境违法案件，严格处理破坏农业环境的任何个人、组织等，提高公众意识，形成人人保护农业环境的新局面。

积极开展环境保护补偿试点工作，在已经开展的林业生态补偿、流域生态保护补偿、耕地保护补偿、湿地生态补偿等基础上，增加畜禽养殖废弃物处理利用（种养结合模式）补偿、农业清洁生产补偿（含秸秆还田、地膜回收利用等）、水资源高效利用补偿（节水灌溉）等。建立相应地补偿资金配套及其管理长效机制。制定社会资本进入（退出）农业环境保护领域的管理机制。

完善农业环境保护绩效评价考核和责任追究制度。实行党政同责，依据建立的农业环境评价指标体系，完成对市县农业环境变化情况年度评价及五年考核，按照评价或者考核结果，确定农业环境补偿（补贴）资金分配，对农业环境有明显改善的区域予以奖励，农业环境有恶化的区域予以惩戒，并督促改善农业环境；及时将评价或者考核结果面向公报，以利群众监督政府的环境保护工作。

# 10.2　建立完善的农业环境评价体系

建设统一的农业环境评价指标体系。现在我国国家层面可供参考的资源环境类评价规范是《生态环境状况评价技术规范》，但该规范没能反映农业化学品投入对环境的影响。目前我国科学家虽已提出农业环境定义，也构建了许多农业生态环境指标体系，并相应地给出了许多指标。本书虽然也建立了一套农业环境评价指标体系，但是由于数据收集、数据精度等各方面的原因，指标数量还少于OECD、欧盟等建立的环境指标体系，如我国重视外来生物入侵，但缺少动物栖息地变化以及生物多样性指标（动物数量指标），还有待于进一步补充完善。建议在未来的工作中，建立融合农业环境面临压力、农业环境现状、农业环境政策反应（PSR）等多个要素层于一体的农业环境指标体系，从而为评价河南省农业生产、环境保护、农业政策等农业环境影响提供科学决策依据。

建立农业环境基础数据库。农业环境指标体系作用的发挥离不开成熟的海量数据支持，这些数据不仅对应不同区域尺度，而且数据质量同样也很重要。OECD、欧盟、美国、联合国粮农组织都组建了相应数据库。我国农业环境数据分属于国土资源、农业、环境保护、水资源管理、经济等多个主管部门，经过科研工作者的多年努力，已初步构建了国家（含省级）农业资源信息系统；与 OECD、欧盟等情况相似，我国（包括河南省）农业资源信息系统也存在着数据需要不断更新、补充、完善。尤其是将来农业环境指标体系确定后，根据指标体系组成内容，在已有的资源环境信息基础上，构建全国统一的农业环境指标数据库及相应的数据收集技术体系、标准，这也有助于进行河南省农业环境评价。

开展农业环境评价模型、方法研究。OECD、欧盟、美国等农业环境指标体系中分别构建了单个指标评价模型，以增强指标的可量化性、可监测性以及易于理解应用等；同时开展了单个指标阈值研究，如氮表观盈余量研究，IRENA 组织确定的值为 26kg/ha。在确定我国统一的农业环境指标体系组成后，应在已取得的农业环境研究成果基础上，整理及补充单个指标的阈值、单个指标评价模型等，同时完善农业环境综合评价模型，最终实现构建的农业环境指标体系既能单独使用也可以综合使用。

# 10.3　加强农业环境保护技术研究与推广

目前，我国环境保护工作得到了前所未有的重视，一些地方也发展了无公害农产品生产、绿色农产品生产、有机产品生产以及小流域治理等行动，农业环境污染的速度虽然得到遏制，但总体形式依然严峻，农业环境污染已给农业生产带来严重损失并将影响到农业的可持续发展。因此，应该借助国家颁布《土壤污染防治行动计划》《水污染防治行动计划》实施良机以及国家大力推进生态文明建设、推动绿色发展的良好契机，整合省内农业环境保护的科学研究力量，通过国内合作以及国外合作，柔性引进省外、国外的农业环境保护研究力量，以及社会研究力量，开展农业生态环境保护关键技术研究，如化肥减量施用技术、农药减量施用技术、生物多样性保护、污染土壤（重金属、有机污染物）修复、水环境修复技术、温室气体减排、水土流失控制技术、农业废弃物资源化减量化无害化利用技术，等等。

依托现有的农业（林业、水产业）、国土资源、环境保护等部门的技术推广力量以及社会力量，巩固与完善农业环境保护技术推广组织体系，建立稳定的技术推广人员的生活工作条件保障体系，强化农业环境保护技术宣传培训体系及其培训能力，制定农业环境保护技术推广奖励政策体系，拓宽农业环境保护技术推广融资渠道以加大资金投入力度，加快农业环境保护技术的推广应用。

## 10.4 整合与建立完整的农业环境监测网络体系

农业环境监测体系是掌握农业环境质量变化的重要手段，能为制定合理的农业环境保护政策提供科学依据。因此，建议要积极争取条件，整合省市县不同部门以及社会上所有的水环境监测、土壤环境监测、农田氮磷流失及农药流失监测、生态环境变化监测等多种环境因子监测点位，并结合农膜利用回收调查、动物栖息地（繁殖地、觅食地等）调查等点位，建立长期与短期相结合、固定点位与移动点位相结合的农业环境保护监测网络和控制体系。依据统一标准，及时监测河南省各地的农业环境变化情况。

## 10.5 提高公众参与度

加强农业环境保护教育。"保护环境，教育为本"，教育应针对全体国民，重点是青少年，采用学校教育、成人教育、法制教育等多种方式，提高国民农业资源与生态环境保护意识，将人与自然和谐共处的理念化为人们日常的自觉的行动。

及时公开农业环境信息。建议省、市、县政府采用便于公众知悉的方式，向公众按时公开辖区内的农业环境状况，便于公众及时掌握农业环境变化情况；公开辖区内将要实施的农业环境保护工程或者工作名称，采用的技术措施、预期达到的效果，以及公众可以采用的监督方式等信息。

提高公众参与度。各级政府、企事业单业可通过采用公众调查、座谈会、论证会、听证会等形式，公开征求辖区内公众对农业环境保护工作的意见和建议。

## 10.6 多方筹措资金，加大农业环境保护投入

河南省人民政府及各市县人民政府要逐步建立政府资金主导、社会资金参与、农民自主投入的多渠道筹资机制，积极落实"以奖代补""以奖促治"政策，加大农业生态环境保护投入，尤其要加大对耕地质量提升、污染耕地修复、畜禽养殖废弃物资源化利用、作物秸秆资源化

利用、水湖林田草综合修复治理、野生动物保护等投入，开展野生动物资源调查，重点实施粮食生产核心区污染防治工程。同时，按照"谁投资、谁受益"的原则，运用市场机制，吸引社会资金参与农业生态环境保护基础设施建设。采取多种方式，发动农民自愿筹资筹劳，参与农业环境综合整治。

# 附　　件

## 附件1　河南省自然保护区名单

| 保护区名称 | 行政区域 | 面积（hm²） | 主要保护对象 | 类型 | 级别 | 建立时间 | 主管部门 |
|---|---|---|---|---|---|---|---|
| 郑州市黄河湿地 | 巩义、荥阳、惠济、金水、中牟等市县 | 36 574.00 | 湿地生态系统及珍稀鸟类 | 内陆湿地 | 省级 | 20041119 | 林业 |
| 开封市柳园口 | 开封市金明区、龙亭区、开封市县 | 16 148.00 | 湿地及冬候鸟 | 内陆湿地 | 省级 | 19940609 | 林业 |
| 青要山 | 新安县 | 8 200.00 | 大鲵及其生境 | 野生动物 | 省级 | 19881120 | 林业 |
| 栾川大鲵 | 栾川县 | 800.00 | 大鲵及其生境 | 野生动物 | 县级 | 19950810 | 农业 |
| 嵩县大鲵 | 嵩县 | 600.00 | 大鲵及其生境 | 野生动物 | 县级 | 19960624 | 农业 |
| 熊耳山 | 嵩县、洛宁县、宜阳县、栾川县 | 32 524.60 | 森林生态系统 | 森林生态 | 省级 | 20041119 | 林业 |
| 白龟山湿地 | 平顶山市 | 6 600.00 | 湿地及野生动物 | 内陆湿地 | 省级 | 20071120 | 林业 |
| 万宝山 | 林州市 | 8 667.00 | 森林生态系统 | 森林生态 | 省级 | 20040226 | 林业 |
| 新乡市黄河湿地鸟类 | 新乡市 | 22 780.00 | 天鹅、鹤类等珍禽及湿地生态系统 | 内陆湿地 | 国家级 | 19880727 | 环保 |
| 濮阳市黄河湿地 | 濮阳市县 | 3 300.00 | 珍稀濒危鸟类等野生动植物及湿地 | 内陆湿地 | 省级 | 20071120 | 林业 |
| 河南省黄河湿地 | 三门峡市、洛阳市、焦作市、济源市等市 | 68 000.00 | 湿地生态、珍稀鸟类 | 内陆湿地 | 国家级 | 19950818 | 林业 |
| 卢氏大鲵 | 卢氏县 | 1 000.00 | 大鲵及其生境 | 野生动物 | 省级 | 19820703 | 农业 |

（续表）

| 保护区名称 | 行政区域 | 面积（hm²） | 主要保护对象 | 类型 | 级别 | 建立时间 | 主管部门 |
|---|---|---|---|---|---|---|---|
| 小秦岭 | 灵宝市 | 15 160.00 | 暖温带森林生态系统及珍稀动植物 | 森林生态 | 国家级 | 19820624 | 林业 |
| 南阳市恐龙蛋省级 | 西峡县 | 14 652.00 | 恐龙蛋化石 | 古生物遗迹 | 省级 | 20001201 | 国土 |
| 西峡大鲵 | 西峡县 | 1 000.00 | 大鲵及其生境 | 野生动物 | 省级 | 19820703 | 农业 |
| 南阳市恐龙蛋化石群 | 西峡县、内乡县、淅川县 | 78 015.00 | 恐龙蛋化石 | 古生物遗迹 | 国家级 | 19980101 | 国土 |
| 伏牛山 | 西峡、内乡、南召等县 | 56 024.00 | 过渡带森林生态系统 | 森林生态 | 国家级 | 19820624 | 林业 |
| 湍河湿地 | 内乡县 | 4 547.00 | 湿地生态系统 | 内陆湿地 | 省级 | 20010810 | 林业 |
| 宝天曼 | 内乡县 | 5 412.50 | 过渡带森林生态系统、珍稀动植物 | 森林生态 | 国家级 | 19800430 | 林业 |
| 丹江湿地 | 淅川县 | 64 027.00 | 湿地生态系统 | 内陆湿地 | 国家级 | 20010810 | 林业 |
| 太白顶 | 桐柏县 | 4 924.00 | 水源涵养林、珍稀动物 | 森林生态 | 省级 | 19820624 | 林业 |
| 高乐山 | 桐柏县 | 9 060.00 | 水源涵养林 | 森林生态 | 省级 | 20040226 | 林业 |
| 鸡公山 | 信阳市浉河区 | 2 917.00 | 森林生态系统、野生动物 | 森林生态 | 国家级 | 19820624 | 林业 |
| 四望山 | 信阳市浉河区 | 14 000.00 | 森林生态系统 | 森林生态 | 省级 | 20040226 | 林业 |
| 信阳市天目山 | 信阳市平桥区 | 6 750.00 | 森林生态系统 | 森林生态 | 省级 | 20011205 | 林业 |
| 董寨 | 罗山县 | 46 800.00 | 珍稀鸟类及其栖息地 | 野生动物 | 国家级 | 19820624 | 林业 |
| 连康山 | 新县、商城、信阳市 | 10 580.00 | 北亚热带森林系统及白冠长尾雉等珍惜动植物 | 森林生态 | 国家级 | 19820624 | 林业 |
| 信阳市黄缘闭壳龟 | 新县 | 109 930.00 | 黄缘闭壳龟及其生境 | 森林生态 | 省级 | 20040226 | 农业 |
| 河南省大别山 | 商城县 | 10 600.00 | 过渡带森林生态系统、湿地生态系统 | 森林生态 | 国家级 | 19820624 | 林业 |

（续表）

| 保护区名称 | 行政区域 | 面积（hm²） | 主要保护对象 | 类型 | 级别 | 建立时间 | 主管部门 |
|---|---|---|---|---|---|---|---|
| 固始淮河湿地 | 固始县 | 4 387.78 | 湿地生态系统 | 内陆湿地 | 省级 | 20071120 | 林业 |
| 淮滨淮南湿地 | 淮滨县 | 3 400.00 | 湿地生态系统 | 内陆湿地 | 省级 | 20011205 | 林业 |
| 宿鸭湖湿地 | 汝南县、驻马店市驿城区 | 16 700.00 | 湿地生态系统 | 内陆湿地 | 省级 | 20010606 | 林业 |
| 太行山猕猴 | 济源市、焦作市、新乡市 | 56 600.00 | 猕猴及森林生态系统 | 野生动物 | 国家级 | 19820624 | 林业 |

# 附件 2　河南省风景名胜区名单

| 名称 | 地址 | 级别 | 面积（km²） | 资源类型 |
|---|---|---|---|---|
| 鸡公山风景名胜区 | 信阳市 | 国家级 | 27.00 | 山岳类、生物景观类、纪念地类 |
| 洛阳市龙门风景名胜区 | 洛阳市 | 国家级 | 9.63 | 壁画石窟类 |
| 嵩山风景名胜区 | 郑州市 | 国家级 | 151.38 | 历史圣地类、山岳类、特殊地貌类 |
| 王屋山—云台山风景名胜区 | 济源市 | 国家级 | 329.67 | 山岳类、特殊地貌类、江河类 |
| 尧山（石人山）风景名胜区 | 平顶山市鲁山县 | 国家级 | 268.00 | 山岳类、湖泊类 |
| 林虑山风景名胜区 | 安阳市株洲市 | 国家级 | 317.38 | 山岳类、江河类、纪念地类 |
| 青天河风景名胜区 | 焦作市博爱县 | 国家级 | 63.18 | 山岳类、湖泊类 |
| 神农山风景名胜区 | 焦作市泌阳市 | 国家级 | 14.63 | 山岳类、特殊地貌类 |
| 桐柏山—淮源风景名胜区 | 南阳市桐柏县 | 国家级 | 80.00 | 山岳类、江河类 |
| 郑州市黄河风景名胜区 | 郑州市 | 国家级 | 24.82 | 山岳类、江河类 |
| 丹江风景名胜区 | 淅川县 | 省级 | 590.00 | 江河类、湖泊类 |
| 昭平湖风景名胜区 | 鲁山县 | 省级 | 40.00 | 湖泊类、城市风景类 |
| 青龙峡风景名胜区 | 修武县 | 省级 | 108.10 | 山岳类、江河类 |
| 灵山风景名胜区 | 罗山县 | 省级 | 61.50 | 山岳类、纪念地类 |
| 百泉风景名胜区 | 辉县市 | 省级 | 187.90 | 山岳类、江河类 |

（续表）

| 名称 | 地址 | 级别 | 面积（km²） | | 资源类型 |
|------|------|------|-----------|---|---------|
| 博山湖风景名胜区 | 确山县 | 省级 | 84.00 | | 湖泊类 |
| 环翠峪风景名胜区 | 荥阳市 | 省级 | 24.25 | | 山岳类 |
| 铜山风景名胜区 | 泌阳市 | 省级 | 18.00 | | 山岳类、湖泊类 |
| 青要山风景名胜区 | 新安县 | 省级 | 42.00 | | 山岳类、江河类 |
| 震雷山风景名胜区 | 信阳市平桥区 | 省级 | 20.00 | | 山岳类、江河类 |
| 五龙口风景名胜区 | 济源市 | 省级 | 128.00 | | 山岳类、生物景观类 |
| 大伾山风景名胜区 | 浚县 | 省级 | 1.29 | | 山岳类、壁画石窟类 |
| 浮戏山—雪花洞风景名胜区 | 巩义市 | 省级 | 34.50 | | 山岳类 |
| 嶕岈山风景名胜区 | 遂平县 | 省级 | 50.00 | | 山岳类、特殊地貌类 |
| 南湾湖风景名胜区 | 信阳市 | 省级 | 724.20 | | 湖泊类 |
| 亚武山风景名胜区 | 灵宝市 | 省级 | 51.20 | | 山岳类 |
| 老君山—鸡冠洞风景名胜区 | 栾川县 | 省级 | 10.00 | | 山岳类 |
| 云梦山风景名胜区 | 淇县 | 省级 | 26.00 | | 山岳类、纪念地类 |
| 白云山风景名胜区 | 嵩县 | 省级 | 168.00 | | 山岳类 |
| 太昊陵风景名胜区 | 淮阳县 | 省级 | 15.00 | | 湖泊类、纪念地类 |
| 黄帝宫风景名胜区 | 新郑市 | 省级 | 12.00 | | 山岳类、纪念地类 |
| 天池山风景名胜区 | 嵩县 | 省级 | 16.44 | | 山岳类、湖泊类 |
| 商丘市古城风景名胜区 | 商丘市睢阳区 | 省级 | 18.10 | | 纪念地类 |

# 附件3　河南省森林公园名单

| 序号 | 名称 | 面积（hm²） | 级别 | 位置 |
|------|------|-----------|------|------|
| 01 | 河南省嵩山国家森林公园 | 11 582.00 | 国家级 | 登封市 |
| 02 | 河南省寺山国家森林公园 | 5 600.00 | 国家级 | 西峡县 |
| 03 | 河南省汝州国家森林公园 | 4 496.67 | 国家级 | 汝州市 |
| 04 | 河南省石漫滩国家森林公园 | 5 333.33 | 国家级 | 舞钢市 |
| 05 | 河南省薄山国家森林公园 | 6 066.67 | 国家级 | 确山县 |
| 06 | 河南省开封市国家森林公园 | 881.60 | 国家级 | 开封市 |
| 07 | 河南省亚武山国家森林公园 | 15 133.33 | 国家级 | 灵宝市 |
| 08 | 河南省花果山国家森林公园 | 4 200.00 | 国家级 | 宜阳县 |

（续表）

| 序号 | 名称 | 面积（hm²） | 级别 | 位置 |
|---|---|---|---|---|
| 09 | 河南省云台山国家森林公园 | 360.00 | 国家级 | 修武县 |
| 10 | 河南省白云山国家森林公园 | 8 133.33 | 国家级 | 嵩县 |
| 11 | 河南省龙峪湾国家森林公园 | 1 833.33 | 国家级 | 栾川县 |
| 12 | 河南省五龙洞国家森林公园 | 2 527.00 | 国家级 | 株洲市 |
| 13 | 河南省南湾国家森林公园 | 2 810.00 | 国家级 | 信阳市 |
| 14 | 河南省甘山国家森林公园 | 3 800.00 | 国家级 | 陕县 |
| 15 | 河南省淮河源国家森林公园 | 4 924.00 | 国家级 | 桐柏县 |
| 16 | 河南省神灵寨国家森林公园 | 5 300.00 | 国家级 | 洛宁县 |
| 17 | 河南省铜山湖国家森林公园 | 1 996.00 | 国家级 | 泌阳县 |
| 18 | 河南省黄河故道国家森林公园 | 838.00 | 国家级 | 商丘市 |
| 19 | 河南省郁山国家森林公园 | 2 133.00 | 国家级 | 新安县 |
| 20 | 河南省玉皇山国家森林公园 | 2 982.00 | 国家级 | 卢氏县 |
| 21 | 河南省金兰山国家森林公园 | 3 333.00 | 国家级 | 新县 |
| 22 | 河南省嵖岈山国家森林公园 | 2 340.00 | 国家级 | 遂平县 |
| 23 | 河南省天池山国家森林公园 | 1 716.00 | 国家级 | 嵩县 |
| 24 | 河南省始祖山国家森林公园 | 4 667.00 | 国家级 | 新郑市 |
| 25 | 河南省黄柏山国家森林公园 | 4 010.00 | 国家级 | 商城县 |
| 26 | 河南省燕子山国家森林公园 | 4 776.00 | 国家级 | 灵宝市 |
| 27 | 河南省棠溪源国家森林公园 | 3 800.00 | 国家级 | 西平县 |
| 28 | 河南省大鸿寨国家森林公园 | 3 300.00 | 国家级 | 禹州市 |
| 29 | 河南省天目山国家森林公园 | 4 858.90 | 国家级 | |
| 30 | 河南省大苏山国家森林公园 | 2 788.53 | 国家级 | |
| 31 | 河南省云梦山国家森林公园 | 6 811.94 | 国家级 | |
| 32 | 郑州市省级森林公园 | 313.33 | 省级 | 郑州市 |
| 33 | 白马寺省级森林公园 | 2 593.33 | 省级 | 辉县市 |
| 34 | 乐山省级森林公园 | 6 800.00 | 省级 | 驻马店市 |
| 35 | 中牟省级森林公园 | 5 458.30 | 省级 | 中牟县 |
| 36 | 黄河故道省级森林公园 | 4 198.00 | 省级 | 延津县 |
| 37 | 上寺省级森林公园 | 420.3 | 省级 | 淅川县 |
| 38 | 菩提寺省级森林公园 | 133.33 | 省级 | 镇平县 |
| 39 | 白云山省级森林公园 | 10 000.00 | 省级 | 泌阳市 |
| 40 | 龙虎省级森林公园 | 362.8 | 省级 | 滑县 |
| 41 | 丹霞山省级森林公园 | 933.33 | 省级 | 南召县 |
| 42 | 焦作市省级森林公园 | 937.00 | 省级 | 焦作市 |
| 43 | 云梦山省级森林公园 | 3 000.00 | 省级 | 淇县 |

（续表）

| 序号 | 名称 | 面积（hm²） | 级别 | 位置 |
|---|---|---|---|---|
| 44 | 嵩北省级森林公园 | 492.60 | 省级 | 巩义市 |
| 45 | 禹州省级森林公园 | 66.67 | 省级 | 禹州市 |
| 46 | 濮阳市黄埔省级森林公园 | 1 197.88 | 省级 | 濮阳市 |
| 47 | 青龙山省级森林公园 | 2 317.00 | 省级 | 巩义市 |
| 48 | 金宝山省级森林公园 | 958.00 | 省级 | 洛宁县 |
| 49 | 大寺省级森林公园 | 433.10 | 省级 | 方城县 |
| 50 | 紫云山省级森林公园 | 1 587.5 | 省级 | 襄城县 |
| 51 | 金顶山省级森林公园 | 2 400.00 | 省级 | 驻马店市 |
| 52 | 独山省级森林公园 | 400.00 | 省级 | 南阳市 |
| 53 | 长葛市省级森林公园 | 61.50 | 省级 | 长葛市 |
| 54 | 双龙山省级森林公园 | 1 000.00 | 省级 | 偃师市 |
| 55 | 孟州省级森林公园 | 333.30 | 省级 | 孟州市 |
| 56 | 安山省级森林公园 | 600.00 | 省级 | 固始县 |
| 57 | 黄庙沟省级森林公园 | 1 000.00 | 省级 | 鹤壁市 |
| 58 | 郑州市黄河大观省级森林公园 | 174.00 | 省级 | 郑州市 |
| 59 | 濮阳市张挥省级森林公园 | 86.70 | 省级 | 濮阳市县 |
| 60 | 渑池省级森林公园 | 1 400.00 | 省级 | 渑池县 |
| 61 | 天目山省级森林公园 | 2 400.00 | 省级 | 信阳市 |
| 62 | 息县省级森林公园 | 223.10 | 省级 | 息县 |
| 63 | 大虎岭省级森林公园 | 1 500.00 | 省级 | 汝阳县 |
| 64 | 博浪沙省级森林公园 | 1 413.00 | 省级 | 原阳县 |
| 65 | 洛阳市周山省级森林公园 | 723.00 | 省级 | 洛阳市 |
| 66 | 安阳市龙泉省级森林公园 | 500.00 | 省级 | 安阳市 |
| 67 | 博爱靳家岭省级森林公园 | 860.30 | 省级 | 博爱县 |
| 68 | 卢氏塔子山省级森林公园 | 3 580.00 | 省级 | 卢氏县 |
| 69 | 栾川倒回沟省级森林公园 | 2148.00 | 省级 | 栾川县 |
| 70 | 范县黄河省级森林公园 | 1 267.00 | 省级 | 范县 |
| 71 | 桃花峪省级森林公园 | 1330.00 | 省级 | 荥阳市 |
| 72 | 汤阴云莱省级森林公园 | 925.00 | 省级 | 汤阴县 |
| 73 | 南河渡省级森林公园 | 2 050.00 | 省级 | 巩义市 |
| 74 | 神仙洞省级森林公园 | 3 100.00 | 省级 | 新密市 |
| 75 | 摩云山省级森林公园 | 4 165.00 | 省级 | 陕县 |
| 76 | 方城七峰山省级森林公园 | 5 100.00 | 省级 | 方城县 |
| 77 | 登封大熊山省级森林公园 | 1 600.00 | 省级 | 登封市 |
| 78 | 信阳市震雷山省级森林公园 | 2 000.00 | 省级 | 信阳市 |

（续表）

| 序号 | 名称 | 面积（hm²） | 级别 | 位置 |
|---|---|---|---|---|
| 79 | 济源市南山省级森林公园 | 1 261.00 | 省级 | 济源市 |
| 80 | 城望顶省级森林公园 | 7 395.00 | 省级 | 鲁山县 |
| 81 | 周口市省级森林公园 | 200.00 | 省级 | 周口市 |
| 82 | 光山紫水省级森林公园 | 146.70 | 省级 | 光山县 |
| 83 | 孟津小浪底省级森林公园 | 560.00 | 省级 | 孟津县 |
| 84 | 登封香山省级森林公园 | 1 760.00 | 省级 | 登封市 |
| 85 | 叶县望夫山省级森林公园 | 1 076.00 | 省级 | 叶县 |
| 86 | 黄毛尖省级森林公园 | 3 300.00 | 省级 | 新县 |
| 87 | 林州市白泉省级森林公园 | 400.00 | 省级 | 林州市 |
| 88 | 卫辉跑马岭省级森林公园 | 800.00 | 省级 | 卫辉市 |
| 89 | 环翠峪省级森林公园 | 2 500.00 | 省级 | 荥阳市 |
| 90 | 新乡市凤凰山省级森林公园 | 1 000.00 | 省级 | 新乡市 |
| 91 | 尉氏贾鲁河省级森林公园 | 446.70 | 省级 | 尉氏县 |
| 92 | 平顶山市省级森林公园 | 2 847.50 | 省级 | 平顶山市 |
| 93 | 郑州市黄河省级森林公园 | 446.81 | 省级 | 郑州市 |
| 94 | 伊川靳山省级森林公园 | 533.00 | 省级 | 伊川县 |
| 95 | 灵宝佛山省级森林公园 | 2 246.00 | 省级 | 灵宝市 |
| 96 | 灵宝汉山省级森林公园 | 2 190.50 | 省级 | 灵宝县 |
| 97 | 新密省级森林公园 | 10 839.30 | 省级 | 新密市 |
| 98 | 内黄省级森林公园 | 784.80 | 省级 | 内黄县 |
| 99 | 香鹿山省级森林公园 | 1453.00 | 省级 | 宜阳县 |
| 100 | 清风山省级森林公园 | 1 000.00 | 省级 | 义马市 |
| 101 | 淇县黄洞省级森林公园 | 7 500.00 | 省级 | 淇县 |
| 102 | 鹤壁市七里沟省级森林公园 | 599.00 | 省级 | 鹤壁市 |
| 103 | 淇滨区金山省级森林公园 | 230.70 | 省级 | 鹤壁市 |
| 104 | 枫岭省级森林公园 | 130.30 | 省级 | 鹤壁市 |
| 105 | 鹤山区南山省级森林公园 | 550.00 | 省级 | 鹤壁市 |
| 106 | 南阳市兰湖省级森林公园 | 1 875.00 | 省级 | 南阳市 |
| 107 | 中站区龙翔省级森林公园 | 2 039.22 | 省级 | 焦作市 |
| 108 | 民权黄河生态省级森林公园 | 2333.30 | 省级 | 民权县 |
| 109 | 淅川县凤凰山省级森林公园 | 1 173.33 | 省级 | 淅川县 |

# 附件 4　河南省地质公园名单

| 序号 | 名称 | 面积（km²） | 级别 |
|---|---|---|---|
| 01 | 嵩山国家地质公园 | 264.00 | 国家级 |
| 02 | 云台山国家地质公园 | 556.00 | 国家级 |
| 03 | 王屋山国家地质公园 | 986.00 | 国家级 |
| 04 | 西峡伏牛山国家地质公园 | 1 340.00 | 国家级 |
| 05 | 郑州市黄河国家地质公园 | 200.00 | 国家级 |
| 06 | 嶂岈山国家地质公园 | 147.00 | 国家级 |
| 07 | 信阳市金刚台国家地质公园 | 276.00 | 国家级 |
| 08 | 洛宁神灵寨国家地质公园 | 101.00 | 国家级 |
| 09 | 灵宝小秦岭国家地质公园 | 60.00 | 国家级 |
| 10 | 林州红旗渠、林虑山国家地质公园 | 193.45 | 国家级 |
| 11 | 辉县市关山国家地质公园 | 169.00 | 国家级 |
| 12 | 内乡宝天幔国家地质公园 | | 国家级 |
| 13 | 汝阳恐龙国家地质公园 | 122.83 | 国家级 |
| 14 | 尧山国家地质公园 | 156.21 | 国家级 |
| 15 | 洛阳市黛眉山国家地址公园 | 986.00 | 国家级 |
| 16 | 栾川省级地质公园 | 144.77 | 省级 |
| 17 | 嵩县白云山省级地质公园 | 52.62 | 省级 |
| 18 | 卢氏玉皇山省级地质公园 | 60.00 | 省级 |
| 19 | 河南省跑马岭省级地质公园 | 115.00 | 省级 |
| 20 | 桐柏山、淮源省级地质公园 | 317.00 | 省级 |
| 21 | 汝州大红寨省级地质公园 | 143.00 | 省级 |
| 22 | 邓州杏山省级地质公园 | 32.50 | 省级 |
| 23 | 渑池韶山省级地质公园 | 146.37 | 省级 |

# 附件 5　河南省国家重要湿地名单

豫北黄河故道沼泽区湿地。

三门峡市库区湿地。

# 附件6　河南省世界文化遗产名单

河南省洛阳市龙门石窟 。

安阳市殷墟。

河南省登封天地之中古建筑群。

# 参考文献

［1］ CHEN, Q. Z, SIPILAINEN. T, SUMELIUS. J. Assessment of Agri-Environmental Externalities at Regional Levels in Finland ［J］. Sustainability 2014（6）：3 171-3 191.

［2］ Commission of the European Communities. Development of Agri-environmental indicators for monitoring the integration of environment concerns into the common agriculture policy ［M］. Brussels, 2006：1-11.

［3］ CRAIG O, JESSICA G, UTPAL V. Agricultural Resources and Environmental Indicators, 2012 ［EB/OL］. USDA ［2015-4-30］. http：//www. ers. usda. gov/media/874175/eib98. pdf.

［4］ European Environment Agency. Agriculture and the environment in the EU accession countries ［EB/OL］. http：//www. eea. europa. eu/publications/environmental_ issue_ report_ 2004_ 37.

［5］ European Environment Agency. Agriculture and the environment in the EU-15-The IRENA indicator report ［M］. Copenhagen, 2005：11-117.

［6］ European Environment Agency. Integration of Environment into EU Agriculture Policy：The IRENA Indicator-Based Assessment Report ［R］. COPENHAGEN, 2006：1-60. http：//www. chinalawedu. com/news/1200/23155/23158/2006/4/li515363131324600022040-0. htm.

［7］ FAO. Agri-Environmental Indicators ［EB/OL］. ［2017-4-12］. http：//www. fao. org/economic/ess/agri-environment/en.

［8］ JU X T, XING G X, CHEN X P, et al. Reducing environmental risk by improving N management in intensive Chinese agricultural systems ［J］. PNAS, 2009, 106（9）：3 041-3 046.

［9］ KEITH W, NOEL G. Agricultural Resources and Environmental Indicators, 2006 ［EB/OL］. USDA ［2015-04-30］. http：//www.

ers. usda. gov/media/872940/eib16. pdf.

[10] LIU L, ZHANG X Y, ZHONG T Y. 2016. Pollution and health risk assessment of heavy metals in urban soil in China [J]. Human and Ecological Risk Assessment, 22 (2): 424-434.

[11] MARGOT A, RICHARD M. Agricultural Resources and Environmental Indicators, 1996 – 97 [EB/OL]. USDA [2015 – 4 – 30] http: // www. ers. usda. gov/publications/ah-agricultural-handbook/ah712. aspx.

[12] MARGOT A. Agricultural Resources and Environmental Indicators, 1994 [EB/OL]. USDA [2015-4-30]. http: //www. ers. usda. gov/publications/ah-agricultural-handbook/ah705. aspx.

[13] MONICA B, DARIO. S, LAURA. Z, et al. Nutrient Balance as a Sustainability Indicator of Different Agro-Environments in Italy [J]. Ecological Indicators, 2011, 11 (2): 715-723.

[14] Monica. B, Dario. S, Laura. Z, et al. Nutrient Balance as a Sustainability Indicator of Different Agro-Environments in Italy [J]. Ecological Indicators, 2011, 11 (2): 715-723.

[15] Organization for Economic Co-operation and Development (OECD). Environmental Indicators for Agriculture Volume 1 – Concepts and Framework [M]. Paris, 1999: 8-45.

[16] Organization for Economic Co-operation and Development (OECD). Environmental Indicators for Agriculture Volume 3-Methods and Results [M]. Paris, 2001: 22-397.

[17] Organization for Economic Co-operation and Development (OECD): Compendium of Agri-environmental Indicators. 2013.

[18] Organization for Economic Co-operation and Development (OECD): Linkages between Agricultural Policies and Environmental Effects -Using the OECD Stylized Agri-environmental Policy Impact Model.

[19] PERFECTO I, VANDERMEER J. The agroecological matrix as alternative to the land – sparing/agriculture intensification model [J]. PNAS, 2010. , 107 (13) 5 786-5 791.

[20] RALPH H, Agricultural Resources and Environmental Indicators, 2003 [EB/OL]. USDA . [2015-04-30]. http: //www. ers. usda. gov/publications/ah-agricultural-handbook/ah722. aspx.

［21］ ROBERT H S. Nitrogen management and the future of food：lessons from the management of energy and carbon ［J］. PNAS（1999）66：6 001-6 008.

［22］ WARREN J，CLARE. L，KENNETH B. The Agri-environment ［M］. Cambridge University Press，2007：19-42.

［23］ WTO 农产品协议 ［EB/OL］.（2014-12-7）［2017-3-24］. https：//wenku. baidu. com/view/20a4a9a8bb4cf7ec4bfed001. html.

［24］ 毕于运，寇建平，王道龙，等. 中国秸秆资源综合利用技术 ［M］. 中国农业科学技术出版社，2008.

［25］ 毕于运，王道龙，高春雨，等. 中国秸秆资源评价与利用 ［M］. 中国农业科学技术出版社，2008.

［26］ 布莱恩·杰克（Brian Jack），农业与欧盟环境法 ［M］. 姜双林译. 北京，中国政法大学出版社，2012.

［27］ 陈翠玲，张麦生，杨理，等. 河南省主要土类农业土壤耕层重金属含量状况调查. 2009 重金属污染监测、风险评价及修复技术高级研讨会，1-7.

［28］ 陈惠，王加义，李丽纯，等. 福建省农业生态环境质量指数的时空动态变化 ［J］. 中国农业气象. 2011，32（1）：56-60.

［29］ 陈鹏，王艳娜. 张猛. 平顶山市农田土壤重金属污染调查与评价 ［J］. 黑龙江科技信息，2014，97-98.

［30］ 陈志凡，范礼东，陈云增，等. 城乡交错区农田土壤重金属总量及形态空间分布特征与源分析-以河南省某市东郊城乡交错区为例 ［J］. 环境科学学报，2016，36（4）：1 317-1 327.

［31］ 程波，张从. 农业环境影响评价技术手册 ［M］. 北京. 化学工业出版社，2007.

［32］ 程远，赵一凡. 新乡市蔬菜基地土壤重金属监测与评价 ［J］. 新乡学院学报. 2015，32（6）：25-28.

［33］ 方保华，徐新杰，张万仓. 河南省国家重点保护动物资源及开发利用限度探讨 ［J］. 地域研究与开发，1989，8（3）：46-48.

［34］ 方静. 农业生态环境保护及其技术体系 ［M］. 北京，中国农业科学技术出版社，2012.

［35］ 冯淑怡，曲福田，周曙东，等. 农村发展中环境管理研究 ［M］. 北京，科学出版社，2014.

［36］ 高奇，师学义，张琛，等．县域农业生态环境质量动态评价及
预测［J］．农业工程学报，2014，30（5）：228-238.

［37］ 顾邵平．中国有机产业发展报告［R］，北京．中国质检出版社，
2014.

［38］ 郭战玲，张薪，寇长林，等．河南省典型覆膜作物地膜残留状
况及其影响因素研究［J］．河南农业科学，2016，45（12）：
58-61，71.

［39］ 国家发展改革委办公厅 农业部办公厅．关于印发《秸秆综合利用技
术目录（2014）》的通知［DB/OL］．（2015-9-15）［2018-5-13］.
http：//www.moa.gov.cn/ztzl/mywrfz/gzgh/201509/t20150915_ 4829555.
htm.

［40］ 国家环境保护局，国家技术监督局．土壤环境质量标准
（GB15618-1995）［S］.

［41］ 国家技术监督局，国家环境保护局．农田灌溉水质标准
（GB5084-92）［S］.

［42］ 国家林业局．国家级森林公园名录［EB/OL］．（2014-4-14）
［2017-12-24］．http：//zgslgy.forestry.gov.cn/slgy/2452/86276/
2.html.

［43］ 国家统计局农村社会经济调查总队．农业环境指标数据收集手
册［M］．北京，中国统计出版社，2004.

［44］ 韩德培，陈汉光．环境保护法教程（第七版）［M］．北京，法
律出版社，2018.

［45］ 河南省第一次全国污染源普查公报［DB/OL］．（2010-10-8）
［2018-5-13］．http：//www.henan.gov.cn/zwgk/system/2010/
10/08/010215135.shtml.

［46］ 河南省环境保护厅．2015 年河南环境状况公报［EB/OL］.
（2016-6-14）［2017-12-24］．http：//www.hnep.gov.cn/hjzl/
hnshjzkgb/webinfo/2016/06/1493188115196394.htm.

［47］ 河南省人民政府．河南主体功能区划［EB/OL］．（2014-1-21）
［2017-6-24］．https：//www.henan.gov.cn/2014/02-21/
238799.html.

［48］ 河南省统计局，国家统计局河南省调查总队．河南省统计年鉴
2011［M］，北京，中国统计出版社，2011.

[49]　河南省统计局，国家统计局河南省调查总队．河南省统计年鉴 2016［M］，北京，中国统计出版社，2016.

[50]　河南省统计局．河南省统计年鉴 2001［M］，北京，中国统计出版社，2001.

[51]　河南省统计局．河南省统计年鉴 2006［M］，北京，中国统计出版社，2006.

[52]　河南省土壤普查办公室．河南土壤［M］．北京，中国农业科技出版社，2004.

[53]　侯红乾，刘秀梅，刘光荣，等．有机化肥配施比例对红壤稻田水稻产量和土壤肥力的影响［J］．中国农业科学，2011，44（3）：516-523.

[54]　环境保护部，国土资源部．2014．全国土壤污染状况调查公报［M］．［DB/OL］（2014-4-17）［2016-2-13］．http：//www. zhb. gov. cn/gkml/hbb/qt/201404/W020140417558995804588. pdf 2016-2-13.

[55]　环境保护部科技标准司．HJ 192-2015，生态环境状况评价技术规范［S］．北京：中国环境科学出版社，2015.

[56]　黄绍文，唐继伟，张怀志，等．基于发育阶段的设施黄瓜水肥一体化技术［J］．中国蔬菜，2017，37（5）：82-84.

[57]　黄绍文，唐继伟，张怀志，等．设施蔬菜生产全程精准施肥解决方案的制订与实施［J］．中国蔬菜，2017，37（7）：5-8.

[58]　冀宏杰，张怀志，龙怀玉，等．我国不同产品认证体系农产品产地环境标准的比较［J］．生态与农村环境学报，2015，31（5）：625-632.

[59]　克里斯托弗·罗杰斯（Christopher P. Rudgers）英国自然保育法［M］．姜双林译．法律出版社，2016：1-272.

[60]　李超．基于 GIS 与模型的区域农业生态环境与生态经济评价［D］．南京：南京农业大学，2008.

[61]　李洪义，史舟，沙晋明，等．基于人工神经网络的生态环境质量遥感评价［J］．应用生态学报，2006，17（8）：1 475-1 480.

[62]　李书田，金继运．中国不同区域农田养分输入输出与平衡［J］．中国农业科学，2011，44（20）：4 207-4 229.

[63]　李新华，郭洪海，朱振林，等．不同秸秆还田模式对土壤有机碳及其活性组分的影响［J］．农业工程学报，2016，32（9）：

130-135.

[64] 廉秀丽. 砖厂废气对玉米作物污染现状调查 [J]. 甘肃环境研究与监测, 2001, 6: 93.

[65] 梁奇. 济源市平原区土壤重金属空间分布特征及污染评价 [D], 华北水利水电大学, 2016.

[66] 廖植樨. 农业机械行走系统对土壤物理性质的影响 [J]. 北京农业机械化学院学报, 1981 (2): 1-8.

[67] 刘善勇, 董霞, 朱淑仙, 等. 有机肥化肥配施比例对沿黄稻区水稻产量的影响 [J]. 山东农业科学, 2013, 45 (8): 90-93.

[68] 刘世梁, 尹艺洁, 安南南, 等. 有机产业对生态环境影响的全过程分析与评价体系框架构建 [J]. 中国生态农业学报, 2015, 23 (7): 793-802.

[69] 刘小诗, 李莲芳, 曾希柏, 等. 典型农业土壤重金属的累积特征与源解析 [J]. 核农学报 2014, 28 (7): 1 288-1 297.

[70] 鲁如坤, 时正元, 施建平. 我国南方 6 省农田养分平衡现状评价及动态变化研究 [J]. 中国农业科学, 2000, 33 (2): 63-67.

[71] 路璐, 胡胜德. 农业生态环境影响因素分析及评价指标体系的构建 [J]. 东北农业大学学报 (社会科学版), 2012, 16 (3): 11-14.

[72] 麻冰涓, 高彩玲, 王海邻, 等. 武陟县农田土壤重金属污染评价 [J]. 河南农业科学, 2015, 44 (3): 71-76.

[73] 梅旭荣, 刘荣乐. 中国农业环境 [M]. 北京科学出版社, 2011: 1-42, 397-435.

[74] 农业部农业生态与资源保护总站. 2014 年农业资源环境保护与农村能源发展报告 [M]. 中国农业出版社, 2014.

[75] 钱发军, 文春波. 河南省生态环境现状分析研究 [J]. 河南科学, 2010, 28 (2): 220-225.

[76] 全国农业技术推广服务中心. 中国有机肥料养分志 [M], 中国农业出版社, 1999.

[77] 任昶宇, 向婉琳. 秸秆焚烧对生态环境的影响与资源化利用的思考 [J]. 农村经济, 2015, 4: 124-126.

[78] 史聆聆, 李小敏, 马建锋, 等. 河南省粮食主产区土壤重金属

潜在生态风险评价. 第五届"重金属污染防治及风险评价研讨会"暨重金属污染防治专业委员会 2015 年学术年会论文集 [C]52-60.

[79] 宋秋坤, 王孝文, 马广州, 等. 2011—2014 年平顶山市农村土壤重金属监测结果分析 [J]. 微量元素与健康研究, 2015 32 (6): 43-44.

[80] 苏艳娜, 柴春岭, 杨亚梅, 等. 常熟市农业生态环境质量的可变模糊评价 [J]. 农业工程学报, 2007, 23 (11): 245-248.

[81] 隋雨含, 赵兰坡, 陈亮. 秸秆焚烧对土壤微团聚体及有机无机复合体组成的影响 [J]. 吉林农业大学学报, 2015, 37 (4): 451-458.

[82] 孙勤芳, 赵克勤, 朱琳, 等. 农村环境质量综合评估指标体系研究 [J]. 生态与农村环境学报, 2015, 31 (1): 39-43.

[83] 孙伟娟, 梅光朋, 李家美. 河南省重点保护植物名录修订 [J]. 河南农业大学学报, 2011, 45 (3): 358-361.

[84] 田朝阳, 郭二辉, 胡小丽, 等. 河南省珍稀濒危保护植物的资源学研究 [J]. 中国野生植物资源, 2009, 28 (1): 17-20.

[85] 田国成, 孙路, 施明新, 等. 小麦秸秆焚烧对土壤有机质积累和微生物活性的影响 [J]. 植物营养与肥料学报, 2015, 21 (4): 1081-1087.

[86] 田国成, 王钰, 孙路. 秸秆焚烧对土壤有机质和氮磷钾含量的影响 [J]. 生态学报, 2016, 32 (2): 387-393.

[87] 王俊忠, 程道全. 河南省测土配方施肥技术研究 [M], 河南人民出版社, 2014.

[88] 王丽红, 孙静雯, 王雯, 等. 酸雨对植物光合作用影响的研究进展 [J]. 安全与环境学报, 2017, 17 (2): 775-780.

[89] 王丽梅, 孟范平, 郑纪勇, 等. 黄土高原区域农业生态系统环境质量评价 [J]. 应用生态学报, 2004, 15 (3): 425-428.

[90] 王顺久, 杨志峰. 区域农业生态境质量综合评价投影寻踪模型研究 [J]. 中国生态农业学报, 2006, 14 (1): 173-176.

[91] 王玉峰, 魏丹. 黑龙江省农业环境现状与可持续发展 [M]. 中国大地出版社, 2009.

[92] 王哲. 基于农业支持视角的中国农业环境政策研究 [M]. 中国

农业科技出版社，2013.

[93] 温季．中原现代农业科技示范区水资源承载力以及水资源管理政策研究（内部资料），2017.

[94] 吴东雷，陈声明．农业生态环境保护［M］．北京：化学工业出版社，2005.

[95] 吴丽英，王晓霞，陈得金，代晓华．二氧化硫对作物光合强度和呼吸强度影响的研究［J］．农业环境保护，1989，8（2）：9-12.

[96] 辛英，古德宁．中原油田油区土壤重金属污染特征分析［J］．河南科技，2015（11）：75-76，79.

[97] 邢颖．北京青年报．正部级冒雨"回头看"查出"胆大包天"的问题［N］，2018-6-20.

[98] 余广学，张金震，王烨，等．郑州市土壤重金属污染状况和质量评价［J］．岩矿测试，2015，34（3）：340-345.

[99] 俞义，王深法，倪文良，等．水网平原地区土地农业环境质量评价指标体系及其可行性研究［J］．农业环境科学学报，2004，23（4）：657-663.

[100] 喻建华，张露，高中贵，等．昆山市农业生态环境质量评价［J］．中国人口资源与环境，2004，14（5）：64-67.

[101] 袁雅文，张丹．汝阳县重点区域土壤和农作物重金属污染调查［J］．中国城乡企业卫生2016（5）：77-78.

[102] 张怀志，李全新，岳现录，等．区域农田畜禽承载量预测模型构建与应用：以赤峰市为例［J］．生态与农村环境学报，2014，30（5）：576-580.

[103] 张怀志，李全新，周振亚．长江中游水网地区生猪养殖废物污染治理利用技术调查分析［J］．中国农业信息，2016（11）：4-6.

[104] 张鹏岩，秦明周，闫江虹，等．黄河下游滩区开封市段土壤重金属空间分异规律［J］．地理研究，2013，32（3）：421-430.

[105] 张秋霞，张合兵，张会娟，等．粮食主产区耕地土壤重金属高光谱综合反演模型［J］．农业机械学报，2017，48（3）：149-155.

[106] 张卫红，李玉娥，秦晓波，等．应用生命周期法评价我国测土

配方施肥项目减排效果 [J]. 农业环境科学学报，2015，34 (7)：1 422-1 428.

[107] 张文红，陈森发. 农业生态环境灰色综合评价及其支持系统 [J]. 系统工程理论与实践，2003，(11)：119-124.

[108] 张耀民，吴丽英，王晓霞，等. 低浓度二氧化硫长期暴露对作物生产力的影响 [J]. 环境科学研究. 1990，3 (1)：38-42.

[109] 张壮，王利君，任梦洋，等. 永城某煤矿区周围土壤重金属污染评价 [J]. 环境与发展，2017 (3)：47-49.

[110] 赵明，蔡葵，王文娇，等. 有机化肥配施对番茄产量和品质的影响 [J]. 山东农业科学 2009，41 (12)：90-93.

[111] 赵同科，赵成军，杜连凤，等. 环渤海七省（市）地下水硝酸盐含量调查 [J]. 农业环境科学学报，2007，26 (2)：779-783.

[112] 赵云霞，杨自军. 河南省义马市及其周边地区土壤重金属含量调查与分析 [J]. 西北农林科技大学学报（自然科学版），2012，40 (4)：171-174.

[113] 中国科学院地理科学与资源研究所，中国第一历史档案馆. 清代奏折汇编-农业·环境 [M]. 商务印书馆. 2005.

[114] 中国科学院资源环境科学数据中心. http：//www. resdc. cn/. [Center of Resources and Envrionment Science Data of CAS. http：//www. resdc. cn/]

[115] 中华人们共和国环境保护法 [EB/OL]. 法律图书馆（2015-4-30）[2018-3-24]. http：//www. law-lib. com/law/law_ view. asp？id＝6229.

[116] 中华人们共和国环境保护法 [EB/OL]. 中国人大网（2014-4-25）[2018-3-24]. http：//www. npc. gov. cn/huiyi/lfzt/hjbhfxzaca/2014-04/25/content_ 1861320. htm.

[117] 中华人们共和国农业法 [EB/OL]. 中华人民共和国中央人民政府（2012-12-28）[2018-3-24]. http：//www. gov. cn/flfg/2012-12/28/content_ 2305572. htm.

[118] 中华人们共和国水污染防治法 [EB/OL]. 中国人大网（2016-6-29）[2018-3-24]. http：//www. npc. gov. cn/npc/xinwen/2017-06/29/content_ 2024889. htm.

［119］ 中华人民共和国国家标准，《耕地质量等级（GB 33469—2016）》
［S］. 北京：中国标准出版社，2016：12.

［120］ 中华人民共和国国家标准，土地利用现状分类，GB/T 21010—
2017［S］. 北京：中国标准出版社，2017：11.

［121］ 中华人民共和国环境保护部，中华人民共和国农业部. 耕地质
量调查监测与评价办法（农业部令 2016 年 2 号）［EB/OL］.
（2016-6-21）［2017-6-24］. http：//www. moa. gov. cn/zwllm/
tzgg/bl/201607/t20160722_ 5215391. htm.

［122］ 中华人民共和国环境保护法（试行），环境保护，1979（5）：
1-4.

［123］ 中华人民共和国生态环境部. 全国自然保护区名录［EB/OL］.
（2016-6-21）［2017-6-24］. http：//www. zhb. gov. cn/stbh/
zrbhq/qgzrbhqml/201611/P020161125559865886359. pdf.

［124］ 中华人民共和国统计局 . 1999—2016 中国统计年鉴［EB/OL］.
［2017-8-24］. http：//www. stats. gov. cn/tjsj/ndsj/.

［125］ 周凯，王智芳，马玲玲，等. 新乡市郊区大棚菜地土壤重金属
Pb、Cd、Cr 和 Hg 污染评价［J］. 生态环境学报 2013，22
（12）：1 962-1 968.

［126］ 周振民，郑艺. 开封市污灌区土壤重金属污染现状评价［J］.
华北水利水电学院学报，2013，34（5）：1-4.

［127］ 朱宝国，于忠和，王因因，等. 有机肥和化肥不同比例配施对
大豆产量和品质的影响［J］. 大豆科学，2010，29（1）：
97-100.